高等学校机械工程类系列教材

机械制造技术 上册

主　编　王国顺　肖　华
副主编　李　伟　刘淑兰

WUHAN UNIVERSITY PRESS
武汉大学出版社

图书在版编目(CIP)数据

机械制造技术. 上/王国顺,肖华主编. —武汉:武汉大学出版社,2013.12
高等学校机械工程类系列教材
ISBN 978-7-307-11531-6

Ⅰ. 机…　　Ⅱ.①王…　　②肖…　　Ⅲ. 机械制造工艺—高等学校—教材
Ⅳ. TH16

中国版本图书馆 CIP 数据核字(2013)第 210238 号

责任编辑:谢文涛　　　责任校对:汪欣怡　　　版式设计:马　佳

出版发行:**武汉大学出版社**　　(430072　武昌　珞珈山)
　　　　　(电子邮件:cbs22@whu.edu.cn 网址:www.wdp.whu.edu.cn)
印刷:荆州市鸿盛印务有限公司
开本:787×1092　1/16　印张:15.75　字数:376 千字
版次:2013 年 12 月第 1 版　　2013 年 12 月第 1 次印刷
ISBN 978-7-307-11531-6　　定价:28.00 元

序

机械工业是"四个现代化"建设的基础，机械工业涉及工业、农业，国防建设、科学技术以及国民经济建设的方方面面，机械工业专业人才的培养质量直接影响工业、农业、国防建设、科学技术的可持续发展，乃至影响国民经济的发展。高等学校是培养高新科学技术人才的摇篮，也是培养机械工程类专业高级人才的重要基础。但凡一所高等学校，学科建设、课程建设、教材建设应该是一项常抓不懈的工作，而教材建设是课程建设的重要内容，是教学思想与教学内容的重要载体，因此显得尤为重要。

为了提高高等学校机械工程类课程教材建设水平，由武汉大学动力与机械学院和武汉大学出版社联合倡议、组建21世纪高等学校机械工程类，现代工业训练类系列教材编委会，在一定范围内，联合若干所高等学校合作编写机械工程类系列教材，为高等学校从事机械工程类教学和科研的教师，特别是长期从事教学具有丰富教学经验的一线教师搭建一个交流合作编写教材的平台，通过该平台，联合编写教材，交流教学经验，确保教材的编写质量，突出教材的基本特色，同时提高教材的编写与出版速度，有利于教材的不断更新，极力打造精品教材。

本着上述指导思想，我们组织编撰出版了这套21世纪高等学校机械工程类系列教材和21世纪高等学校现代工业训练类系列教材，根据国家教育部机械工程类本科人才培养方案以及编委会成员单位(高校)机械工程类本科人才培养方案明确了高等学校机械工程类42种教材，以及高等学校现代工业训练类6卷27种教材为今后一个时期的出版工作规划，并根据编委会各成员单位(高校)的专业特色作了大致的分工，旨在努力提高高等学校机械工程类课程的教育质量和教材建设水平。

参加高等学校机械工程类及现代工业训练类系列教材编委会的高校有：武汉大学、华中科技大学、桂林电子科技大学、香港理工大学、广西大学、华南理工大学、海军工程大学、湖北汽车工业学院、湖北工业大学、中国地质大学、武汉理工大学、华中农业大学、长江大学、三峡大学、武汉科技大学、武汉科技学院、江汉大学、清华大学、广东工业大学、东风汽车有限公司、中国计量学院、中国科技大学、扬州大学等20余所院校及工程单位。

武汉大学出版社是被中共中央宣传部与国家新闻出版署联合授予的全国优秀出版社之一，在国内享有较高的知名度和社会影响力，武汉大学出版社愿尽其所能为国内高校的教学与科研服务。我们愿与各位朋友真诚合作，力争将该系列教材打造成为国内同类教材中的精品教材，为高等教育的发展贡献力量！

高等学校机械工程类及
现代工业训练类系列教材编委会
2011年1月

目　　录

绪　　论

1. 机械制造工业在国民经济中的地位和作用

制造是人类最主要的生产活动之一。制造业是将资源(物料、能源、设备工具、资金、人力和信息等)通过制造过程转化成可供人们使用与利用的工业品和生活消费品的行业，它是国民经济的支柱产业和基础。有资料统计，制造业创造了人类社会财富的60%以上，占国民经济总收入的20%~30%，工业化国家中以各种形式从事制造活动的人员约占全国从业人数的四分之一。另一方面，制造业是整个工业、经济、科技与国防的基础。制造业的兴旺与发展事关一国国力的兴衰。制造技术是使原材料变成产品的技术总称。它是支持制造业发展的关键基础技术，制造技术的发展是一个国家经济持续增长的根本动力，先进的制造技术使制造业乃至国民经济处于有竞争力的地位。

机械制造业是制造业的重要组成部分，它为人类的生存、生产和生活提供各种现代化的装备，为国民经济各部门和科技、国防提供技术装备，是国民经济发展的重要支柱产业和先导部门，在国民经济中占有重要的地位，是一个国家或地区发展的重要支柱，它标志着一个国家的工业生产能力和科学技术的发展水平。可以说，机械制造业是国家的立国之本，没有发达的机械制造业，就不可能有国家的真正繁荣和富强。因此，世界各国都把发展机械工业作为发展本国经济的战略重点之一。

在各类机械制造部门中，金属切削机床是加工机器零件的主要设备，所担负的工作量占机械制造主要工作量的40%~60%，在机械制造企业拥有的所有装备中，机床占50%以上。机床及其他的制造装备是机械制造技术的重要载体。

当今电子技术、信息技术的迅速发展，传统机械制造业的面貌发生了巨大的变化，但这绝不是削弱了它的重要地位。忽视机械制造技术的发展，就会导致经济发展走入歧途。

2. 机械制造工业和制造技术的发展

机械制造技术的历史源远流长，远在新石器时代，原始人已掌握琢钻和磨制技术。但在其后的很长一段历史时期内，机械制造技术发展较为缓慢，17世纪中叶，工场手工制造业兴起，一些传统机械雏形(水磨机、钟表等)出现，奠定了传统制造业发展的基础。以蒸汽机发明为标志的工业革命，促进了机械制造的发展并形成了机械制造业。1775年为加工蒸汽机的汽缸，研制成功镗床，此后陆续出现了车、铣、刨、插、齿轮加工、螺纹加工等各种机床。19世纪末至20世纪初，新型冶炼技术的发明和钢铁工业的发展，促进了机床的速度、功率、刚度和精度的提高及加工工艺的进步。此后，内燃机的发明和汽车大规模生产，对机械制造在加工精度、生产率、生产成本、生产过程自动化等方面不断提出了新的要求，与此相关技术(互换性技术、流水线生产方式等)的发展，促使了机械制造的理论与技术的不断进步与发展，产生了工业技术的全面革命和创新。传统机械制造业及其大工业体系也随之建立和逐渐成熟。20世纪60年代以后，随着现代科学技术的迅猛发展，特别是微电子技术、电子计算机技术的迅猛发展，机械制造业的面貌和内容都发生极为深刻的变革，制造技术由数控化走向柔性化、集成化、智能化。数控技术使机床结构发生了重大变化，例如，机床主传动系统采用直流或交流调速电动机，主轴实现宽范围无级变速，而传动结构大大简化；机床主运动和进给运动超高速化，以满足高速（或超高速）切削的需要；超高速铣床和加工中心主轴转速达 20000 ~ 100000r/min，机床工作台快速空程速度高达 75m/min，采用直线电动机传动装置时，其行程不受限制，快进速度可达 150 ~ 210m/min，运动加速度达 2.5g 以上；精密和超精密机床定位精度达 0.5 ~ 0.008μm，重复定位精度达 0.005μm；数控机床的可靠性不断提高，数控装置平均无故障工作时间达 10000h 以上。

随着加工设备的不断完善，机械制造精度不断提高。20 世纪初，精密加工的加工精度已达微米级；到 20 世纪 50 年代末，由于生产集成电路的需要，出现了各种微细加工技术。三十多年来，机械加工精度已提高到纳米（nm）级；即超精密加工，如量规、光学平晶和集成电路的硅基片的精密研磨抛光。纳米技术的应用，促进了机械学科、材料学科、光学学科、测量学科和电子学科的发展，未来将是微型机械、电子技术和微型机器人的时代，纳米技术与微型机械成为 21 世纪的核心技术之一。

近年来新材料不断涌现，其强度、硬度、耐热性等不断提高，促进并推动了机械加工方法的发展。一方面在传统的切削和磨削加工中采用新型刀具材料，如涂层刀具、陶瓷刀具（氧化铝陶瓷、金属陶瓷、氮化硅陶瓷等）及金刚石和立方氮化硼（PCBN）刀具，采用高速大功率的新型机床，如高速磨床、砂带磨床等进行高速和高效加工；另一方面，电火花加工、电化学加工、电子束加工、离子束加工、超声波加工、激光加工等特种加工方法，突破了传统的金属切削方法，在难加工材料加工、复杂型面加工、微细加工等领域已成为重要的加工方法或仅有的加工方法。同时，由于计算机技术的发展，促使加工技术与精密检测技术和数控技术、传感技术等相互结合，给机械制造领域带来许多新技术和新观念。发展高速切削、强力切削，提高切削加工效率也是制造技术发展的一种趋势，其关键在于机床和切削工具。干加工和准干加工、快速成形技术也在不断推广和迅速发展。现代机械制造技术面临着许多新的课题，有待不断开发和创新。

机械制造技术及其基础理论也在不断发展，主要表现在：①传统工艺在不断发展，新工艺不断涌现；②新的科学方法（如模型化方法、系统论、信息论、并行工程等）的广泛应用；③工艺过程向典型化、成组技术和生产专业化的方向、优化方向发展，并朝着设计、制造和管理的集成化、自动化和智能化方向迈进。先进制造技术是在传统制造技术的基础上，吸收机械、电子、信息、材料及现代管理等方面的新成果，并综合应用于制造全过程，以实现优质、高效、低消耗、敏捷及无污染生产的前沿制造技术的总称。它涉及机械科学、信息科学、系统科学和管理科学等综合学科，从产品设计、加工制造到产品销售及售前、售后服务的全过程，使制造技术成为生产过程中物质流、信息流、资金流的系统技术，它不仅仅满足高质、低消耗、价廉的要求，更注重追求敏捷和可持续发展的目标。

现代机械制造技术发展的总的趋势是机械制造科技与材料科技、电子科技、信息科技、生命科技、环保科技、管理科技等的交叉、融合。具体将主要集中在如下几个方面：

（1）机械制造基础技术。切削（含磨削）加工仍然是机械制造的主导加工方法，提高生产率和质量是今后的发展方向。强化切削用量（如超高速切削等），高精度、高效切削机床与刀具，最佳切削参数的自动优选，自动、快速换刀技术，刀具的高可靠性和在线监控技术，成组技术（GT），自动装配技术等将得到进一步的发展和应用。

（2）超精密及微细加工技术。各种精密、超精密加工技术，细微与纳米加工技术在微电子芯片、光子芯片制造，超精密微型机器及仪器，微机电系统（MEMS）等尖端技术及国防尖端装备领域中将大显身手。精密加工可以稳定地达到亚微米级精度，而扫描隧道显微（STM）加工和原子力显微（AFM）加工甚至可实现原子级的加工。微机电系统技术将应用于生物医学、航空航天、信息科学、军事国防以至于工业、农业、家庭等广泛的领域。

（3）自动化制造技术。自动化制造技术将进一步向柔性化、智能化、集成化、网络化发展。计算机辅助设计（CAD）、计算机辅助工艺设计（CAPP）、计算机辅助装配工艺设计（CAAP）、快速成型（RP）等技术将在新产品设计方面得到更全面的应用和完善。高性能的计算机数控（CNC）机床、加工中心（MC）、柔性制造单元（FMC）等将更好地适应多品种、小批量产品的高质、高效加工制造。精益生产（LP）、准时生产（JIT）、并行工程（CE）、敏捷制造（AM）等先进制造生产管理模式将主导未来的机械制造业。

（4）绿色制造技术。在机械制造业中综合考虑社会、环境、资源等可持续发展因素的绿色制造（无浪费制造）技术，将朝着能源与原材料消耗最小，所产生的废弃物最小并尽可能回收利用，在产品的整个生命周期中对环境无害等方面发展。

新中国成立以来，我国的机械制造业与制造技术得到了长足发展，具有相当规模和一定技术基础的机械工业体系基本形成。改革开放30多年来，我国机械制造业充分利用国内外两方面的技术资源，使制造技术、产品质量和水平及经济效益有了显著提高。但与发达国家相比，仍然存在明显的差距。出口商品结构仍以中低档为主，高新技术机电产品、成套设备出口比例较低；产品竞争力不强。当今已进入知识经济时代，经济的全球化和贸易的自由化使国际经济竞争愈演愈烈，我国机械制造业正承受国际市场的巨大压力。因此，掌握并采用先进制造技术，就能拥有控制市场的主动权。赶超世界先进水平的重任，将落在我们这一代年轻人肩上。

3. 本课程的性质和主要内容

机械制造技术是机械设计制造与自动化及相近专业的一门重要的专业课。

机械制造技术是机械工程科学的一个分支学科，它是主要研究各种机械制造过程和方法的科学。机械制造工艺过程是指能够直接改变（或获得）零件（或毛坯）的形状、尺寸、相对位置和性质，使之成为成品或半成品的过程。常分为热加工工艺过程（如铸造、塑性加工、焊接、热处理、表面改性等）和冷加工工艺过程，本课程主要研究机械制造冷加工工艺过程方面的基本理论知识。

零件的机械加工工艺过程是生产过程的一部分，机械加工工艺立足于金属切削的基础理论（物理学、力学），其任务是如何利用切削的原理，使零件在尺寸精度、形状、位置精度和表面质量达到预定的设计要求。特种加工，如电火花加工、电解加工、激光加工、超声波加工和等离子加工等，也是机械加工工艺过程的一部分，但实际上已不属于切削加工的范畴。所以，每种制造工艺都有相应的应用理论为基础。机械制加工与其他加工相比，因其能达到的精度和表面质量是其他加工无法达到或很难达到的，在今后仍将是获得精密机械零件最主要的方法。

金属切削机床、特种加工机床、机器人以及机械加工工艺系统中的其他工艺装备是机械制造的主要设备和工装，是实现机械制造的重要手段。研究各种机械制造设备和工装的设计和制造，发展新的设备和工装，是机械制造学科的一项重要任务。

4. 本课程的目的要求和特点

"机械制造技术"是为适应机械工程类宽口径专业"机械设计制造与自动化"及近机类（如仪器仪表、能源动力）、管理类（工业工程、工业管理等）专业的教学改革需要，重新规划并组织编写的一门专业基础课程，它与"机械制造基础"一起，将原传统的专业课程有机地融合为一体，构建成新的课程体系，使学生建立起较为完整的机械制造技术知识结构。课程的改革力度较大，全书以机械制造工艺为核心内容，质量、生产率、经济性为主线，贯穿以质量为中心的指导思想。为适应并符合机械工程类宽口径专业教学特点，全书贯彻拓宽知识面、精简内容、加强应用的原则，注重提高学生综合运用知识，解决实际问题的能力。机械制造的主要设备是机床，在本课程中编入了有关机床设计的内容。

本课程设置的目的要求是：

（1）掌握机械制造工艺的基本理论知识，能初步分析和处理与切削加工有关的工艺技术问题；能编制零件的机械加工工艺规程；初步具备综合分析机械制造工艺过程中质量、生产率和经济性问题的能力。

（2）了解金属切削机床的工作原理和主要结构，能根据工艺要求合理选择机床并能进行机床主传动系统和进给系统的结构设计。

（3）了解机床夹具的基本原理和知识，能根据工艺需要设计专用机床夹具。

（4）对机械制造新技术和发展趋势有一定的了解。

本课程的实践性很强，涉及的知识面很宽。因此要注意实践知识的学习和积累。课程的教学需要与金工实习、生产实习、现场教学、课程设计等多种教学环节密切配合，并努力运用现代化的教育手段与教学方法，这样才能以较少的学时，获得较理想的教学效果。

第1章 典型表面的加工工艺

机械产品都是由零件组成的，零件表面的结构形状各式各样，常见的典型表面有以下几种：平面、外圆表面、内孔表面和成形表面等。这些表面按其在机器中的作用不同，可分为两类：一是功能性表面，二是非功能性表面。功能性表面往往有较高的精度和表面质量要求，而非功能性表面的加工精度和表面质量则要求较低。由于组成表面的类型和要求不同，所采用的加工方法也不一样。本章将讨论这些常见的典型表面的加工工艺。

1.1 平面加工

平面是组成平板、支架、箱体、床身、机座、工作台以及各种六面体零件的主要表面之一。零件上常见的直槽、T形槽、V形槽、燕尾槽、平键槽等沟槽可以看做是平面(有时也有曲面)的不同组合。根据平面所起的作用不同，大致可以分为如下几种：

(1)非配合平面。这种平面不与任何零件相配合，一般无加工精度要求，只有当表面为了增加抗腐和美观时才进行加工。

(2)配合平面。这种平面多数用于零部件的连接面。如车床主轴箱、进给箱与床身的连接平面，一般要求精度和表面质量均较高。

(3)导向平面。如各类机床的导轨面，这种平面的精度和表面质量要求很高。

(4)端平面。指各种轴类、盘套类零件上与其旋转中心线相垂直的平面，多起定位作用。这类平面往往对垂直度、端面间的平行度和表面粗糙度有较高的要求。

(5)精密量具表面。如钳工的平台、平尺的测量面和计量用量块的测量平面等。这种平面精度和表面质量要求均很高。

1.1.1 平面的技术要求

(1)形状精度。指平面本身的直线度、平面度公差。

(2)位置尺寸及位置精度。指平面与其他表面之间的位置尺寸公差及平行度、垂直度公差等。

(3)表面质量。指表面粗糙度、表面波度和表层物理力学性能等。

1.1.2 平面加工方案分析

平面加工方案的选择，除根据平面的精度和表面粗糙度要求外，还应考虑零件的结构形状、尺寸、材料的性能和热处理要求以及生产批量等。通常有以下几种类型：

1. 低精度平面的加工

对精度要求不高的各种零件(淬火钢零件除外)的平面，经粗刨、粗铣、粗车等即可达到要求。

2. 中等精度平面的加工

对于表面质量要求中等的非淬火钢件、铸铁件，视工件平面尺寸不同，有以下几种方案：

(1)粗刨—精刨。此方案适于加工窄长平面。

(2)粗铣—精铣。此方案适于加工宽大平面。

(3)粗车—精车。此方案适于加工回转体轴、套、盘、环等类零件的端面。此外，大型盘类零件的端面，一般较宜在立式车床上加工。

(4)粗插—精插。此方案适于封闭的内平面加工。

上述各种加工方案的表面粗糙度不大于 $Ra6.3 \sim 1.6\mu m$。

3. 高精度平面的加工

视工件材料和平面尺寸不同，有以下5种方案：

(1)粗刨—精刨—宽刃精刨(代刮研)。此方案适于加工未淬火钢件、铸铁件、有色金属等材料的窄长平面。

(2)粗铣—精铣—高速精铣。此方案适于加工未淬火钢件、铸铁件、有色金属等材料的宽平面。

(3)粗铣(粗刨)—精铣(精刨)—磨削。此方案适于加工淬火钢和非淬火钢件、铸铁件的各种平面。

(4)粗车—精车—磨削。此方案适于加工回转体零件的台肩平面。其较小台肩平面采用普通外圆磨床加工；较大台肩平面用行星磨加工。

(5)粗铣—拉削。此方案适用于大批大量生产除淬火钢以外的各种金属零件，不仅生产率很高，而且加工质量也较高。

上述各种加工方案的表面的粗糙度不大于 $Ra0.8 \sim 0.2\mu m$。

4. 精密平面的加工

对于有更高精度要求的平面，可在磨削后分别采用研磨、抛光，也可在铣、刨后采用刮研，使表面粗糙度不大于 $Ra0.4 \sim 0.12\mu m$。

常用的平面加工典型方案如图1-1所示。

应当指出，平面本身没有尺寸精度，图中的公差等级是指两平行平面之间距离尺寸的公差等级。

1.1.3 平面的加工方法

加工平面常用的机械加工方法有车削、铣削、刨削、宽刃细刨、刮研、普通磨削、导轨磨削、精密磨削、砂带磨削、超精加工、研磨和抛光等；特种加工方法有电解磨削平面和电火花线切割平面等。

1.1.3.1 平面的车削加工

平面车削一般用于加工回转体类零件的端面。因为回转体类零件的端面大多与其外圆表面、内圆表面有垂直度要求，而车削可以在一次安装中将这些表面全部加工出来，有利于保证它们之间的位置精度。

平面车削的表面粗糙度为 $Ra6.3 \sim 1.6\mu m$，精车后的平面度误差在直径为100mm的端

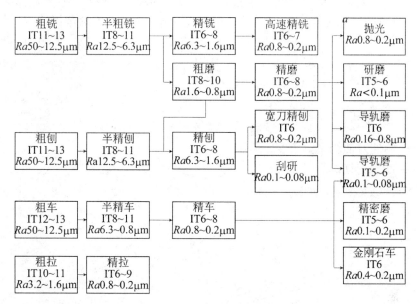

图 1-1　平面加工方案框图

面上最小可达 0.005 ~ 0.008mm。

中小型零件的端面一般在普通车床上加工；大型零件的平面则可在立式车床上加工。

1.1.3.2　平面的铣削加工

铣削是加工平面的主要方法之一。铣削平面一般适用于各种不同形状的沟槽、平面的粗加工、半精加工。平面铣削分粗铣和精铣。精铣后的表面粗糙度为 $Ra3.2 \sim 1.6\mu m$，两平面间的尺寸公差等级为 IT8 ~ IT7，直线度可达 0.08 ~ 0.12mm/m。在平面加工中，铣削加工用得最多，这主要是因为铣削生产率高。

平面铣削加工常用的设备有：卧式铣床、立式铣床、万能升降台铣床、工具铣床、龙门铣床等。中小型工件的平面加工常在卧式铣床、立式铣床、万能升降台铣床、工具铣床上进行，大型工件表面的铣削加工可在龙门铣床上进行。精铣平面可在高速、大功率的高精度铣床上采用高速精铣新工艺进行加工。

1. 粗铣平面

粗铣时应尽量设法增大单位时间内的金属切削量，以获得高的生产率。为此，对机床、夹具、刀具、工件均要求有足够的刚度，机床也应该有足够的功率。

2. 精铣平面

使用端铣刀加工平面时，若每齿进给量太大，加工表面粗糙；每齿进给量太小，又会加剧刀具的磨损，所以使用硬质合金端铣刀的每齿进给量不应小于 0.1mm。目前由于新型刀具材料的出现（硬质合金-陶瓷复合材料、立方氮化硼等），每齿进给量已达 0.4 ~ 1.2mm，切削速度可达 13m/s，精铣进给量已用到 1 ~ 2m/min。

为了增加铣刀刀齿数，目前常采用密齿端铣刀。

精铣时，装端铣刀的主轴不能与进给方向垂直，否则，刀片和已加工表面会发生"扫刀"，不仅产生热量，加速刀片钝化，而且也会使加工表面粗糙度增加。当主轴倾斜一 α

角后(见图 1-2),刀盘后部刀齿和工作表面即会有一间隙,一般 $\alpha = 15' \sim 30'$。但这样铣出的平面将呈中凹形,若转角甚小,则中凹量可以控制在形状公差的范围之内。设中凹量为 Δ,则

$$\Delta = l\tan\alpha \approx \left(R - \sqrt{R^2 - \left(\frac{B}{2}\right)^2}\right)\alpha$$

$$= \left(\frac{D}{2}\right)\left(1 - \sqrt{1 - \left(\frac{B}{D}\right)^2}\right)\alpha$$

式中:α——端铣刀轴线倾斜角度,Rad;

$\quad\quad\ D$——端铣刀切削直径,mm;

$\quad\quad\ B$——铣削宽度,mm。

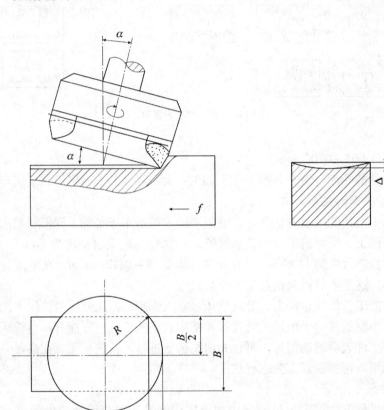

图 1-2   主轴转角

1.1.3.3   平面的刨削加工和拉削加工

刨削一般适用于水平面、垂直面、斜面、直槽、V 形槽、T 形槽、燕尾槽的单件小批量的粗加工、半精加工。拉削适用于尺寸较小平面的大批量加工。

平面刨削分粗刨和精刨。精刨后的表面粗糙度为 $Ra3.2 \sim 1.6\mu m$,两平面间的尺寸公差等级可达 IT8 ~ IT7,直线度可达 $0.04 \sim 0.12/1000$。在龙门刨床上采用宽刀精刨技术,其表面粗糙度可达 $Ra0.8 \sim 0.4\mu m$,直线度不大于 $0.02mm/m$。对于窄长平面的加工来说,

刨削加工的生产率也较高。拉削加工精度为 IT8 ~ IT7，直线度可达 0.08 ~ 0.12mm/m。

平面刨削常用的设备有牛头刨床、龙门刨床，插床等。牛头刨床一般用于加工中小型零件上的平面和沟槽；龙门刨床则多用于加工大型零件或同时加工多个中型零件上的平面和沟槽。孔内平面(如孔内槽，方孔)的加工一般在插床上进行。

拉削在卧式拉床、立式拉床或链式拉床上进行。

1. 粗刨平面

这种方法常用于单件小批生产，不采用夹具，按画线找正，使用通用刨刀进行加工。图 1-3 为机械夹固式 60°强力刨刀，这种刨刀适合于在龙门刨床上用于粗加工。刀杆与刀头基面连接采用牙嵌结构，用螺钉紧固。刀头与刀片的连接采用上压式，调整刃磨方便，根据被加工材料不同，可以随时更换刀片。图 1-3(b)的刀头结构适用于加工铸铁。刀具的几何角度可以根据被加工材料确定。

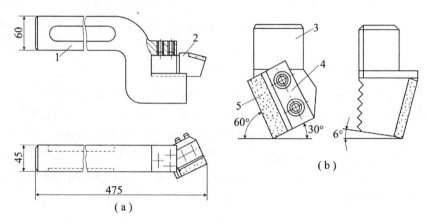

1—刀杆　2—刨刀头　3—刀体　4—压板　5—刀片
图 1-3　机械夹固式 60°强力刨刀

2. 精刨平面

用精刨平面代替刮研能收到良好的效果，精刨时可以使用宽刃刨刀，也可使用窄刃刨刀。

对于定位表面与支承表面接触面积较大的机体，可以采用宽刃刨刀(见图 1-4)，通称宽刀精刨。刨削时由于切削速度较低(2 ~ 12m/min)，预刨余量 0.08 ~ 0.12mm，而终刨只刨去 0.03 ~ 0.05mm 一层极薄的金属，所以发热变形小。依靠正确的安装与仔细刃磨刀具，使用精度高、刚性好的机床，因此可以获得较低的表面粗糙度(Ra1.6 ~ 0.8μm)和较高的加工精度(直线度可达 0.02/1000)，而且生产率也很高。

精刨时刨刀前角有的为负值，有挤光作用；后角较小，可以增加后面支承，防止振动。加工铸铁时切削液通常用煤油，刨削前先将加工面均匀润湿，或在加工中连续喷射于刨刀的刀刃附近。

精刨的零件材料要组织均匀和硬度一致。预刨和终刨要用两把刨刀。

对于定位表面与支承表面接触面积小，刚性也较小的机体，为了减小切削力，防止工件变形，采用窄刀精刨也能收到良好的效果。

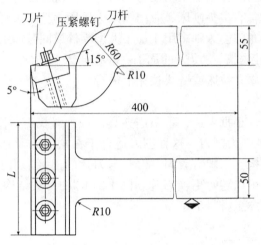

图 1-4   宽刃精刨刀

1.1.3.4   平面的磨削加工

磨削平面是平面精加工的主要方法之一，一般在铣、刨削加工基础上进行。主要用于中、小型零件高精度表面及淬火钢等硬度较高的材料表面的加工。磨削后表面粗糙度为 $Ra0.8 \sim 0.2\mu m$，两平面间的尺寸公差等级可达 IT6 ~ IT5，平面度可达 0.01 ~ 0.03mm/m。

平面磨削常用的设备有：平面磨床、外圆磨床、内圆磨床。回转体零件上的端面的精加工可以在外圆磨床或内圆磨床上与有关的内、外圆在一次安装中同时磨出，以保证与它们之间有较高的垂直度。

平面磨削有两种磨削方式：

1. 端面磨削(见图 1-5(a))

砂轮的工作表面是端面，磨削时砂轮和工件接触面积较大，易发热，散热和冷却都比较困难，加上砂轮端面因沿径向各点圆周速度不等而产生不均匀磨损，故磨削精度较低。但是，这种磨削方式由于磨床主轴伸出长度短、刚性好，磨头又主要承受的是轴向力，弯曲变形小，因而可采用较大的磨削用量，故生产率高。

磨削时，必须使砂轮轴线严格地垂直于工作台，以保证加工精度。这时砂轮在两个方向磨削，磨削痕迹是正反相交的圆弧或称双花；粗磨时，砂轮轴线与工作台不垂直，砂轮只在一个方向磨削，磨削痕迹是不相交的单向圆弧或称单花。

2. 圆周磨削(见图 1-5(b))

砂轮的工作面是圆周表面，磨削时砂轮和工件接触面积小，发热少，散热快，加之冷却和排屑条件好，故能获得较高的加工精度和表面质量。通常适用于加工精度要求较高的零件。

1.1.3.5   平面的光整加工

平面的光整加工方法主要有研磨、刮削和抛光等。

(1)平面的研磨。多用于加工中小型工件的最终加工。尤其当两个配合平面间要求很高的密合性时，常用研磨法加工。

(2)平面的刮研。常用于工具、量具、机床导轨、配合平面的最终加工。刮研平面用

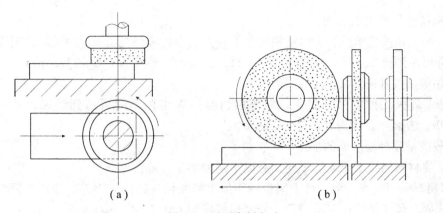

（a）　　　　　　　　　　　　　　　　（b）

图 1-5　平面磨削方式

于未淬火的工件，它可使两个平面之间达到紧密的吻合，能获得较高的形状精度和相互位置精度。经刮研后的平面能形成具有润滑油膜的滑动面。因此，可以减少相对运动表面间的磨损和增强零件接合面间的刚度。刮研质量是用单位面积上接触点的数目来评定的。

（3）平面抛光。是在平面上进行了精刨、精铣、精车、磨削后进行的表面加工。经抛光后，可将前一道工序的加工痕迹去掉，从而获得有光泽的表面。抛光一般仅能降低表面粗糙度值，而不能提高原有的加工精度。

1.1.3.6　电解磨削平面、线切割平面

电解磨削和线切割平面适宜加工高强度、高硬度、热敏性和磁性等导电材料上的平面。

1.2　外圆表面加工

外圆表面是轴、套、盘等类零件的主要表面或辅助表面，这类零件在机器中占有相当大的比例。各种不同零件上的外圆表面或同一零件上不同部位的外圆表面，由于所起作用不同，技术要求也不一样。加工时，需要拟定合理的加工方案。

1.2.1　外圆表面的技术要求

外圆表面的技术要求，一般分为四个方面：
（1）尺寸精度。指外圆表面直径和长度的尺寸精度。
（2）形状精度。指外圆柱表面的圆度、圆柱度、母线直线度和轴线直线度。
（3）位置精度。指外圆表面与其他表面（外圆表面或内孔表面）间的同轴、对称度、位置度、径向圆跳动；与规定平面（端平面）间的垂直度、倾斜度等。
（4）表面质量。主要指表面粗糙度，对某些重要零件的表面，还要求有表层硬度、残余应力、显微组织等。

1.2.2　外圆表面加工方案分析

根据各种零件外圆表面的精度和表面粗糙度的要求，其加工方案大致可分为如下

几类：

1. 低精度外圆表面的加工

对于加工精度要求低、表面粗糙度数值较大的各种零件的外圆表面（淬火钢件除外），经粗车即可达到要求。尺寸精度达 IT10 ~ IT13，表面粗糙度为 $Ra50 ~ 12.5\mu m$。

2. 中等精度外圆表面的加工

对于非淬火工件的外圆表面，粗车后再经一次半精车即可达到要求。尺寸精度达 IT10 ~ IT9，表面粗糙度为 $Ra6.3 ~ 3.2\mu m$。

3. 较高精度外圆表面的加工

视工件材料和技术要求的不同，有以下两种加工方案：

（1）粗车—半精车—磨。此方案适用于加工精度较高的淬火钢件，非淬火钢件和铸铁件外圆表面。尺寸精度达 IT8 ~ IT7，表面粗糙度为 $Ra1.6 ~ 0.8\mu m$。

（2）粗车—半精车—精车。该方案适用于铜、铝等有色金属件外圆表面的加工。由于有色金属塑性较大，其切屑易堵塞砂轮表面，影响加工质量，故以精车代替磨削。其加工精度与（1）同。

4. 高精度外圆表面的加工

视工件材料的不同，有以下两种方案：

（1）粗车—半精车—粗磨—精磨。此方案适于加工各种淬火、非淬火钢件和铸铁件。尺寸精度达 IT6 ~ IT5，表面粗糙度为 $Ra0.4 ~ 0.2\mu m$。

（2）粗车—半精车—精车—精细车。该方案尤其适于加工有色金属工件，它比加工钢件和铸铁件能获得更低的表面粗糙度，其尺寸精度可达 IT6 ~ IT5，表面粗糙度为 $Ra0.4 ~ 0.2\mu m$。由于有色金属不宜采用磨削，所以常采用细车来代替磨削。

5. 精密外圆表面的加工

对于更高精度的钢件和铸铁件，除车削、磨削外，还需增加研磨、超精加工、砂带磨、镜面磨或抛光等精密、超精密加工或光整加工工序，其尺寸精度达 IT5 ~ IT3，表面粗糙度达 $Ra0.1 ~ 0.006\mu m$。

旋转电火花主要用于加工高硬度的导电材料。旋转电火花加工的尺寸精度可达 IT8 ~ IT6，表面粗糙度为 $Ra6.3 ~ 0.8\mu m$。超声波套料主要用于加工既硬又脆的非金属材料。其加工的尺寸精度可达 IT8 ~ IT6；表面粗糙度为 $Ra1.6 ~ 0.8\mu m$。

图 1-6 给出了外圆表面加工方案框图，供参考。

1.2.3 外圆表面的加工方法

外圆表面加工最常用的切削加工方法有：车削、磨削；当精度及表面质量要求很高时，还需进行光整加工；特种加工方法有旋转电火花和超声波套料等。

1.2.3.1 外圆表面的车削加工

外圆表面的车削加工一般可划分为荒车、粗车、半精车、精车和细车等各加工阶段。加工阶段的划分主要是根据零件毛坯情况和加工要求来决定。如果毛坯是自由锻件或大型铸件，需要进行荒车加工，减少毛坯外圆表面的形状误差，使后续工序的加工余量均匀。荒车后工件的尺寸精度可达 IT15 ~ IT18 级。对于精度较高的毛坯，视具体情况，可不经粗加工，直接进行半精车或精车。

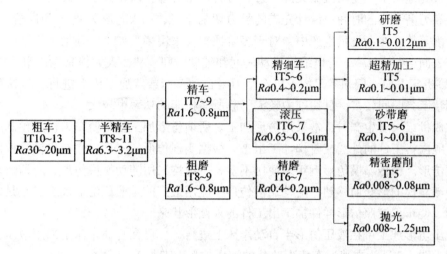

图 1-6　外圆表面的加工方案

（1）粗车。目的是尽快切除多余材料，使其接近工件的形状和尺寸。其特点是采用大的背吃刀量、较大的进给量及中等或较低切削速度，以求提高生产率。粗车后应留有半精车或精车的加工余量。粗车的尺寸精度达 IT12 ~ IT11，表面粗糙度为 $Ra50 ~ 12.5\mu m$。对于要求不高的非功能性表面，粗车可作为最终加工；而对于要求高的表面，粗车作为后续工序的预加工。

（2）半精车。是在粗车的基础上进行的。其背吃刀量和进给量均较粗车时小，可进一步提高外圆表面的尺寸精度、形状和位置精度及表面质量。半精车可作为中等精度表面的终加工，也可作为高精度外圆表面磨削或精车前的预加工。半精车尺寸精度可达 IT10 ~ IT9，表面粗糙度为 $Ra6.3 ~ 3.2\mu m$。

（3）精车。一般作为高精度外圆表面的终加工，其主要目的是达到零件表面的加工要求。为此，要求使用高精度的车床，选择合理的车刀几何角度和切削用量。采用小的背吃刀量和进给量，选择合适的切削速度以避免产生积屑瘤。精车后的尺寸精度可达 IT8 ~ IT7，表面粗糙度为 $Ra1.6 ~ 0.8\mu m$。

（4）精细车。一般用于单件、小批量的高精度外圆表面的终加工。细车是一种光整加工方法，其工艺特征是背吃刀量小（$a_p = 0.05 ~ 0.03mm$）、进给量小（f 为 $0.02 ~ 0.12mm/r$）、切削速度高（v 为 $120 ~ 600m/min$）。其尺寸精度可达 IT6 ~ IT5，表面粗糙度为 $Ra0.8\mu m$。

外圆表面的车削加工，对于单件小批量生产，一般在普通车床上加工；对于大批量生产，则在转塔车床、仿形车床、自动及半自动车床上加工；对于直径大、长度短的重型零件多在立式车床上加工。

外圆表面的加工余量主要是由车削切除的。外圆车削劳动量在零件加工的总劳动量中占有相当大的比重。因此，提高外圆车削生产率的主要途径是设法提高切除余量的效率。目前，可采取如下几方面措施：

（1）刀具方面。包括采用新型刀片材料，如钨钛钽钴类硬质合金、立方氮化硼刀片等，进行高速切削；使用机械夹固车刀、可转位车刀等，以充分发挥硬质合金的作用，缩短更换和刃磨刀具的时间；设计先进的强力切削车刀，加大背吃刀量 a_p 和进给量 f，进行强力切削等等。在大批量生产中，对于多阶梯轴可采用多刀加工，几把车刀同时加工工件的几个表面（见图1-7），可以缩短机动时间和辅助时间，从而大大提高生产率。

（2）机床方面。例如多刀加工可在多刀半自动车床或普通车床上进行，但这种加工方法，调整工具时间较多，且切削力较大，故所需机床的功率也较大。

在成批或大量生产时，常采用仿形加工。所谓仿形加工就是使车刀按照预制的仿形样件靠模顺次将工件的外圆或阶梯加工出来。根据实现仿形的原理，它有机械靠模仿形和液压靠模仿形。机械靠模仿形近年来使用不多，一般均采用随动靠模仿形，所谓随动，就是刀具跟随靠模的形状而移动，随动靠模仿形中应用最广的是液压仿形加工。它是借助液压的作用，使车刀按照仿形样件加工出工件的外圆形状来。

液压仿形加工可在液压仿形半自动车床上进行，也可在普通车床上采用液压仿形刀架来实现。图1-8即为在普通车床上改装的液压仿形刀架加工示意图。

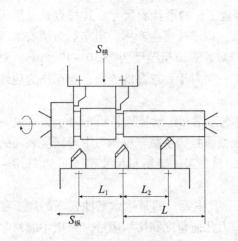
图1-7 多刀加工

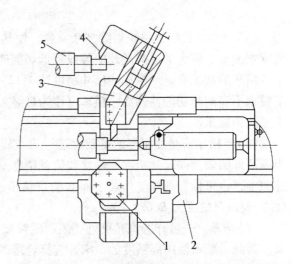
图1-8 在车床上改装的液压仿形刀架加工示意图

图中工件安装在两顶尖之间，仿形刀架3安装在车床溜板2上，并位于方刀架的对面，这样可以保留车床上原有的方刀架，不致影响车床原有的性能。样件5一般安装在床身侧面的附加靠模支架上。在加工过程中，仿形刀架随车床溜板作纵向走刀，触头4沿样件轮廓滑动，并操纵随动阀杆，控制仿形刀架的油缸，使仿形刀架按照触头4的运动作仿形运动，从而车出与样件相同的零件。为了能够车削90°端面，仿形刀架油缸的轴线多与车床主轴中心线安装成45°~60°的倾斜角。

仿形加工的调整工作比较简单。在加工一批零件之前，可以用普通方法加工出一个样件，或先做一个样板，然后就可以用样件或样板来仿形车削其他零件。回转体形状的样件容易制造，且使用寿命长，一面磨损后，将样件转过一个角度后可继续使用。

液压仿形加工的特点是：能大大减轻工人劳动强度，减少零件测量的辅助时间，提高了生产率。而且液压仿形刀架结构简单，价格低廉，易于在普通车床上改装使用。近年来，液压仿形系统的精度逐渐提高，尺寸精度可达±0.02～±0.05mm，表面粗糙度 Ra 可达3.2～1.6μm。液压仿形加工可以车削外圆柱面、外圆锥面、90°端面，以及其他回转曲面。以液压仿形车床为基础，配备简单的机械手及零件的输送装置所组成的轴类零件加工自动线，已成为提高轴类零件生产率的重要途径。

1.2.3.2　细长轴外圆表面的车削加工

细长轴系指轴的长度 l 与直径 d 之比大于10的轴。因其刚性较差，车削加工中存在一定的困难，现将其车削特点及其工艺措施和车削方法分析如下：

1. 细长轴外圆的车削特点及其工艺措施

细长轴加工时具有如下特点：

(1)细长轴刚性很差，在车削时如装夹不当，很容易因切削力及重力的作用而发生弯曲变形，产生振动，从而影响加工精度和表面粗糙度。

(2)细长轴的热扩散性能差，在切削热的作用下，会产生相当大的线膨胀。如果轴的两端为固定支承，则会因受挤而弯曲变形。当轴以高速旋转时，这种弯曲所引起的离心力，将使弯曲变形进一步加剧。

(3)由于细长轴比较长，加工时一次走刀所需时间多，刀具磨损较大，从而增加了工件的几何形状误差。

针对上述特点，车削细长轴外圆时，通常采取以下相应措施：

(1)针对刚性差的问题，可增大车刀主偏角，使径向切削分力减小；改变走刀方向，使工件在切削时受轴向分力作用形成拉应力状态；改进工件的装夹方法，采用中心架或跟刀架以增强工件刚性。

(2)对热变形大的问题，可改进刀具几何角度，如采取大前角以减少切削热；充分使用冷却液，减少工件所吸收的热量；采用弹簧顶尖，当工件受热膨胀时，可以压缩尾座顶尖的弹簧而自由伸长，避免发生弯曲变形。

(3)针对刀具磨损问题，可以选用硬度和耐磨性较高的刀片材料，并提高刀片的刃磨质量。以延长刀具使用寿命。

2. 细长轴外圆的车削方法

通常，车削细长轴时，多采用中心架或跟刀架。由于使用中心架车削，需要接刀，同时不能一次车削全长，而且提高工件的刚性也不如跟刀架明显，所以多数情况车削细长轴均采用跟刀架。但使用跟刀架时，支承工件的两个支承块对工件的压力要适当，压力过小，甚至没有接触，则不能起到提高工件刚性的作用；若压力过大，工件被压向车刀，切深增加。车出的工件直径就小，当跟刀架继续移动后，支承块支承在小直径外圆上，支承块与工件脱离。切削力使工件向外让开，切削深度减小，车出的直径就变大，以后跟刀架又再跟到大直径外圆上，又把工件压向车刀，使车出的直径减小，这样连续有规律的变化，就会把细长工件车成"竹节"形。此外，跟刀架支承块的弧面形状对所车细长轴的精度也有较大的影响。

3. 细长轴的先进切削法——反向走刀车削法

图1-9为反向走刀法示意图。这种方法的特点是：

(1)细长轴左端缠有一圈钢丝，利用三爪卡盘夹紧，以减少接触面积，使工件在卡盘内能自由调节其位置，避免夹紧时形成弯曲力矩，且切削过程中发生的变形也不会因卡盘夹死而产生内应力。

（2）尾架顶尖改成弹性顶尖，当工件因切削热发生线膨胀伸长时，顶尖能自动后退，可避免热膨胀引起的弯曲变形。

（3）采用三个支承块跟刀架，以提高工件刚性。

（4）改变走刀方向，使大拖板由车头向尾架移动。由于细长轴左端固定在卡盘内，可以自由伸缩，所以反向走刀后，工件受拉力，不易产生弹性弯曲变形。而且反向走刀的平稳性也比正向走刀好，其原因是反向走刀时车床小齿轮与床身上齿条的啮合比较好。

由于采取这些措施，所以反向走刀车削法能达到较高的加工精度和较低的表面粗糙度。

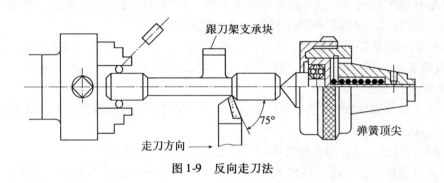

图1-9　反向走刀法

1.2.3.3　外圆表面的磨削加工

磨削是外圆表面精加工的主要方法，它既能磨削淬火钢件，也能磨削未淬火钢和铸铁。某些精确坯料(如精密铸件，精密锻件和精密冷轧件)可不经车削加工直接进行磨削，按照外圆表面磨削时选用砂轮的磨料粒度和修整质量及磨削用量的不同，磨削也分为粗磨和精磨。

粗磨采用较粗磨粒的砂轮和较大的背吃刀量及进给量，以提高生产率。粗磨的尺寸精度可达 IT8～IT7，表面粗糙度为 $Ra1.6～0.8\mu m$。精磨则采用较细磨粒的砂轮和较小的背吃刀量及进给量，以获得较高的精度及较小的表面粗糙度。精磨的尺寸精度可达 IT6～IT5，表面粗糙度为 $Ra0.2\mu m$。

外圆表面的磨削可以在普通外圆磨床、万能外圆磨床或无心磨床上进行。

1. 磨削方式

根据磨削时工件定位方式的不同可分为中心磨削和无心磨削两种磨削方式。

中心磨削即普通外圆磨削，被磨削的工件由顶尖孔定位，在外圆磨床或万能外圆磨床上进行，重型轴需在重型磨床上进行或在车床上装上磨头进行。由于磨削加工时切屑层薄、切削力小、工件变形小和磨床精度高等原因，磨削后加工精度可经济地达到 IT6 级，表面粗糙度可达 $Ra0.8～0.2\mu m$。其次，磨轮转速高(30～35m/s)，允许提高工件的转速，故生产率高。由于磨削加工具有精度高、生产率高和通用性广等优点，所以它在现代机械制造工艺中占有很重要的地位。

无心磨削是一种高生产率的精加工方法，被磨削的工件由其外圆表面本身定位。其工作原理如图 1-10 所示。无心磨削时工件处于磨轮与导轮之间，下面由支承板支承。磨轮轴心线水平放置，导轮的轴向截面轮廓通常修成双曲线，轴心线倾斜一个不大的角度 λ。这样，导轮的圆周速度 $v_导$ 可以分解为两个分量，即带动工件旋转的分量 $v_工$ 和使工件作轴向(纵向)进给运动的分量 $f_纵$。

实现无心磨削的方法主要有：贯穿法(纵向送进磨削，工件从磨轮与导轮之间通过)和切入法(横向送进磨削)。

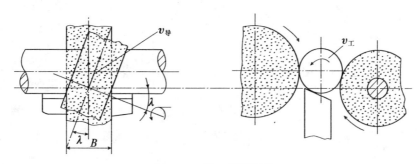

图 1-10　无心磨削原理

无心磨削的特点：加工精度可达 IT6 级，表面粗糙度可达 $Ra0.8 \sim 0.2\mu m$。生产率很高，其原因是采用宽砂轮磨削，磨削效率高，加工时工件依靠本身外圆表面定位和利用切削力来夹紧，又是连续依次加工，因此节省了装夹时间。但是无心磨削难以保证工件的相互位置精度。此外，有键槽和带有纵向平面的轴也不能采用无心磨削加工。

2. 提高外圆磨削生产率的措施

随着机器制造的发展，精密锻造、挤压成形等少无切屑加工越来越广泛得到应用，毛坯余量大大减少，磨削加工所占的比重越来越大，因此提高磨削效率，降低磨削成本也是磨削加工中的重要问题之一。目前，提高磨削生产率的途径有两个方面：

(1)缩短辅助时间。这方面的措施如自动装工件；自动测量及数字显示；砂轮自动修整及补偿；发展新的磨料，提高砂轮耐用度等。

(2)缩短机动时间。可以从如下两个方面缩短机动时间：

①加大磨削用量。高速磨削就是采用特制高强度砂轮，在高速下对工件进行磨削，砂轮速度高达 45m/s 以上(35m/s 以下为普通磨削)。加工精度可以提高，表面粗糙度可以进一步变细，并可延长砂轮使用寿命。但需要较好的冷却系统装置，使磨削区降温。应采用较好的防护装置。因消耗功率大，选用电动机的功率也要大些。

强力磨削就是采用较高的砂轮速度，较大的磨削深度(一次切深可达 6mm 以上)和较小的进给，直接从毛坯或实体材料上磨出加工表面。它可代替车削和铣削，而效率比车、铣要高得多。但是强力磨削时磨削力和磨削热比高速磨削显著增加，因此对机床的要求除了增加电动机功率外，还要加固砂轮防护罩，增加冷却液供应和防止飞溅，合理选择砂轮，机床还必须有足够的刚性。

②增大磨削面。一般外圆磨削砂轮宽度仅有 50mm 左右，而宽砂轮磨削是通过加大砂轮宽度(根据工件磨削长度决定，有的砂轮宽度达 300mm 左右)，成倍地提高了生产率。

多片砂轮磨削　这也是利用增加磨削面积，以提高磨削效率的一种有效措施。在一台机床上安装几片砂轮可根据零件形状而定。图 1-11 是采用多片砂轮磨削曲轴主，其优点是减少了零件安装次数，增大了磨削面积，还能减少磨床数量，节省劳动力，并且提高了零件轴颈的同轴度。

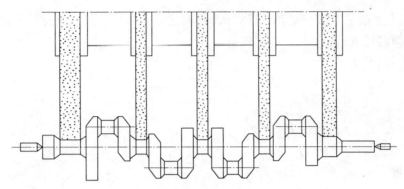

图 1-11　多片砂轮磨削曲轴轴颈的示意图

1.2.3.4　外圆表面的精密加工

随着科学技术的发展，对产品的加工精度和表面质量要求也越来越高，而零件表面的质量又直接影响到零件的使用寿命。对于超精密零件的质量要求，往往需要特殊的加工方法，在特定的环境下才能达到。外圆表面的光整加工，就是在精加工后进一步提高表面质量的精密加工手段。这些方法主要有低粗糙度磨削、超精加工、研磨、冷压加工等。

1. 低粗糙度磨削

通过磨削使轴的表面粗糙度在 $Ra0.1\mu m$ 以下的磨削工艺称为低粗糙度磨削，它包括磨削(Ra 为 $0.05\sim0.1\mu m$)、超精密磨削($Ra\leqslant0.025\mu m$)和镜面磨削($Ra<0.005\mu m$)。

低粗糙度磨削具有生产率高、应用范围广、能修整前道工序残留的几何形状误差，而得到很高的尺寸精度和细表面粗糙度等优点。

低粗糙度磨削的实质在于砂轮磨粒的作用。经过精细修整后的砂轮的磨粒形成许多微刃(见图 1-12a)，这些微刃的等高性程度大大提高，磨削时参加磨削的切削刃就大大增加了，能在工件表面切下微细的切屑，形成粗糙度较细的表面。随着磨削过程的继续进行，锐利的微刃逐渐磨损而变得稍钝，这就是所谓半钝化状态(半钝化期)，如图 1-12(c)所示。这种半钝比的微刃虽然切削作用降低了，但是在一定压力下能产生摩擦抛光作用，可使工件获得更低的表面粗糙度，直到最后磨粒处于钝化期时，磨粒在被磨削的工件表面就起抛光作用了。

低粗糙度磨削的效果取决于采用的砂轮的磨粒种类，例如：

(1)采用 46# ~ 80# 陶瓷结合砂轮经过精细修整，可获得低粗糙度表面。

(2)用铬刚玉砂轮经修整后可使磨料产生极细微破碎微刃，磨出低粗糙度表面。

(3)采用 W20 以上的树脂和橡胶结合剂加石墨填料的砂轮，在接触压力下，依靠磨粒微刃摩擦抛光可得到最低的表面粗糙度。

2. 超精加工

超精加工采用细粒度的磨条以较低的压力和切削速度对工件表面进行精密加工的方法。其加工原理如图 1-13 所示。加工中有三种运动，工件低速回转运动 1(加工圆柱表面

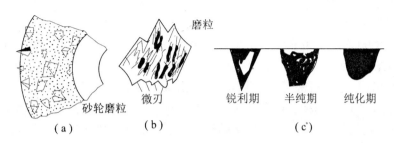

图 1-12 磨粒微刃及磨削中微刃变化

时）；磨头轴向进给运动 2；磨条高速往复振动 3。如果暂不考虑磨头的轴向进给运动，则磨粒在表面走过时的轨迹是正弦波曲线，如图 1-14 所示。

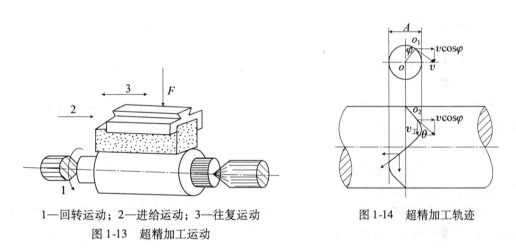

1—回转运动；2—进给运动；3—往复运动

图 1-13 超精加工运动

图 1-14 超精加工轨迹

超精加工的切削与磨削、研磨不同，当工件粗糙的表面磨平之后，油石能自动停止切削。超精加工过程大致有四个阶段：①强烈切削阶段：超精磨时虽然磨条磨粒很细，压力很小，工件与磨条之间的润滑油易形成油膜，但开始时，由于工件表面粗糙，少数凸峰单位面积压力很大，破坏了油膜，故切削作用强烈；②正常切削阶段：当少数凸峰磨平后，接触面积增加，单位面积压力降低，致使切削作用减弱而进入正常切削阶段；③微弱切削阶段：随着接触面积逐渐增大，单位面积压力更小，切削作用微弱，且细小的切屑形成氧化物而嵌入油石的空隙中，使油石产生光滑表面，具有摩擦抛光作用而使工件表面抛光；④自动停止切削阶段：工件磨光，这时单位压力很小，工件与油石之间又形成油膜，不再接触，切削作用停止。

经过超精加工后的工件表面粗糙度可达 $Ra0.08 \sim 0.01\mu m$，这是由于超精加工磨粒运动复杂，能由切削过程过渡到摩擦抛光过程所致。因此，它是一种获得细表面粗糙度的简便且有效的方法。同时，由于切削速度低，油石压力小，所以加工时发热少，工件表面变质层浅，无烧伤现象。

3. 光整加工

如果工件精度要求 IT5 以上，表面粗糙度要求达 $Ra0.1 \sim 0.008\mu m$，则在经过精车或精磨以后，还需通过光整加工。常用的外圆表面光整加工方法有研磨、超级光磨和抛光等。

研磨是一种既简单又可靠的精密加工方法，是最早出现的一种光整加工和精密加工方法。经过研磨的表面，尺寸与形状精度可达到 $1 \sim 3\mu m$ 以下，表面粗糙度为 $Ra0.16 \sim 0.01\mu m$。研磨往往作为精密零件(例如滑阀和油泵柱塞等)的终加工方法。研磨方法可分为机械研磨和手工研磨两种。前者在研磨机上进行，生产率比较高；后者生产率低，劳动量大，不适应批量大的生产，但适用于超精密的零件加工，加工质量与工人技术熟练程度有关。

研磨用的研具是采用比工件软的材料(如铸铁、铜、巴氏合金及硬木等)制成。研磨时，部分磨粒悬浮于工件与研具之间，部分磨粒则嵌入研具表面，利用工件与研具的相对运动，磨料就切掉很薄一层金属，主要是上工序留下的粗糙度凸峰。一般研磨的加工余量为 $0.01 \sim 0.02mm$。

研磨时加有研磨剂，因此不但有机械加工过程，同时还有化学作用。研磨剂能使被加工表面形成氧化层，从而加速研磨过程。

研磨除了可获得很高的尺寸精度和低的表面粗糙度外，也可提高工件表面的几何形状精度，但一般对表面间相互位置精度无改善。

根据研磨加工特点，它尤其适用于当两个零件要求密切配合时，是一种有效的方法液压元件、油泵柱塞、气阀等。

4. 滚压加工

滚压加工是利用金属产生塑性变形，从而达到改变工件的表面性能、形状和尺寸的目的。它是一种无切屑加工。

(1)滚压加工原理。滚压加工是采用硬度较高的滚压轮或滚珠，对半精加工的零件表面在常温条件下加压，使零件受压点产生弹性及塑性变形。塑性变形的结果，不但使表面粗糙度变细，而且使表面层的金属结构和性能也发生变化，晶粒变细，并沿着变形最大的方向延伸，形成纤维状组织，在表面留下了有利的残余压应力。其结果是滚压加工过的表面层强度极限和屈服点增大。显微硬度提高 $20\% \sim 40\%$。因而使零件抗疲劳强度、耐磨和耐腐蚀性能都有显著的改善。滚压加工的目的有三种：第一种以强化零件为主，加压力大，变形层深($1.5 \sim 15mm$)。第二种以降低表面粗糙度和提高硬度为主。加工后表面强化层较薄($0.01 \sim 1.5mm$)。第三种以获得表面形状为主，如滚花、滚轧齿轮、螺纹等。图 1-15 为滚压加工示意图。

(2)滚压加工特点。滚压加工与切削加工相比有许多优点，因此常常取代部分切削加工，成为精密加工的一种方法，其特点如下：

①滚压对前工序要求。滚压前工序表面粗糙度不低于 $Ra5\mu m$，表面要洗净，直径方向加工余量为 $0.02 \sim 0.03\mu m$；滚压后表面粗糙度为 $Ra0.63 \sim 0.16\mu m$。

②滚压能使表面粗糙度变细，强化零件加工表面，其形状精度及相互位置精度主要取决于前道工序，如果前工序圆柱度、圆度较差，反而会出现表面粗糙度不匀现象。

③滚压对象是塑性的金属零件，并且要求材料组织均匀。例如在铸铁零件上有局部松软组织时，则会产生较大的形状误差。

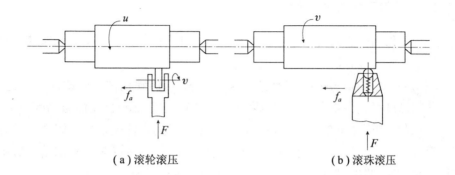

（a）滚轮滚压　　　　　　　　　　（b）滚珠滚压

图 1-15　滚压加工示意图

1.3　孔 加 工

机器零件中，除外圆表面外，较多的便是内孔表面。它是盘套、支架、箱体类零件的主要组成表面之一，常见的内孔表面有以下几种：

（1）配合用孔。装配中有配合要求的孔。如与轴有配合要求的套筒孔、齿轮或带轮上的孔、车床尾座体孔、主轴箱体上的主轴和传动轴的轴承孔等。其中箱体上的孔往往构成孔系。这类孔的加工精度要求较高。

（2）非配合用孔。装配中无配合要求的孔。如紧固螺栓用孔、油孔、内螺纹底孔、齿轮或带轮轮辐孔等。这类孔的加工精度要求不高。

（3）深孔。长径比 $L/D>5$ 的孔称为深孔，如车床主轴上的轴向通孔。这类孔加工难度较大，对刀具和机床均有特殊要求。

（4）圆锥孔。如车床主轴前端的锥孔、钻床刀杆的锥孔等。这类孔的加工精度和表面质量要求均较高。

本节仅讨论圆柱孔的加工。由于各种孔的作用不同，结构不同，技术要求不同，也需视具体生产条件拟定合理的加工方案。

1.3.1　内孔表面的技术要求

技术要求是拟定工艺方案的重要依据。与外圆表面类似，内孔表面的技术要求也有以下四个方面：

（1）尺寸精度。指孔径和孔深的尺寸精度及孔系中孔与孔、孔与相关表面间的尺寸精度等。

（2）形状精度。指内孔表面的圆度、圆柱度及素线直线度和轴线直线度等。

（3）位置精度。指孔与孔（或与外圆表面）间的同轴度、对称度、位置度、径向圆跳动，孔与孔（或与相关平面）间的垂直度、平行度、倾斜度等。

（4）表面质量。指内孔表面的粗糙度及表层物理力学性能的要求等。

1.3.2 内孔表面加工方案分析

根据各种零件内孔表面的尺寸、长径比、精度和表面粗糙度要求，在实体材料上加工内孔，其加工方案大致有以下几类：

(1)低精度内孔表面的加工。对精度要求不高的未淬硬钢件、铸铁件及有色金属件，经一次钻孔粗糙度可达到要求。尺寸精度达 IT10 以下，表面粗糙度值为 $Ra50 \sim 12.5\mu m$。

(2)中等精度内孔表面的加工。对于精度要求中等的未淬硬钢件、铸铁件及有色金属件，当孔径小于 30mm 时，采用钻孔后扩孔；当孔径大于 30mm 时，采用钻孔后粗镗达到要求。尺寸精度达 IT10 ~ IT9，表面粗糙度为 $Ra6.3 \sim 3.2\mu m$。

(3)较高精度内孔表面的加工。对于精度要求较高的除淬硬钢外的零件内孔表面，当孔径小于 20mm 时，应采用钻孔后铰孔；当孔径大于 20mm 时，视具体条件，选用下列方案之一：钻—扩—铰；钻—粗镗—精镗；钻—镗(或扩)—磨；钻—拉。尺寸精度达 IT8 ~ IT7，表面粗糙度为 $Ra1.6 \sim 0.4\mu m$。拉刀和铰刀都是定尺寸刀具，经拉削或铰削加工的孔一般为 7 级精度的基准孔(H7)。

(4)高精度内孔表面的加工。对于精度要求很高的内孔表面，当孔小于 20mm 时，可采用钻—粗铰—精铰方案。当孔径大于 20mm 时，视具体条件，选用下列方案之一：钻—扩(或镗)—粗铰—精铰；钻—粗拉—精拉；钻—扩(较大孔采用镗)—粗磨—精磨。对于箱体零件的孔系加工，一般采用钻或粗镗—半精镗—精镗—浮动镗，在这条加工路线中当工件毛坯上已有毛坯孔时，第一道工序安排粗镗，无毛坯孔时则第一道工序安排钻孔，后面的工序视零件的精度要求再作安排。尺寸精度达 IT7 ~ IT6，表面粗糙度为 $Ra0.8 \sim 0.4\mu m$。

(5)精密内孔表面的加工。对于精度要求更高的精密内孔表面，可在高精度内孔表面加工方案的基础上，视情况分别采用手铰、精细镗、精拉、精磨、研磨、珩磨、挤压或滚压等精细加工方法加工。尺寸精度达 IT6 以上，表面粗糙度为 $Ra0.4 \sim 0.025\mu m$。

图 1-16 给出了各种零件内孔表面加工方案框图，供参考。

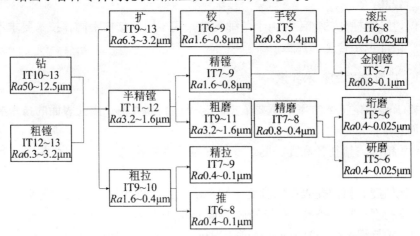

图 1-16 内孔表面加工方案框图

对上述孔的加工路线作几点补充说明：①上述各条孔加工路线的终加工工序，其加工精度在很大程度上取决于操作者的操作水平（刀具刃磨、机床调整和对刀等）。②对于已铸出（或锻出）底孔的内孔表面，可直接扩孔或镗孔，当孔径在 80mm 以上时，以镗孔为宜。其加工方案视具体条件参照上述方案拟订。③对以微米为单位的特小孔加工，需要采用特种加工方法，例如，电火花打孔、激光打孔和电子束打孔等。有关这方面的知识，可根据需要查阅有关资料。

1.3.3　内孔表面的加工方法

内孔加工与外圆表面加工，其切削原理类同，而内孔表面的加工方法则比较复杂，选择时要考虑零件结构特点、孔径大小、长径比、表面粗糙度和加工精度要求以及生产规模等各种因素。加工内孔表面时，刀具尺寸受被加工孔径限制，刀杆细、刚性差，不能采用较大的切削用量；同时，刀具处于被加工孔的包围之中，切削液很难进入切削区，散热、冷却、排屑条件差，测量也不方便。因此，同等精度要求，内孔表面较外圆表面加工困难多，需要的工序多，相应成本也高些。

内孔表面的加工方法很多，切削加工方法有钻孔、扩孔、铰孔、锪孔、镗孔、拉孔、研磨、珩磨、滚压等；特种加工孔的方法有电火花穿孔、超声波穿孔和激光打孔等。

钻孔、锪孔用于粗加工；扩孔、车孔、镗孔用于半精加工或精加工；铰孔、磨孔、拉孔用于精加工；珩磨、研磨、滚压主要用于高精度加工。特种加工方法主要用于加工各种特殊的难加工材料上的孔。其中电火花穿孔主要加工高硬导电材料如淬火钢、硬质合金和人造聚晶金刚石上的型孔、小孔和深孔；超声波穿孔主要加工各种又硬又脆的非金属材料，如玻璃、陶瓷和金刚石上的型孔、小孔和深孔；激光打孔可加工各种材料，尤其是难加工材料上的小孔和微孔（如钻石上的小孔）。

孔加工的常用设备有：钻床、车床、铣床、镗床、拉床、内圆磨床、万能外圆磨床、研磨机、珩磨机以及电火花成形机床、超声波加工机床、激光加工机床等。

1.3.3.1　钻孔

钻孔是采用钻头在实心材料上加工孔的一种方法。常采用的钻头是麻花钻头，为排出大量切屑，麻花钻具有较大容屑空间的排屑槽，因而刚度与强度受很大削弱，加工内孔的精度低，表面粗糙度粗。一般钻孔后精度达 IT12 级左右，表面粗糙度 Ra 达 80～20μm。因此，钻孔主要用于精度低于 IT11 级以下的孔加工，或用作精度要求较高的孔的预加工。

钻孔时钻头容易产生偏斜，从而导致被加工孔的轴心线歪斜。为防止和减少钻头的偏斜，工艺上常采用下列措施：

（1）钻孔前先加工孔的端面，以保证端面与钻头轴心线垂直。

（2）先采用 90°顶角直径大而且长度较短的钻头预钻一个凹坑，以引导钻头钻削，此方法多用于转塔车床和自动车床，防止钻偏。

（3）仔细刃磨钻头，使其切削刃对称。

（4）钻小孔或深孔时应采用较小的进给量。

（5）采用工件回转的钻削方式，注意排屑和切削液的合理使用。

钻孔直径一般不超过 75mm，对于孔径超过 35mm 的孔，宜分两次钻削。第一次钻孔直径约为第二次的 0.5 ~ 0.7 倍。

1.3.3.2 扩孔

扩孔是采用扩孔钻对已钻出、铸出或锻出孔的进一步加工的方法。扩孔时，切削深度较小，排屑容易，加之扩孔钻刚性较好，刀齿较多，因而扩孔精度和表面粗糙度均比钻孔好。扩孔的加工精度一般可达 IT10 ~ IT11，表面粗糙度 Ra 为 6.3 ~ 3.2μm。此外，扩孔还能纠正被加工孔的轴心线歪斜。因此，扩孔常作为精加工（如铰孔）前的准备工序，也可作为要求不高的孔的终加工工序。

扩孔余量一般为孔径的 1/8 左右，因扩孔钻的刀齿较多，故扩孔的走刀量一般较大（0.4 ~ 2m/r），生产率高。对于孔径大于 50mm 的孔，扩孔应用较少，而多采用镗孔。

1.3.3.3 铰孔

铰孔是对未淬硬孔进行精加工的一种方法。铰孔时，由于余量较小，切削速度较低。铰刀刀齿较多，刚性好而且制造精确，加之排屑冷却润滑条件较好等，铰孔后孔本身质量得到提高，孔径尺寸精度一般为 IT7 ~ IT9 级，手铰可达 IT6 级，表面粗糙度 Ra 为 2.3 ~ 0.32μm。

铰孔主要用于加工中小尺寸的孔，孔的直径范围一般为 ϕ3 ~ ϕ150mm。铰孔对纠正孔的位置误差的能力很差，因此，孔的有关位置精度应由铰孔前的预加工工序保证。此外，铰孔不宜于加工短孔、深孔和断续孔。

1.3.3.4 镗孔

镗孔是在扩孔的基础上发展而成的一种常用的孔加工方法，可以作为粗加工，也可作为精加工，加工范围很广。对于小批生产中的非标准孔，大直径孔、精确的短孔以及盲孔、有色金属孔等一般多采用镗孔。镗孔可以在车床、镗床和数控机床上进行，能获得的尺寸精度为 IT6 ~ IT8 级，表面粗糙度 Ra 为 3.2 ~ 0.4μm。镗孔刀具（镗杆与镗刀）因受孔径尺寸的限制（特别是小直径深孔），一般刚性较差，镗孔时容易产生振动，生产率较低。但是由于不需要专用的尺寸刀具（如铰刀），镗刀结构简单，又可在多种机床上进行镗孔，故单件小批生产中，镗孔是较经济的方法。此外，镗孔能够修正前工序加工所导致的轴心线歪斜和偏移，从而可以提高位置精度。

1.3.3.5 磨孔

采用磨头对淬火孔进行孔的精加工方法，一般在内圆磨床上进行。由于内孔磨削的工作条件较差，尺寸精度和表面粗糙度均不如外圆磨削。内孔磨削的尺寸精度一般为 IT6 ~ IT7 级，表面粗糙度 Ra 达 0.2 ~ 0.1μm。加工范围较广，大孔直径受机床规格的限制；小孔直径将受砂轮直径的影响，因而不能太小，若采用风动磨头，最小磨削直径可达 1mm 左右。从孔的结构形状上看，它既可磨通孔、阶梯孔等圆柱形孔，又可磨锥孔、内滚道或成形滚道等。如图 1-17 所示。

内孔磨削的加工方法，对于中小型旋转体零件一般均在内圆磨床或万能外圆磨床上进行。这时，工件回转而砂轮轴仅自转。对于重量大、形状不对称的零件内孔，可采用行星式内圆磨削，这时，工件固定而砂轮既自转又回转（公转），如图 1-18 所示。对于大型薄壁零件，可采用无心内圆磨削，其加工方式如图 1-19 所示。工件由支持轮支持，压紧轮压紧，并由导轮带动旋转。砂轮轴自转而不回转。

内圆磨削原理与外圆磨削一样，但内圆磨削工作条件不开敞，因而有下列一些特点：

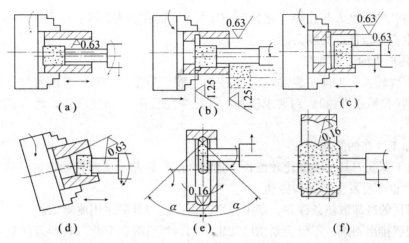

图 1-17　内圆磨削工艺范围

（1）砂轮直径 D 受到工件孔径 d 的限制（$D=0.5\sim0.9d$），尺寸小，易磨损，需经常修整和更换，影响了磨削生产效率。

（2）磨削速度低　这是由于砂轮直径较小，即使砂轮转速已高达每分钟几万转，要达到砂轮圆周速度 $25\sim30$ m/s 也是十分困难的，因此内圆磨削速度要比外圆磨削低得多，磨削效率低，表面粗糙度也粗。为了提高磨削速度，近年来我国试制成功 12000r/min 的高频电动磨头及 100000r/min 的风动磨头，以便磨削直径为 $1\sim2$mm 的小孔。

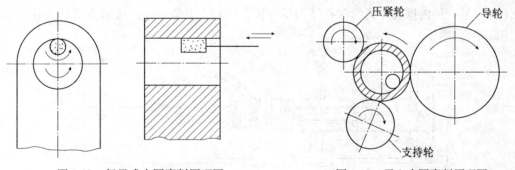

图 1-18　行星式内圆磨削原理图　　　　图 1-19　无心内圆磨削原理图

（3）砂轮轴受到工件孔径与长度的限制，刚性差，容易弯曲变形与振动，从而影响加工精度和表面粗糙度。

（4）砂轮与工件接触面积大，单位面积压力小，砂轮显得硬，易发生烧伤，要采用较软的砂轮。

（5）切削液不易进入磨削区，磨削困难，因而对于脆性材料为了排屑方便，有时采用干磨。

虽然内圆磨削有以上一些缺点，但仍是一种常用的精加工孔的方法。特别对于淬硬的孔、断续孔（带键槽或花键槽的孔）和长度很短的精密孔，更是主要的精加工方法。

1.3.3.6　深孔加工

一般将孔的长度 L 与孔径 D 之比(L/D)大于 5 的孔称为深孔。深孔加工与一般孔加工相比较，生产率较低，难度大。

1. 深孔加工的工艺特点

由于零件较长，工件安装常用"一夹一托"方式(见图 1-20)，孔的粗加工多选用深孔钻削或镗削(拉镗或推镗)，对要求较高的孔则采用铰削(浮动铰削)、珩磨或滚压等工艺方法。

深孔加工存在的问题：

(1)由于深孔刀具一般都比较细长，强度和刚性较差，从而将导致加工的孔轴心线歪斜，加工中也容易发生引偏和振动。

(2)刀具的冷却散热条件差，切削温度升高会使刀具的耐用度降低。

(3)切屑排出困难，不仅会划伤已加工表面，严重时会引起刀具崩刃甚至折断。

针对上述三方面问题，工艺上常采用如下措施：

(1)为解决刀具引偏，宜采取工件旋转的方式及改进刀具导向结构。

(2)为解决散热和排屑，采用压力输送切削液以冷却刀具和排出切屑；同时改进刀具结构，使其既能有一定压力的切削液输入和断屑，又有利于切屑的顺利排出。

2. 深孔钻削方法

在单件小批生产中，深孔钻削常采用加长麻花钻在普通车床或转塔车床上进行。为了排出切屑和冷却刀具，钻头每进一段不长的距离即需由孔内退出。深孔加工中，钻头的这种频繁进退，既影响钻孔效率，又增加工人劳动强度。

在成批和大量生产中，深孔钻削宜采用深孔钻头在专用深孔钻床(见图 1-20)上进行，图(a)中是一种内排屑方式的深孔钻削示意图，图(b)中是一种外排屑方式的深孔钻削示意图。

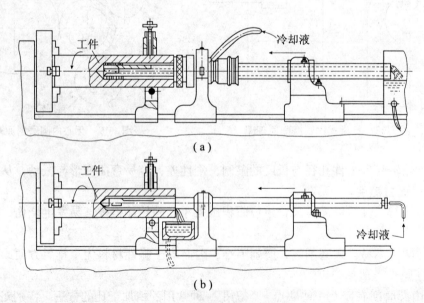

(a)

(b)

图 1-20　深孔加工示意图

3. 深孔精加工

经过钻削的深孔，若需要进一步提高孔的尺寸精度和直线度，以及使表面粗糙细化等，可采用镗刀头镗孔和浮动镗孔（浮动铰孔）。

深孔镗削与一般镗削不同，它所采用的机床是深孔钻床，在钻杆上装上深孔镗头（螺纹连接），如图 1-21 所示。其结构是前后均有导向块，前导向块是由两块硬质合金组成。后导向块由四块硬质合金组成，镗刀尺寸用对刀块调整其尺寸。前导向块轴向位置应在刀尖后面 2mm 左右。这种镗刀的进给方式是采用推镗前排屑方式，改变了过去拉镗方法，因为拉镗时虽然刀杆受力（拉力）状态较好，但安装工件、调整尺寸都比较困难，生产率低。

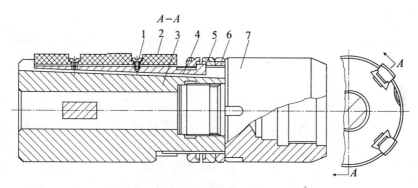

1—对刀块　2—前导向块　3—调节螺钉　4—后导向块　5—刀体
图 1-21　深孔镗头

浮动镗孔采用的设备仍然是钻削深孔的整套设备，只需取下深孔钻头换上深孔铰刀头。深孔铰刀头的结构如图 1-22 所示。浮动镗刀块在刀体长方形孔内可以自由的滑动。

浮动镗孔的特点是：消除了由于机床及刀具等误差引起的孔尺寸不稳定；由于镗刀块浮动，并且处于工件旋转的情况，刀块具有自动对中性；刀块导向良好。图 1-21 中导向块为夹布胶木（或白桦木），有一定弹性，这种材料的导向块，既可避免擦伤已加工表面，又可自动补偿数次铰孔后直径的磨损，维持必要的导向要求。导向块呈台阶形，**在调整导向块时，前导向块应与孔紧配，后导向块应略大于镗刀块尺寸**，工作时能自动磨去而保持较准确的导向精度。

1.3.3.7　内孔的精密加工

当套筒零件内孔加工精度要求很高和表面粗糙度要求很细时，内孔精加工之后还需要进行精密加工。常用的精密加工有精细镗孔、珩磨、研磨、滚压等。研磨多用于手工操作，工人劳动强度较大，通常用于批量不大且直径较小的孔。而精细镗、珩磨、滚压由于加工质量和生产率都比较高，应用比较广泛。

1. 精细镗

精细镗由于最初是使用金刚石作刀具材料，所以又称金刚镗。这种方法常用于有色金属合金及铸铁的套筒内孔精密加工，柴油机连杆和汽缸套加工中应用较多。为获得高的加工精度和低的表面粗糙度要求，常采用精度高、刚性好和具有高转速的金刚镗床。所采用

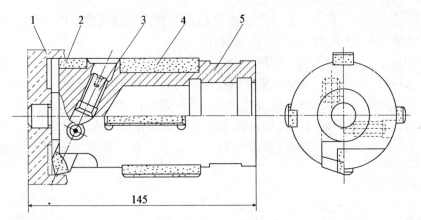

1—螺钉　2—导向块　3—刀体　4—楔形块　5—调节螺母　6—锁紧螺母　7—接头

图 1-22　深孔铰刀头

的刀具是选用颗粒细而耐磨的金刚石和硬质合金，经过刃磨和研磨获得锋利的刃口。精细镗孔中，加工余量较小，高速切削下切去截面很小的切屑。由于切削力很小，故尺寸精度能达到 IT5 级，表面粗糙度 Ra 达 $0.4 \sim 0.2 \mu m$，孔的几何形状误差小于 $3 \sim 5 \mu m$。

　　镗削精密孔时，为方便于调刀，可采用微调镗刀头，以节省对刀时间，保证孔径尺寸。图 1-23 所示就是一种带有游标刻度盘的微调镗刀，刀杆 4 上夹有可转位刀片。

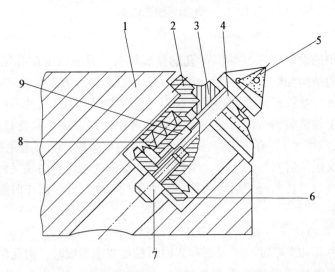

1—镗杆　2—套筒　3—刻度导套　4—微调刀杆　5—刀片　6—垫圈　7—夹紧螺钉　8—弹簧　9—键

图 1-23　微调镗刀

　　刀杆 4 上有精密的小螺距螺纹。微调时，半松开夹紧螺钉 7，用扳手旋转套筒 3，刀杆就可作微量进给和退出。键 9 保证刀杆 4 只作移动。最后将夹紧螺钉锁紧，这种微调镗刀的刻度盘值可达到 $2.5 \mu m$。

　　2. 研磨

研磨孔的原理与研磨外圆相同。

研具通常是采用铸铁制的心棒,表面开槽以贮存研磨剂。图 1-24 为研孔用的研具,图(a)中为铸铁粗研具,棒的直径可用螺钉调节;图(b)中为精研用的研具,用低碳钢制成。

内孔研磨的工艺特点:

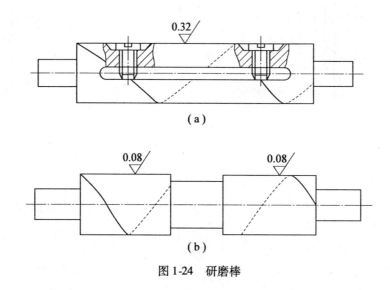

图 1-24　研磨棒

(1)尺寸精度可达 IT6 级以上;表面粗糙度 Ra 为 $0.1 \sim 0.01\mu m$。

(2)孔的位置精度只能由前面工序保证。

(3)生产率低,研磨之前孔必须经过磨削、精铰或精镗等工序,对中小尺寸孔,研磨加工余量约为 0.025mm。

3. 珩磨

珩磨是用 4~6 根砂条组成的珩磨头(见图 1-25)对内孔进行光整加工。珩磨时,砂条上的磨粒以一定的压力、较低的速度对工件表面进行磨削、挤压和刮擦。砂条做旋转运动和上下往复运动,使砂条上的磨粒在孔表面所形成轨迹成为交叉而不重复的网纹(见图 1-26),与内孔磨削相比,珩磨参加切削的磨粒多,加在每粒磨粒上的切削力非常小。珩磨的切速低,仅为砂轮磨削速度的几十分之一,在珩磨过程中又施加大量的冷却液,使工件表面得到充分冷却,不易烧伤,加工变形层薄,故能得到较低的表面粗糙度。

珩磨头与机床主轴采用浮动连接,以保证余量均匀,由于砂条很长,珩磨时工件的凸出部先与砂条接触,接触压力较大,使凸出部分很快被磨去,直至修正到工件

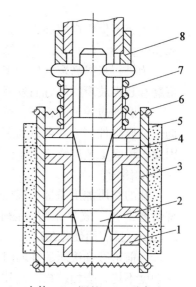

1—本体　2—调整　3—砂条座
4—顶块　5—砂条　6—弹簧箍
7—弹簧　8—螺母
图 1-25　利用螺纹调压的珩磨头

表面与砂条全部接触。因此，珩磨能够修正前道工序产生的几何形状误差和表面波度误差（见图1-27），但不能修正轴线位置误差。

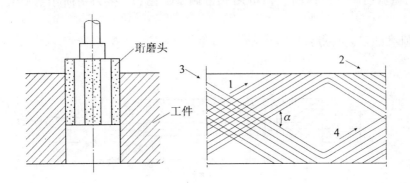

图1-26   磨粒在孔表面上形成的轨迹

珩磨不但生产率高，并且加工精度也很高，尺寸精度可达 IT5～IT6 级，表面粗糙度 Ra 可达 $0.8～0.1\mu m$，并能修正孔的几何形状偏差。

为进一步提高珩磨生产率，珩磨工艺朝着强力珩磨、自动控制尺寸的自动珩磨、电解珩磨和超声波珩磨等方向发展。

珩磨的应用范围很广，可加工铸铁，淬硬或不淬硬的钢件，但不宜加工易堵塞油石的韧性金属零件，珩磨可以加工孔径为 $\phi5～\phi500mm$ 的孔，也可加工 $L/D>10$ 以上的深孔，因此，珩磨工艺广泛应用于汽车、拖拉机、煤矿机械、机床和军工等生产部门。

4. 滚压

孔的滚压加工原理与滚压外圆相同。由于滚压加工效率高，近年来有用滚压工艺来代替珩磨工艺，效果很好。内孔经滚压后，精度在 0.01mm 以内，表面粗糙度 Ra 约为 $0.1\mu m$，且表面硬化耐磨，生产效率提高了数倍。

目前珩磨和滚压还在同时使用，其原因是滚压对铸铁件的质量有很大的敏感性，铸铁件硬度不均，表面疏松、气孔和砂眼等缺陷对滚压有很大影响，因此对铸铁件油缸滚压工艺尚未采用。

图1-27 所示为一油缸滚压头，滚压内孔表面的圆锥形滚柱 3 支承在锥套 5 上，滚压时，圆锥形滚柱与工件有一个 $0°30'$ 或 $1°$ 的斜角，使工件弹性能逐渐恢复，以避免工件孔壁的表面粗糙度变粗。

内孔滚压前，需先通过螺母 11 调整滚压头的径向尺寸。旋转调节螺母可使其相对心轴 1 沿轴向移动，当其向左移动时，推动过渡套 10，止推轴承 9，衬套 8 及套圈 6，经销子 4 使圆锥形滚柱沿锥套的表面左移，结果使滚压头的径向尺寸缩小。当调节螺母向右移动时，由压缩弹簧 7 压移衬套，经止推轴承使过渡套始终紧贴调节螺母的左端面，同时衬套右移时，带动套圈经盖板 2 使圆锥形滚柱也沿轴向右移，结果使滚压头的径向尺寸缩小。滚压头径向尺寸应根据孔的滚压过盈量确定，一般钢材的滚压过盈量为 0.1 ~ 0.12mm，滚压后孔径增大 0.02 ~ 0.03mm。

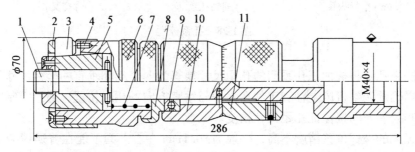

1—心轴 2—盖板 3—圆锥形滚柱 4—销子 5—锥套 6—套圈 7—压缩弹簧
8—衬套 9—止推轴承 10—过渡套 11—调节螺母
图 1-27 油缸滚压头

径向尺寸调整好的滚压头，滚压过程中圆锥形滚柱所受的轴向力经销子、套圈、衬套作用在止推轴承上，而最终还是经过渡套、调节螺母及心轴传至与滚压头右端 M40×4 相连的刀杆上。当滚压完毕后，滚压头从内孔反向退出时，圆锥形滚柱会受到一个向左的轴向力，此力传给盖板 2，经套圈、衬套将压缩弹簧，实现了向左移动，使滚压头直径缩小，保证了滚压头从孔中退出时不碰伤已滚压好的孔壁。滚压头完全退出孔壁后，在压缩弹簧力的作用下复位，使径向尺寸又恢复到原调数值。

滚压速度一般可取 v=60 ~ 80m/min，进给量 f=0.25 ~ 0.35mm/r。切削液采用 50% 硫化油加 50% 柴油或煤油。

1.3.3.8 箱体的孔系加工

多个有相互位置精度要求的孔称为"孔系"。孔系可分为平行孔系、同轴孔系和交叉孔系(见图 1-28)。

箱体上的孔不仅本身的精度要求高，而且孔距精度和相互位置精度也要求高，这是箱体加工的关键。根据生产规模和孔系的精度要求可采用不同的加工方法。

1. 平行孔系加工

平行孔系的主要技术要求为各平行孔中心线之间及孔轴心线与基准面之间的距离尺寸精度和相互位置精度。生产中常采用以下几种方法。

(1)找正法。

找正法的实质是在通用机床上(如铣床、普通镗床等)依靠操作者的技艺，并借助一些辅助装置去找正每一个被加工孔的正确位置。根据找正的手段不同，又可分为画线找正法、块规心轴找正法、样板找正法等。

(2)坐标法。

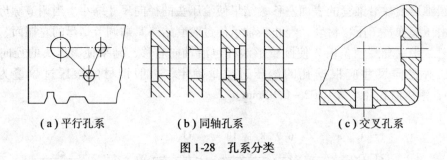

（a）平行孔系　　　　　　（b）同轴孔系　　　　　　（c）交叉孔系

图 1-28　孔系分类

坐标法镗孔是将被加工孔系间的孔距尺寸换算为两个互相垂直的坐标尺寸，然后按此坐标尺寸精确地调整机床主轴和工件在水平与垂直方向的相对位置，通过控制机床的坐标位移尺寸和公差来间接保证孔距尺寸精度。

普通镗床的坐标位移精度不高，一般为±0.1mm左右。为了能在普通镗床上获得精度较高的坐标位移尺寸，可采用下述方法。

①利用块规、百分表等精密测量装置找正坐标尺寸。在普通卧式镗床上，利用百分表和各种不同尺寸的量块、量棒控制工作台横向位移和头架垂直位移的坐标测量装置如图1-29所示。当需使用后立柱支架时，在后立柱上也可安装这种测量装置。同样，在铣床或其他机床上加工孔系时，也可使用这种坐标测量装置。此法不需专用工艺装备而可获得较高的孔距精度，其定位精度一般可达±0.04mm；但操作技术要求较高，生产效率低，适于单件小批生产。

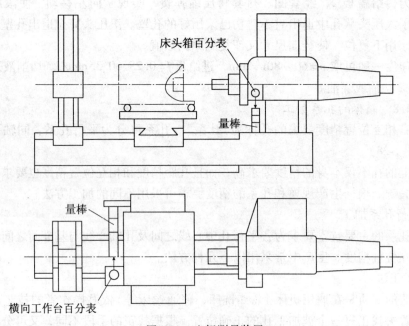

图 1-29　坐标测量装置

②改装精化机床，提高其坐标位移精度　在普通镗床上加装一套较精密的测量装置，可以提高其坐标位移精度。目前应用较多的方法是加装一套由金属线纹尺和光学读数头组成的精密长度测量系统。使用时，将读数头或线纹尺的一个固定在机床运动部件(如溜板、工作台、主轴箱等)上，另一个固定在床身上，并将读数头的物镜对准线纹尺的刻线面，当机床部件位移时，刻线面的线纹和数字便依次从镜头前通过，读数头的光学系统则将线纹和数字放大投影到光屏上。操作者观察读数头的光屏窗，即可立即得出部件的精确坐标位置。该测量装置的测量精度不受机床传动系统精度的影响，可将普通镗床的位移定位精度提高到±0.02mm 左右。这样，就可直接利用机床的位移读数保证孔系加工的孔距精度要求，大大提高了生产率，是一种经济实用的工艺方法。另外，加装感应同步器、磁尺的数显装置，也可将定位精度提高到0.02mm。近几年来，这种方法在国内的机床制造厂应用较多。

坐标镗床具有精确的坐标测量系统，如用精密丝杠(加校正尺)、光屏-刻线尺、光栅、感应同步器、磁尺、激光干涉仪等，其坐标位移定位精度可达 0.002～0.008mm。孔距精度要求特别高的孔系，如镗模、精密机床箱体等零件的孔系，大都是在坐标镗床上进行加工的。目前，国外一些机床厂，为了提高机床的制造精度和适应机床行业多品种小批量生产的需要，已在生产第一线直接采用坐标镗床加工一般机床箱体，国内的一些主要机床厂也开始采用。

此外，一些高精度的数控镗铣床，也具有较高的坐标位移定位精度，可以直接利用其坐标位移读数来加工孔距精度较高的孔系。

应该指出：在采用坐标法加工孔系时，原始孔和镗孔顺序的选择是十分重要的，因为孔距精度是靠坐标尺寸间接保证的，坐标尺寸的累积误差必然会影响孔距精度。因此，在选择原始孔和镗孔顺序时，应考虑以下几个原则：

①要把有孔距精度要求的两孔的加工顺序紧紧地连在一起，以减少坐标尺寸的累积误差影响孔距精度。

②原始孔应位于箱壁的一侧，这样，依次加工各孔时，工作台朝一个方向移动，以避免因工作台往返移动由间隙而造成的误差。

③所选的原始孔应有较高的精度和较低的表面粗糙度，以便在加工过程中，需要时可以重新准确地校验坐标原点。

(3)镗模法。

用镗模加工孔系，如图1-30 所示。工件装夹在镗模上，镗杆被支承在镗模的导套里。由导套引导镗杆在工件的正确位置上镗孔。

用镗模镗孔尺寸，镗杆与机床主轴多采用浮动连接，机床精度对孔系加工精度影响很小，孔距精度主要取决于镗模，因而可以在精度较低的机床上加工出精度较高的孔系。同时镗杆刚度大大提高，有利于采用多刀同时切削；定位夹紧迅速，不需找正，生产效率高。因此，不仅在中批以上生产中普遍采用镗模加工孔系，就是在小批生产中，对一些结构复杂、加工量大的箱体孔系，采用镗模加工也往往是合算的。

但也应看到：镗模的精度高，制造周期长，成本高；并且，由于镗模自身的制造误差和导套与镗杆的配合间隙对孔系加工精度有影响，因此，用镗模法加工孔系不可能达到很高的加工精度。一般孔径尺寸精度为 IT7 级左右，表面粗糙度 Ra 为 1.6～0.8μm；孔与孔的同轴度和平行度，当从一端加工时，可达 0.02 ~ 0.03mm，从两头加工可达 0.04 ~ 0.05mm；孔距精度一般为±0.05mm 左右。另外，对大型箱体来说，由于镗模的尺寸庞大笨重，给制造和使用带来困难，故很少采用。

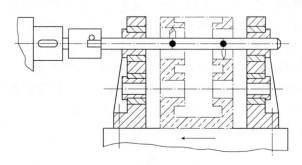

图1-30　用镗模加工孔系

用镗模法加工孔系，既可在通用机床上加工，也可在专用机床或组合机床上加工。

2. 同轴孔系加工

在中批以上生产中，一般采用镗模加工孔系，其同轴度由镗模保证；当采用精密刚性主轴组合机床从两端同时加工同轴线的各孔时，其同轴度则直接由机床保证，可达 0.01mm。

单件小批生产时，在通用机床上加工，且一般不使用镗模，保证同轴线孔的同轴度有下列一些方法。

（1）利用已加工孔作支承导向。

如图 1-31 所示，当箱体前壁上的孔加工完毕，在孔内装一导向套，支承和引导镗杆加工后壁上的孔，以保证两孔的同轴度要求。此法适于加工箱壁相距较近的同轴线孔。

（2）利用镗床后立柱上的导向套支承镗杆。

这种方法其镗杆系两端支承，刚性好；但后立柱导套的位置调整麻烦、费时，往往需要用心轴块规找正，且需要用较长的镗杆，此法多用于大型箱体的孔系加工。

（3）采用调头镗法。

当箱体箱壁相距较远时，宜采用调头镗法。

调头镗是在工件的一次安装中，当镗出箱体一端的孔后，将镗床工作台回转180°，再对箱体另一端同轴线的孔进行加工。采用调头镗时，为了保证同轴线孔的同轴度，应注意以下两点：首先应确保镗床工作台精确的回转180°，否则两端所镗孔轴线会出现交叉；其次调头后应保证镗杆轴线与已加工孔轴线位置重合。

普通镗床工作台的回转精度一般较低，为了提高回转精度可采用下述方法：当箱体上具有与所镗孔轴线平行而又较长的加工平面时，镗孔前先以装在镗杆上的百分表对此平面进行校正（见图 1-31(a)），使其和镗杆轴线平行。工件校正后可调整主轴位置加工箱体 A 壁上的孔。A 壁上孔镗出后可回转工作台，并以镗杆上的百分表沿以上平面重新校正，即可保证工作台准确地回转180°（见图 1-31(b)）。

机床工作台精确地回转180°后，应调整主轴位置使其轴线和已加工孔轴线重合，常见的调整方法有两种：其一，在镗杆上装一百分表，使其与已加工孔表面（或插入已加工

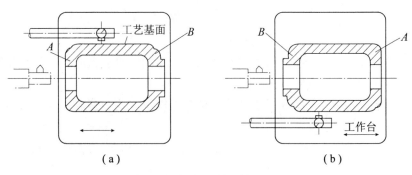

图 1-31 调头镗时工件的校正

孔内之心棒表面)接触，然后转动主轴以百分表的示值变化逐步调整主轴位置，直至同轴度符合要求为止。其二，以上述校正平面(或平尺)为统一的度量基准，调整加工箱体两端孔的主轴位置。即工作台回转前后，主轴距统一度量基准的距离尺寸应完全相等。

调头镗的调整工作比较麻烦，但不需配备专用的导向套，镗杆也比较短，刚性较好两相距较远的同轴线孔应用比较普遍。

3. 交叉孔系的加工

交叉孔系的主要技术条件为控制各孔的垂直度。在普通镗床上主要靠机床工作台上的90°对准装置。因为它是挡块装置，故结构简单。但对准精度低(例如 T68 出厂精度 0.04/900，相当于 8″)，每次对准，需凭经验保证挡块接触松紧程度一致，否则不能保证对准精度。所以，国内有些镗床(如 TM617)采用端面齿定位装置，90°定位精度为 5″(任意位置为 10″)。有些则用光学瞄准器。

当有些普通镗床的工作台 90°对准装置精度很低时，可用心棒与百分表找正法进行。即在加工好的孔中插入心棒，然后将工作台转 90°，摇工作台用百分表找正。箱体上如果有交叉孔存在，则应将精度要求高或粗糙度要求较细的孔先全部加工好，然后再加工另外与之相互交叉的孔。对于交叉贯穿孔，为保证孔心距精度，往往在加工完大孔之后，在大孔中配上一个专用堵头，然后再加工其余两个小孔，以免因加工余量不均而引偏刀具。

4. 箱体孔系加工的自动化

如前所述，箱体孔系的精度高，加工量大，实现加工自动化对提高产品质量和劳动生产率都有重要的意义。随着生产批量的不同，实现自动化的途径也不一样。大批大量生产箱体广泛使用组合机床和自动线加工，不但生产率高，而且利于降低成本和稳定产品质量。单件小批生产箱体，大多数采用通用机床，产品的加工质量很大程度上取决于机床操作者的技术熟练程度。在加工具有较多加工表面的复杂箱体时，如果仍用万能机床加工，则工序分散，占用设备多，要求有技术熟练的操作者，生产周期长，生产效率低，成本高。为了解决这个矛盾，可以采用铣镗加工中心。这样，箱体经一次装夹(最多两次装夹)，机床的数字控制系统能控制机床自动地更换刀具，连续地对工件的各个加工面自动地完成铣、钻、扩、镗(铰)及攻丝等工序。这样，便能保证高的加工精度并缩短零件的加工周期，提高生产率。因而对于小批量、多品种的箱体孔系加工，加工中心是一种较为理想的设备。

1.4 成形表面加工

有些机器零件的表面，不是简单的圆柱面、圆锥面、平面及其组合，而是形状复杂的表面，这些复杂表面称为成形表面。

成形表面的加工方法主要依赖于其几何构型，以下主要对齿轮的齿形及其典型的复杂型面的加工方法加以介绍。

1.4.1 齿形加工

齿轮是机械产品中应用较多的零件之一，是用来传递运动和动力的主要零件。它的主要部分——轮齿的齿形是一种特定形状的成形面，有摆线形面、渐开线形面等等。最常见的是渐开线形面。渐开线齿轮精度按现行标准规定分为12级，其中1级最高，12级最低，1~2级精度为远景级，目前加工工艺及测量手段尚难达到。在实际应用中，3~5级为高精度等级，如测量齿轮、精密机床和航空发动机的重要齿轮；6~8级为中等精度等级，如内燃机、电气机车、汽车、拖拉机上的重要齿轮；9~12级为低精度等级，如起重机械、农业机械中的一般齿轮。齿轮的结构形式也是多种多样的，常见的有圆柱齿轮、圆锥齿轮及蜗杆蜗轮等，其中以圆柱齿轮应用最广，这里仅介绍渐开线圆柱齿轮齿形的加工工艺。

圆柱齿轮的加工工艺过程一般是：毛坯制造—热处理—齿坯加工—齿形加工—齿部热处理—齿轮定位面的精加工—齿形的精加工。

1.4.1.1 齿轮的技术要求

由于齿轮在使用上的特殊性，除了一般的尺寸精度、形位精度和表面质量的要求外，还有一些特殊的要求。虽然各种机械上齿轮传动的用途不同，要求不一样，但归纳起来有如下四项：

(1)传递运动的准确性。即要求齿轮在一转范围内，最大转角误差不超过一定限度，以保证从动件与主动件协调运动。

(2)传动的平稳性。即要求齿轮传动瞬时传动比的变化不能过大，以免引起冲击，产生振动和噪声，甚至导致整个齿轮被破坏。

(3)载荷分布的均匀性。即要求齿轮啮合时，齿面接触良好，以免引起应力集中，造成齿面局部磨损，影响齿轮的使用寿命。

(4)传动侧隙。即要求齿轮啮合时，非工作齿面间应具有一定的间隙。以便贮存润滑油，补偿因温度变化和弹性变形引起的尺寸变化以及加工和安装误差的影响。否则，齿轮传动在工作中可能卡死或烧伤。

不同齿轮会因用途和工作条件的不同而有不同的具体要求。对于控制系统、分度机构和读数装置中的齿轮传动，主要要求传递运动的准确性和一定的传动平稳性，而对载荷分布的均匀性要求不高，但要求有较小的传动侧隙，以减小反转时的回程误差。

机床和汽车等变速箱中速度较高的齿轮传动，主要要求传动的平稳性。轧钢机和起重机等的低速重载齿轮传动，既要求载荷分布的均匀性，又要求足够大的传动侧隙。汽轮机、减速器等的高速重载齿轮传动，4项精度都要求很高。总之，这4项精度要求，相互间既有一定联系，又有主次之分，有所不同，应根据具体的用途和工作条件来确定。

1.4.1.2 齿形加工方案选择

齿形加工方案的选择，主要取决于齿轮的精度等级、生产批量和齿轮热处理方法等。

8 级或 8 级以下精度齿轮的加工方案：对于不淬硬齿轮用滚齿或插齿就能满足要求；对于淬硬齿轮可采取滚（插）齿—齿端加工—齿面热处理—修正内孔的加工方案。热处理前的齿形加工精度应比图纸要求提高一级。

6~7 级精度的齿轮有两种加工方案：①剃—珩齿方案：滚（插）齿—齿端加工—剃齿—表面淬火—修正基准—珩齿；②磨齿方案： 滚（插）齿—齿端加工—渗碳淬火—修正基准—磨齿。

剃—珩齿方案生产率高，广泛用于 7 级精度齿轮的成批生产中。磨齿方案生产率低，一般用于 6 级精度以上或虽低于 6 级但淬火后变形较大的齿轮。

对于 5 级精度以上的齿轮一般应采取磨齿方案。

1.4.1.3 齿形加工方法

按齿形形成的原理不同，齿形加工可以分为两类方法：一类是成形法，用与被切齿轮齿槽形状相符的成形刀具切出齿形，如铣齿（用盘状模数铣刀或指状模数铣刀）、拉齿和成型磨齿等；另一类是展成法（包络法），齿轮刀具与工件按齿轮副的啮合关系作展成运动，工件的齿形由刀具的切削刃包络而成，如滚齿、插齿、剃齿、磨齿和珩齿等。

下面主要介绍用展成法加工齿形的几种方法。

1. 插齿

（1）插齿的运动。

插齿就是用插齿刀在插齿机上加工齿轮的齿形。插齿的主要运动（见图 1-32）有：

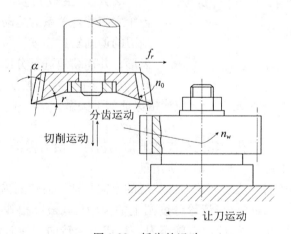

图 1-32 插齿的运动

①主运动 即插齿刀的往复直线运动，常以单位时间内往复行程数来表示，其单位为 str/min（或 str/s）。

②分齿（展成）运动 插齿刀与工件间应保持正确的啮合关系，即当插齿刀的齿数为 z_0，被切齿轮的齿数为 z_w，则插齿刀转速 n_0 与被切齿轮转速 n_w 之间，应严格保证如下关

系：$n_0/n_w=z_0/z_w$。插齿刀每往复一次，工件相对刀具在分度圆上转过的弧长，为加工时的圆周进给运动的进给量，故刀具与工件的啮合过程也就是圆周进给过程。

③径向进给运动　插齿时，为逐步切至全齿深，插齿刀应有径向进给运动 f_r。当进给到要求的深度时，径向进给停止。

④让刀运动　为了避免插齿刀在返回行程中刀齿擦伤已加工齿面，减少刀具的磨损，在插齿刀向上运动时，工作台带动工件从径向退离切削区一段距离；当插齿刀在工作行程时，工件又恢复原位。这一运动称为让刀运动。

当加工斜齿圆柱齿轮时，要使用斜齿插齿刀。插斜齿时除了上述四个运动外，插齿刀在作往复直线运动的同时，还要有一个附加的转动，以便使刀齿切削运动的方向与工件的齿向一致。

（2）插齿的加工循环。

开动插齿机后，插齿刀作上、下切削运动，同时以 n_0 转动。工件以 n_w 转动，工具还可以向工件作径向进给，当切至全齿深时，径向进给自动停止，而刀具、工件继续转动。当工件再转动一周时，则切完所有齿的全部齿形，工件自动退出并停车，完成插削一个齿形的工作循环。

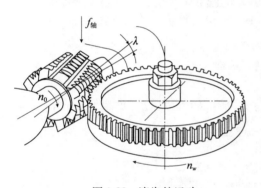

图 1-33　滚齿的运动

2. 滚齿

（1）滚齿的运动。

滚切直齿圆柱齿轮时的运动如图 1-33 所示。

①主运动　即滚刀旋转，其转速用 n_0 表示。

②分齿（展成）运动　即保持滚刀与被切齿轮之间啮合关系的运动。这一运动使滚刀切削刃的切削轨迹连续，包络形成齿轮的渐开线齿形，并连续地进行分度。如果滚刀的头数为 k（一般 $k=1\sim4$），被切齿轮的齿数为 z_w，则滚刀转速 n_0 与被切齿轮转速 n_w 之间，应严格保证如下关系：

$$n_w/n_0=k/z$$

③轴向进给运动　为了在齿轮的全齿宽上切出齿形，滚刀需沿工件轴向作进给运动。工件转一转滚刀移动的距离，称为轴向进给量。

滚切直齿圆柱齿轮时，为了使滚刀螺旋线的方向与被切齿轮的齿向一致，也就是使滚刀螺旋线法向齿距（$t_{法}=\pi m$），与齿轮分度圆上的齿距（$t=\pi m$）相等，故滚刀必须扳转一个 λ 角（滚刀螺旋线升角）。如使用右旋滚刀，被切齿轮转向为逆时针方向；若用左旋滚刀，则被切齿轮转向为顺时针方向。

（2）滚切斜齿圆柱齿轮。

滚切斜齿轮与滚切直齿轮主要有两点区别。第一是滚刀安装时扳转的角度不同（见图1-34）。为了使滚刀螺旋线方向与被切齿轮的齿向一致，当用右旋滚刀滚切右旋齿轮时，滚刀扳转的角度应为 $\omega-\lambda$（ω 为齿轮的螺旋角，λ 为滚刀螺旋线升角）；当用右旋滚刀滚切左旋齿轮时，滚刀应扳转的角度为 $\omega+\lambda$。故滚刀扳转的角度与 ω、λ 的关系可归纳为：

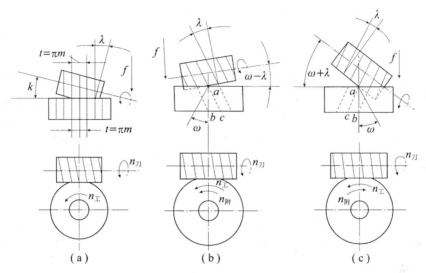

图1-34   滚切直齿、斜齿圆柱齿轮滚刀刀架的调整

"同向相减，异向相加"。第二是被切齿轮需要一个附加的转动（见图 1-34（b））。当右旋滚刀滚切右旋齿轮时，取一个齿槽 ac 来分析，滚刀由 a 点开始切削，滚刀作轴向进给运动 f，最后要到 b 点，而与齿槽 ac 不相符合。为了切出斜齿轮的齿槽 ac，被切齿轮必须有一个附加转动，使滚刀切到 b 点时，齿轮上的 c 点也到达凸点，即齿轮要多转一点（同旋向多转）。当用右旋滚刀滚切左旋齿轮时，情况相反（见图 1-34（c）），齿轮要少转一点（异旋向少转）。由于斜齿轮的齿槽是一个螺旋槽，故当滚刀垂直向下送进一个导程工时，被切齿轮应多转或少转一转（参见图 1-34（b））。

（3）滚切蜗轮。

由图 1-35 可见，滚切蜗轮时，滚刀应水平放置，滚刀轴线应在蜗轮中心平面内。滚刀的旋转是主运动，分齿运动应保证被切蜗轮的转速 n_w 与滚刀转速 n_0 符合蜗轮、蜗杆的速比关系。即滚刀转一转时，蜗轮应转过 k/z 转（k 为蜗杆头数，z 为蜗轮齿数）。径向进给运动由蜗轮或滚刀来实现。滚刀从齿顶部分开始切削，一直切到齿高符合要求为止。单件小批量加工蜗轮，常采用在滚齿机上单齿飞刀切向进刀以展成法来实现。

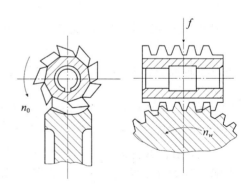

图1-35   滚切蜗轮的运动

必须指出，滚切蜗轮用的滚刀，其模数、齿距、斜齿的旋向和螺旋升角又等，必须和该蜗轮相啮合的蜗杆完全一样，才能加工出合格的蜗轮。

（4）滚齿和插齿的比较。

滚齿和插齿一般都能保证 7~8 级精度。若采用精密插齿或滚齿，可以达到 6 级精度。

但是用滚齿法加工齿轮，可以获得较高的运动精度。这是由于插齿机的传动机构中比滚齿机多了一个传动刀具的蜗轮副，增加了分度传动误差；插齿刀的全部刀齿都参与工作，刀具的齿距累积误差必然要反映到齿轮上。而滚齿不存在这些问题。必须指出，用插齿法加工齿轮的齿形精度比滚齿高，齿面的表面粗糙度值也较小。这是由于插齿刀的制造、刃磨等均比滚刀方便，容易制造得较精确，又没有滚刀齿形的近似造形误差，故插齿的齿形精度较高。插齿时在齿宽方向是连续切削，包络齿面的刀齿数较多(圆周进给量较小)，而使齿面表面粗糙度值较小(Ra 为 1.6 μm)。滚齿的生产率一般比插齿高。由于插齿的主运动为往复直线运动，切削速度受到冲击和惯性力的限制。此外，插齿刀有回程的时间损失。但是，对于模数较小、齿圈较薄的小齿轮，以及扇形齿轮，插齿的生产率比滚齿高，因为滚齿有较大的"切入"时间损失和空程时间损失。

滚齿的通用性比插齿好，用一把滚刀可以加工模数和压力角相同的直齿轮和任意螺旋角的斜齿轮，而插齿则不能。用滚齿法还可以加工蜗轮。但是加工齿圈靠近的多联齿轮，以及按展成法加工内齿轮、人字齿轮、齿条、带凸台的齿轮等，只能用插齿法加工。

3. 齿形的精加工

(1)剃齿。

剃齿是齿轮精加工的方法之一。剃齿后的齿轮精度一般可达到 6～7 级，齿面粗糙度 Ra 为 0.8～0.2 μm。剃齿的生产率高，在成批生产中主要用于滚(或插)齿预加工后，淬火前的精加工。

剃齿是利用一对交错轴螺旋齿轮啮合的原理在剃齿机上进行的，如图 1-36 所示。盘形剃齿刀实质上是一个高精度的螺旋齿轮，每个齿的齿侧沿渐开线方向开槽以形成刀刃(见图 1-36(b))。加工时工件 2 装在工作台上的顶尖间，由装在机床主轴上的剃齿刀 1 带动工件自由转动。剃齿刀与工件的轴线在空间交叉一个角度 ϕ(见图 1-36(a))。当剃齿刀回转时，其圆周速度 v 可分解为两个分速度：一个与轮齿方向垂直的法向分速度 v_n，以带动工件旋转；另一个与轮齿方向平行的齿向分速度 v_t，使两啮合齿面产生相对滑移。因为剃齿刀的齿面上开有小槽，沿螺旋线齿形形成刀刃(见图 1-36(b))，所以剃齿刀在 v_t 和一定压力的作用下，从工件的齿面上剃下很薄的切屑，且在啮合过程中逐渐把余量切除。

剃齿时剃齿刀和齿轮是无侧隙双面啮合，剃齿刀刀齿的两侧面都能进行切削。由截面图 1-36(c)可见，按 v_t 方向，刀齿两侧的切削角是不同的，A 侧为锐边具有正前角，起切削作用；B 侧为钝边具有负前角，起挤压作用。当工件反向时，v_t 也反向，剃齿刀两侧刀刃的作用变换。齿轮两侧均能得到剃削，故剃削过程需具备以下几种运动：①剃齿刀正反转动——主运动；②工件沿轴向往复进给运动——使齿轮全宽均可剃出；③工件每一往复行程后的径向进给运动——以切除全部余量。

剃齿时由于刀具与工件之间没有强制性运动关系，不能保证分齿均匀，因此剃齿对纠正运动误差的能力较差。但是，剃齿刀的精度高，故工件的基节偏差、齿形误差和齿向误差均能在刀具与工件的相互对滚中得到改善，故剃齿后齿轮的平稳性精度、接触精度都能提高。此外，轮齿表面粗糙度也能减小。

(2)珩齿。

珩齿是对淬硬齿轮进行精加工的方法之一。珩齿目前主要用来切除热处理后齿面上的氧化皮及毛刺。其加工精度很大程度上取决于前工序的加工精度和热处理的变形量。一般

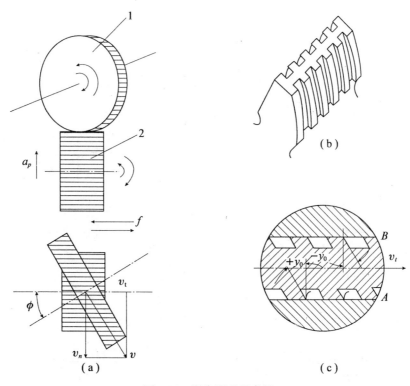

图 1-36　剃齿原理示意图

能加工 6~7 级精度齿轮，轮齿表面粗糙度 $Ra0.8~0.4\mu m$。珩齿的生产率高，在成批、大量生产中得到广泛的应用。

珩齿原理与剃齿相似，珩轮与工件呈一对螺旋齿轮无侧隙的紧密啮合，如图 1-37 所示。主要区别就是刀具不同，以及珩磨轮的转速比剃齿刀要高。

珩齿所用的刀具（即珩轮）是一个由磨料（通常为 $80^\#~180^\#$ 粒度的刚玉）与环氧树脂等原料混合后在铁芯上浇铸而成的齿形精度较高的斜齿轮（见图 1-38（a））。珩轮回转时的圆周速度 v，可分解为法向分速度 v_n，以带动工件回转；齿向分速度 v_t，使珩轮与工件产生相对滑移。珩轮上的磨料借助珩轮齿面与工件齿面间的相对滑动速度（v_t）磨去工件齿面上的微薄金属。

珩齿的运动和剃齿基本相同，即珩轮带工件高速正反转动；工件沿轴向往复运动以及工件径向进给运动。与剃齿不同的是开车后一次进给到预定位置。因此，珩齿开始时齿面压力较大，随后逐渐减小直至压力消失时珩齿便结束。

珩齿时，珩轮与工件在自由对滚过程中，借齿面间的一定压力和相对滑动，由磨粒来进行切削。由于珩轮的磨削速度较低（1~3m/s），加之磨料粒度较细，结合剂弹性较大，因此珩磨实际上是一种低速磨削、研磨和抛光的综合过程。珩齿时，齿面间除了沿齿向产生滑动进行切削外，沿渐开线方向的滑动也使磨粒能切削，齿面的刀痕纹路比较复杂而使表面粗糙度显著变小。加上珩齿的切削速度低，齿面不会产生烧伤和裂纹，故齿面质量较好。

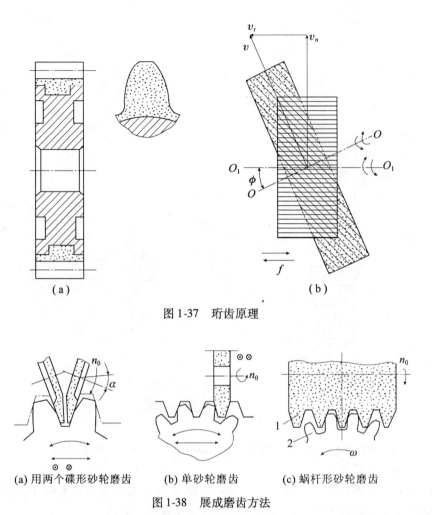

图 1-37　珩齿原理

(a) 用两个碟形砂轮磨齿　　(b) 单砂轮磨齿　　(c) 蜗杆形砂轮磨齿

图 1-38　展成磨齿方法

(3)磨齿。

磨齿是齿形加工中精度最高的一种方法。磨齿精度一般为 4～6 级，齿面粗糙度 Ra 为 0.8～0.2μm。磨齿对磨前齿轮误差或热处理变形有较强的修正能力，故多用于高精度的硬齿面齿轮、插齿刀和剃齿刀等的精加工，但生产率甚低，加工成本较高。

磨齿有仿形法和展成法两类。生产中常用展成法，是根据齿轮、齿条啮合原理来进行加工的。按砂轮形状的不同，分为以下几种：

①碟形砂轮磨齿(见图 1-38(a))　两片碟形砂轮倾斜安装，构成假想齿条的两个齿面。磨齿时砂轮高速旋转，工件一面转动一面移动，同时沿轴向作低速进给运动，在磨完工件的两个齿侧表面后，工件快速退离砂轮，再进行分度，继续磨削下两个齿面。磨齿精度为 4～5 级，生产率较低。

②锥形砂轮磨齿　砂轮截面修整成假想齿条的一个齿廓(见图 1-38(b))。磨削时，砂轮一面高速旋转，一面沿工件轴向作快速往复运动，工件同时既转动又移动形成齿轮、齿条的啮合运动。在工件的一次左右往复运动过程中，先后磨出齿槽的两个侧面，然后砂轮

快速离开工件，工件自动进行分度，再磨削下一个齿槽。加工精度为 5 ~ 6 级，生产率比上一种方法高。

③蜗杆砂轮磨齿 用蜗杆砂轮磨齿时的运动与滚齿相同（见图1-38（c）），砂轮制成蜗杆形状，但直径比滚刀大得多。磨齿精度一般为 4 ~ 5 级，由于连续分度和很高的砂轮转速（2000r/min），生产率比前两种方法都高，但蜗杆砂轮的制造和修整较为困难。

1.4.2 复杂型面的加工

有些零件轮廓形状，如汽轮机的叶片、挤出机螺杆（或螺套）、空间凸轮和某些锻模、压铸模、塑压模的型腔等，属于空间曲面，这类曲面称之复杂型面。其加工方法主要依赖于其几何构型，主要有仿形加工、数控机床和加工中心机床等加工方法。

以下仅以变螺距螺旋的复杂型面的加工为例来介绍这几种加工方法。

1.4.2.1 变螺距螺杆的仿形车削加工

在橡胶、塑料、食品以及纺织等工业领域所使用的生产设备中广泛地应用着各种类型的挤出螺杆。变距螺杆由于具有压缩均匀、压缩比大、出料连续性好等优点得以优先采用。但由于变距螺杆工艺性较差，利用通用设备加工困难，通过工艺分析，可以利用、挖掘现有通用设备潜力解决此类变螺距螺杆的加工问题。

1. 变距螺杆的螺旋线数学方程

变距螺杆是相邻螺距不等的螺杆。常用的变距螺杆螺距变化规律如图1-39所示。

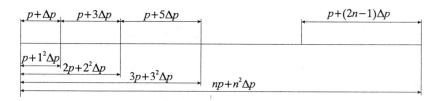

图 1-39 变距螺杆示意图

从图中看出，螺杆的螺距是按等差级数规律渐变排列的。若设螺旋曲线上任意点至起始点的距离为 l，则可得变距螺杆的螺旋线的数学方程：

$$l = nP + n^2 \Delta P$$

式中：P 为基本螺距；ΔP 为螺距变化量；n 为螺旋线圈数，$n = \dfrac{\phi}{2\pi}$，ϕ 为螺旋总转角。

将 $n = \dfrac{\phi}{2\pi}$ 代入方程，得

$$l = \left(\frac{P}{2\pi}\right)\phi + \left(\frac{\Delta P}{4\pi^2}\right)\phi^2$$

令：$A = \dfrac{P}{2\pi}$，$B = \dfrac{\Delta P}{4\pi^2}$，再将 $\phi = \omega t$ 代入，则得

$$l = A\omega t + B\omega^2 t^2$$

式中：ω 为螺杆转动的角速度；t 为螺杆转过 ϕ 角所用的时间。

根据上述方程，对变距螺杆曲线分析如下：

（1）位移分析。

等距螺杆的数学方程仅有变距螺杆方程中的第一项，即

$$l = A\omega t$$

曲线上任一动点轴向位移 l 与时间 t 是一次关系，而变距螺杆 l 与时间 t 是二次关系。

（2）速度分析。

当螺杆匀速转动时，等距螺杆螺旋线上任意点的轴向速度

$$v = \mathrm{d}l/\mathrm{d}t = A\omega$$

式中：A、ω 均为常数，故 v 为常数，即等距螺旋线上任意动点的轴向位移速度是恒定的。而变距螺旋线上任意点的轴向速度

$$v = \mathrm{d}l/\mathrm{d}t = A\omega + 2B\omega^2 t$$

则说明变速螺旋线上任意动点的轴向速度是时间的函数，是变化的。

（3）加速度分析。

等距螺杆轴向加速度 $a = \dfrac{\mathrm{d}^2 l}{\mathrm{d}t^2} = 0$，变距螺杆轴向加速度 $a = \dfrac{\mathrm{d}^2 l}{\mathrm{d}t^2} = 2B\omega^2$，说明等距螺杆螺旋线上任意点轴向加速度为零，而变距螺杆螺旋线上任意点轴向加速度为常数，其速度变化是均匀的。也就是说，变距螺旋线上任意点的轴向位移为匀加（减）速运动。

2. 成形运动分析

加工等螺距螺杆，只需主轴带动工件匀速转动，刀具作轴向匀速移动，即可形成等距螺旋线。加工变距螺杆，则一方面须主轴带动工件匀速转动，一方面须刀具作轴向匀加（减）速移动才能形成变距螺旋线；作为通用车床，刀具只能作轴向匀速移动，要刀具作匀加（减）速运动，必须在进给装置中增设能实现匀变速运动的机构。

3. 变距加工系统设计

要实现变距螺纹的加工，在成形运动中，要同时实现变距螺纹方程中的 $A\omega t$ 和 $B\omega^2 t^2$ 两项运动规律。其中 $A\omega t$ 项可由通用车床本身的功能来实现，而 $B\omega^2 t^2$ 项，则须通过增设一辅助装置来实现。经分析、比较，同时考虑到工艺、结构实施的可能性、经济性及方便性，我们设计了一凸轮机构（辅助进给箱）。利用凸轮的等加（减）速曲线推动丝杠作轴向匀加（减）速运动，便得到了变螺距螺纹的成形轨迹——变螺距螺旋线，如图 1-40 所示。

在通用车床丝杠的末端套上一齿轮，通过齿轮将丝杠的旋转运动传递给辅助进给箱中的凸轮。凸轮在转动的同时通过变速曲线推动从动滑板（丝杠轴向固联），从而推动丝杠相对床身作匀加（减）速运动（丝杠与床身可滑移）。这样，该运动与主轴（带动工件）匀速转动运动合成，即可加工出变距螺杆。

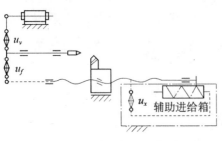

图 1-40 变距加工系统原理图

对设计系统的现场加工实例进行检测，数据如下：工件直径 $D = \phi 65\text{mm}$，工件长度 $L = 1900\text{mm}$，螺纹总长 $l = 1210.95\text{mm}$，螺纹数 $n = 23$，螺距增量 $\Delta P = 0.55\text{mm}$，螺距由 40mm 渐变至 64.75mm，螺距最大误差 $< \pm 0.17\text{mm}$。结果证明，所加工螺纹确为变距螺旋线，符合前面推导的数学方程，即满足设计要求。

4. 变距加工系统特点

（1）结构简单、调整方距、经济实用。采用数控机床和专用机床加工变距螺杆的优点是：效率高、精度易于保证；其缺点是：设备复杂、昂贵，工艺成本高等。而该变距加工系统，是利用现有的通用机床，只增加一结构简单、易于调整的辅助进给箱。在加工变距螺纹时，接通辅助进给箱，在进行常规加工时，断开辅助进给箱。这样，不影响机床原有的工艺范围。

（2）变距范围广，产品规格多。加工不同规格的变距螺杆，只需按要求调整辅助进给箱中的挂轮，改变传动比，即可改变刀具匀变速度的大小，因而可加工多种规格的变距螺杆。

（3）产品质量好，生产效率高。用该系统加工变距螺杆，操作简单、质量稳定、生产效率高。

1.4.2.2　变螺距螺杆的简易数控加工

高速供瓶螺杆（见图 1-41）是灌装自动生产线上的一个易损零件，它是一种典型的变螺距螺杆，其螺旋线具有与上述变距螺杆类似的数学规律。

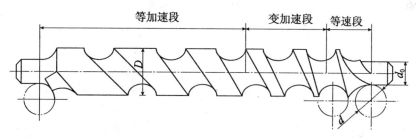

图 1-41　高速供瓶螺杆结构

1. 加工方法

变距螺杆的螺旋槽轴向剖面的圆弧形状由滚铣刀铣削成形。刀具由普通的滚铣刀经修磨外圆，使它与自动线上的瓶的外径 d 相等，长度 H 也等于 d。工件与刀具的轴心线相互垂直，轴心距等于瓶（罐）与进瓶螺纹的轴心距，如图 1-42 所示。这样铣成形的供送螺杆的螺纹槽能与瓶（罐）的外圆很好地吻合。螺旋槽的螺旋轨迹是由简易数控系统控制，使得螺距连续变化，不同的螺距变化只要改变数控系统的程序即可，且不需考虑刀具的干涉。

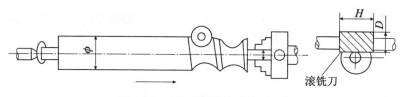

图 1-42　螺杆的铣削加工示意图

2. 简易数控系统

(1)硬件部分。可以在通用的 51 系列的单片单板机上开发这一数控系统。系统框图如图 1-43 所示，其中前置放大由 7404 实现；功率驱动为双电源驱动：采用四相四拍的步进电机甲和乙。只要将普通卧铣的分度头手柄处和纵向走刀手柄处分别装上步进电机甲和乙，这样一个两坐标联动的数控铣床就改装完毕，如图 1-44 所示是一简易数控系统(开环系统)。

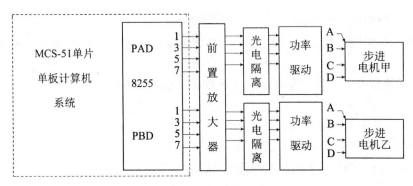

图 1-43　控制系统框图

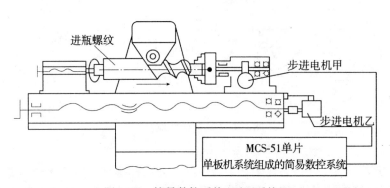

图 1-44　简易数控系统(开环系统)

(2)数学模型。圆周方向的匀速圆周运动和轴向的匀速直线运动合运动的轨迹就是一变螺距的螺纹。步进电机甲每次转一个步距角 α，经分度头的蜗轮蜗杆传动副(传动比为 N)带动被加工的进瓶螺纹转动 $360N/$角 α，此时根据进瓶螺纹的起始螺距(或基本螺距) L_1、终止螺距 L_2、螺纹的圈数 m、卧铣的纵向丝杠螺母副的螺距 T(且假设步进电机乙的步距角也是 α)，计算步进电机乙应得到脉冲数 P，即旋转 P 个步距角。另外由于螺距是匀速地增加，每一步的(步进电机甲的每一个步距角)变螺距的增量相等，若 n 为步进电机甲的总步数，则第 k 步的变螺距增量为

$$\Delta L = 360°(L_2 - L_1)Nm\frac{k}{\alpha}$$

步进电机甲每旋转一个步距角的基本螺距平均增量 h 为

$$h = 360°L_1\frac{N}{\alpha}$$

则步进电机乙应得到的脉冲数 P，即旋转 P 个步距角：

$$P=\left[360°(L_2-L_1)Nm\frac{k}{\alpha}+360°L_1\frac{N}{\alpha}\right]\left(360°\frac{T}{\alpha}\right)^{-1}$$

$$=k(L_2-L_1)\frac{Nm}{T}+L_1\frac{N}{T}$$

式中：$L_1\dfrac{N}{T}$——等螺距平均增量脉冲 P_1；

　　　$k(L_2-L_1)\dfrac{Nm}{T}$——第 k 步的变螺距增量脉冲 P_2。

数控系统每向步进电机甲发一个脉冲，就只需向步进电机乙发 P 个脉冲。两个步进电机所产生的运动的合成即为变螺距螺纹的轨迹。

（3）软件部分。由于计算机系统是采用通用的单片单板系统，其中键盘管理、显示、延时等程序可以直接应用（或经简单地修改）原监控程序。8255 的 PAD 和 PBD 分别控制步进电机甲和步进电机乙。

当数控系统向步进电机甲发一个驱动控制字 01H，即转子旋转到 A 相，由于 8255PAD、PBD 均具有锁存器，所以就锁定到 A 相，直到下一个驱动控制字的到来，下一个驱动控制字只要在现在的驱动控制字 01H 通过累加器 A 右移两位即 04H，B 相得电，步进电机甲就旋转一个步距角 α；再将 PBD 的步进电机乙的驱动控制字通过累加器右移 $2P$ 位，则步进电机乙的转子旋转 $P\alpha$ 角，即完成工件的轴向位移。如此类推直到步进电机甲 n 步走完。

总之，成形和数控相结合的加工方法是一种很好的方法。如加工汽轮机的叶片、塑料机械中的挤出和注射螺杆等都能用这种加工方法。由于有了成形刀具的切削，便得加工效率高且数控系统变得简单，原需三坐标联动的系统，现只需两坐标联动；由于有了数控，所以使得加工的工件比常规加工的质量更好。

1.4.2.3　变螺距螺旋的数控加工方法

双头等加速螺旋轴套是某塑料造粒机挤出杆上的重要零件，螺旋轴套具体形状表现为圆柱状表面上有两条螺旋线，其螺距都随螺线距右端部的距离而作等加速变化，而且螺线都由形式变化的五段组成，是一条螺旋曲面，形状特别复杂，且尺寸精度要求高，这样复杂的曲面采用普通加工方式难以完成，而在数控机床上则相对容易实现复杂曲面的加工。数控加工方式加工出来的螺旋曲面精度高，一致性好，表面只需经过钳工适当的修挫和抛光即可。

以下简单介绍该零件在 MITSUBISHI（三菱）MCV-1700 加工中心机床上的加工过程。首先，建立数学模型。通过求导，进行数学计算，计算机一维搜索确定拐点，将复杂连续的离散为若干刀位控制点，进一步拟合得到连续的曲线，以实现连续控制。然后，基于这样一个数学模型，编制出 NC 程序，利用加工中心机床的四轴联动功能加工螺旋轴线。

1. 螺旋的数学模型与有关数值分析

（1）数学模型的建立。

螺旋线符合方程：

$X=1/2\times(A/360)^2+227.85\times(A/360)$　　　　　$A\leqslant1177.955$

$X=0.55149\times(A-1177.955)+861.7143$　　　　　$A\geqslant1177.955$

式中：X——螺旋线中心距零件右端的距离，mm

A——螺旋线沿柱面展开角度，°。

将螺旋轴套沿柱面展开，如图 1-45 所示，在拐点 a 到 b 处，螺旋线宽度由 22mm 变为 34mm；在拐点 c 到 d 处，螺旋线宽度由 34mm 变为 45mm。假定螺线宽度为零，刀具直径为零，则对应任意 A 有

$$\begin{cases} X = f(A) \\ Y = 0 \\ Z = 0 \end{cases}$$

图 1-45 所示为其中一条螺旋线 1，5 为刀具中心轨迹；2 为 $R30$ 圆弧所在的螺线边沿；3 为螺旋线中心；4 为 $R16$ 圆弧所在的螺线边沿。

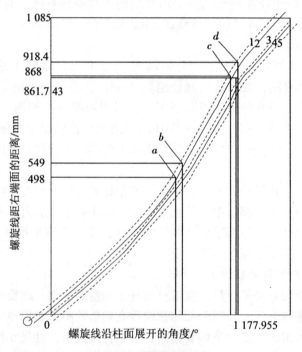

图 1-45　螺旋线展开图

（2）刀具补偿量的确定。

考虑螺线宽度及刀具半径，刀具轨迹上任意点为：$X_1 = f(A) + \Delta X$，即刀具轨迹上的点与螺线中心上的点存在一一对应关系。只要以螺线中心上的点为映射原点，在其坐标值 X、Y、Z 的基础上增加一补偿量，即可得刀具轨迹上对应点的坐标。以 A 为变量，计算铣刀中心轨迹，则有

$$\begin{cases} X_1 = f(A) + \Delta X \\ Y_1 = Y + \Delta Y \\ Z_1 = Z + \Delta Z \end{cases}$$

X 方向补偿量：　　　　　　$\Delta X = (R + H + M) \times \cos[\arctan(K)]$

Y 方向补偿量：　　　　　　$\Delta Y = (R + H + M) \times \sin[\arctan(K)]$

Z 方向补偿量 $\qquad\qquad \Delta Z = R + R_1 - \sqrt{(R_1+R)^2 - Y^2}$

式中：R 为球刀半径；H 为齿宽；M 为余量；K 为该点斜率，$K = f'(A)$，K 值等于曲线上该点的一阶导数；R_1 为工件半径。

（3）有关数值分析。

a 点的映射原点为 a_1，根据我们建立的数学模型，a、a_1 存在如下的对应关系，过 a_1 作切线 A_1B_1，切线斜率为 K，$K = f'(A) = df(A_1)/dA$，K 值为曲线在该点的一阶导数，铣刀中心位于 a_2 点，$a_2a_1 \perp A_1B_1$。

球刀中心坐标：

$X_a = X_{a1} + \Delta X$

$X_{a1} = 10.85 \times (A_1/360)^2 + 227.85/360$

$\Delta X = (R+H+M) \times \cos[\arctan(K)]$

式中：R 为球刀半径，$R=0$；H 为齿宽，$H=22/2$；M 为余量，$M=0$；K 为该点斜率。

运用 Quick BASIC 程序，确定搜索区间，选择合适的步长，多次进行一维搜索，可得 a 点对应的 A 值。$A_{a_1} = 706.8487$，$A_{b_1} = 755.5609$；$A_{c_1} = 1157.78$；$A_{d_1} = 1219.09$。

（4）曲面拟合计算

由于没有 R30 的铣刀，R30 的圆弧面需要用较小半径的铣刀拟合出来，球刀在任意位置。

$$M = R - R(R-r)\cos\theta$$

$$\Delta Z_1 = -R\sin\theta + 1.5$$

式中：R 为工件圆弧半径，$R=30$；r 为球刀半径；ΔZ_1 为 Z 向补偿量；M 为余量。

2. 数控程序

根据以上的分析及计算，采用参数方式编制数控加工程序，程序包括 3 部分：①R30 圆弧所在曲面的加工程序；②R16 圆弧所在曲面的加工程序；③两条螺旋线中间部分铣削的加工程序。（数控程序从略）

习题与思考题

1. 零件上的典型平面有哪几种？有何技术要求？试分析不同精度的平面的加工方案。

2. 平面的加工方法有哪些？分别采用什么机床来加工？

3. 精铣平面时，采取什么措施可提高平面的加工精度？

4. 零件的外圆表面有何技术要求？试分析不同精度的外圆表面所采用的加工方案。

5. 外圆表面的加工方法有哪些？分别采用什么机床来加工？

6. 分别采取哪些措施可以提高外圆车削和磨削加工的生产率？

7. 细长轴外圆表面的加工与一般外圆面的加工有何不同？采取哪些措施可以提高其加工精度？

8. 简述外圆表面的精密加工方法及特点。

9. 零件的内孔表面有何技术要求？试分析不同精度的内孔表面所采用的加工方案。

10. 内孔表面的加工方法有哪些？常用的加工设备有哪些？

11. 内孔的磨削加工有什么特点？珩磨与一般磨削内孔有什么不同？

12. 试总结各种内孔加工方法的特点及其适应性。

13. 孔系加工方法有哪几种？试举例说明各加工方法的特点及其适应性。

14. 用浮动镗刀加工箱体孔有什么好处？它能否提高孔的相互位置精度？为什么？

15. 对不同精度的圆柱齿轮，其齿形加工方案应如何选择？

16. 简述各种齿形加工方法的特点及其精度等级。

第 2 章　机床夹具设计

2.1　概　　述

2.1.1　机床夹具的定义

在机床上加工工件时，为了使加工件符合设计图纸要求，在切削加工前必须先将工件安装好并夹紧。

将工件安装好是指在机床上按照工件的定位原理事先确定好工件相对于刀具的正确加工位置，否则无法满足既定的加工要求，也就是说工件在加工前必须先正确定位。

将工件夹紧是指工件定好位后将其夹牢压紧，以避免工件在加工过程中受切削力、惯性力等力的作用而改变位置，无法满足加工要求，甚至使工件飞出造成恶性事故。也就是说工件定位后还必须夹紧。

在机床上对工件进行定位和夹紧的过程简称装夹，机床夹具（Fixture）就是指能使工件在机床上实现定位和夹紧的一种工艺装置。

2.1.2　机床夹具的作用

机床夹具的主要作用可归纳如下：

（1）能使加工顺利进行。

采用机床夹具对工件进行装夹，对工件的定位方便、夹紧可靠，使工件在加工过程中始终保持位置不变，不会出现问题，使加工得以顺利进行下去。

（2）可确保工件的加工质量。

工件在夹具上进行定位，易于保证工件在加工时的正确位置，有利于保证工件的加工质量。

（3）能提高生产效率、减轻劳动强度。

采用夹具后，对工件的定位方便迅速，使辅助操作时间减少，有的夹具可使辅助时间与机加工时间完全重合，当设计的夹具机械化、自动化程度较高时，既能提高生产效率，又可减轻工人的劳动强度。

（4）可扩大机床的工艺范围。

在普通机床上设置专用夹具后，可以使该机床的工艺范围扩大。

2.1.3　机床夹具的组成

机床夹具的结构一般由以下四个部分组成：

（1）定位元件。用于确定工件在夹具中的正确位置，即工件加工时相对于刀具处于正确位置，如定位销、定位心轴、V形块等。

（2）夹紧装置。用于保持工件在夹具中的既定位置，使工件在加工过程中自始至终保持位置不变

（3）对刀元件。用于确定刀具加工时的正确位置，如钻套、镗套、对刀块等。

（4）夹具体。用于连接夹具上所有的元件与装置，而成为一个有机整体。

此外，根据加工需要，有些夹具还设有其他装置，如上、下料装置，分度装置等。

2.2 工件的定位

设计机床夹具，首先应解决工件在夹具中的定位问题，工件的定位是指工件在机床或夹具中占有正确位置的过程，目的是使同一批工件在加工时占有一致的正确加工位置。其主要内容包括：

（1）掌握工件的定位原理，保证工件加工时的位置一致。

（2）选择或设计合理的定位方式及相应的定位元件。

（3）分析与计算定位误差，确保满足加工要求。

2.2.1 六点定位原理

任何一个工件在空间直角坐标系内都有且只有六个自由度，即分别沿 X、Y、Z 三轴的移动 $\vec{X}$、$\vec{Y}$、$\vec{Z}$ 的自由度和绕此三轴的转动的自由度 $\hat{X}$、$\hat{Y}$、$\hat{Z}$。如果采用六个相应的固定约束点，同时消除这六个自由度，则该工件在空间的位置为唯一，此即工件的六点定位原理。

如图2-1所示的表示一个六方体工件的定位情况，现分析限制工件六个自由度的方法：

（1）在 X-Y 平面上设置三个支承钉1、2、3，把工件放在这三个支承钉上，就可限制工件的三个自由度 $\hat{X}$、$\hat{Y}$、$\vec{Z}$。

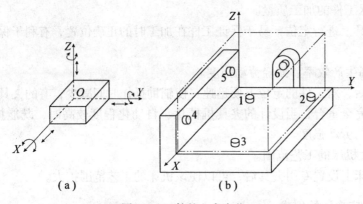

（a）   （b）

图2-1 工件的六点定位

（2）在 *X-Z* 平面上设置两个支承钉 4、5，把工件靠在这两个支承钉上，就可限制 $\ddot{Y}$、$\ddot{Z}$ 两个自由度。

（3）在 *Y-Z* 平面上设置一个支承钉 6，把工件靠在这个支承钉上，就可限制 $\ddot{X}$ 自由度。

通过上述方法，使工件与六个支承点接触，限制其六个自由度，保证工件在机床或夹具中占有正确的位置，即完成了定位过程。

为了在夹具设计中，更好地应用六点定位原理，还需讨论如下几个问题：

1. 支承点与定位元件

六点定位原理中提到：工件的六个自由度需要用夹具上按一定要求布置的六个支承点或支承来消除，除支承钉比较直观地能理解为一个支承点外，其他定位元件相当几个支承点应用其所限制的自由度数来判断。

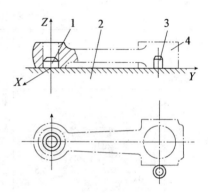

例如图 2-2 所示的为加工连杆大头孔的定位方案，连杆 4 以其底面安装在支承板 2 上，支承板限制了工件三个自由度（$\hat{X}$、$\hat{Y}$、$\ddot{Z}$），相当于三个支承点，小头孔套在短圆柱销 1 上，限制了工件两个自由度（$\ddot{X}$、$\ddot{Y}$），相当于两个支承点；圆柱销 3 与工件大头侧面接触，限制了工件最后一个自由度（$\hat{Z}$），相当一个支承

图 2-2　连杆的定位

点。这里应注意是：定位元件 1 和 3 同样是一个圆柱销，但两者所相当的支承点数是不同的，这是因为，前者限制了两个自由度，而后者只限制一个自由度。

表 2-1 所示为几种常见的定位方式中的定位元件所限制的自由度数或相当支承点数。

2. 完全定位与不完全定位

工件的六个自由度均被夹具的定位元件所限制，使工件在夹具中处于完全确定的位置，也就是说，当固定约束数正好为工件的六个自由度数时的定位称为完全定位。

如图 2-2 所示的连杆定位就是完全定位。

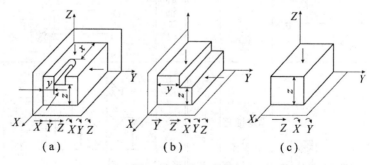

图 2-3　定位方案分析

在拟定工件的定位方案中，根据工件的加工要求，并不一定都需要完全定位。如图 2-3 所示，其中图（a）所示的表示在工件上铣键槽，要求保证工序尺寸 *x*、*y*、*z* 及与底面、

侧面平行，所以加工时必须限制六个自由度，即要完全定位。图(b)所示的为工件上铣台阶面，要求保证工序尺寸 y、z 及与底面，侧面平行，故只要限制五个自由度就够了，这时不必限制沿 X 轴移动的自由度($\vec{X}$)，因为它对工件的加工精度并无影响。图(c)所示的为在工件上铣顶面，仅要求保证工序尺寸 z 及与底面平行，因此，只要限制三个自由度($\hat{X}$、$\hat{Y}$、$\vec{Z}$)。这种按加工要求，允许有一个或几个自由度不被限制的定位，但仍能满足加工要求时的定位，称为不完全定位。

表 2-1　　　　　　　几种常见的定位方式中定位元件所限制的自由度

定位元件名称	定位方式	限制的自由度	相当定位点数	定位元件名称	定位方式	限制的自由度	相当定位点数
支承钉		1、2、3 $\hat{X}$、$\hat{Y}$、$\vec{Z}$	3	锥销及锥度心轴		固定锥销 $\vec{X}\,\vec{Y}\,\vec{Z}$	3
		4、5 $\hat{Y}$、$\vec{Z}$	2			活动锥销 $\vec{X}\,\vec{Y}$	2
		6 $\vec{X}$	1			锥度心轴 $\vec{X}\,\vec{Y}\,\vec{Z}$ $\hat{X}\hat{Z}$	5
支承板		1、2 $\hat{X}$、$\hat{Y}$、$\vec{Z}$	3				
		3 $\hat{Y}$、$\hat{Z}$	2				
支承套		短套 $\vec{X}\,\vec{Y}$	2	定位销（心轴）		短销（短心轴） $\vec{X}\,\vec{Y}$	2
		长套 $\vec{X}\,\vec{Y}$ $\hat{X}\hat{Y}$	4			长销（长心轴） $\vec{X}\,\vec{Z}$ $\hat{X}\hat{Z}$	4
锥套		固定锥套 $\vec{X}\,\vec{Y}\,\vec{Z}$	3	V形块		短V形块 $\vec{Y}\,\vec{Z}$	2
		活动锥套 $\hat{X}\hat{Z}$	2			长V形块 $\vec{Y}\,\vec{Z}$ $\hat{Y}\hat{Z}$	4

续表

定位元件名称	定位方式	限制的自由度	相当定位点数	定位元件名称	定位方式	限制的自由度	相当定位点数
顶尖		$\ddot{X}\,\ddot{Y}\,\ddot{Z}$	3	固定V形块与活动V形块组合		固定V形块 $\ddot{Y}\,\ddot{Z}$　活动V形块 $\hat{X}$	2 1

3. 欠定位与过定位

当固定约束数少于工件所应消除的自由度数时的定位称为欠定位。如图 2-3(a) 中，若沿 X 轴移动的自由度未加限制，则尺寸 x 就无法得到保证，所以欠定位是不允许的。

当固定约束数多于工件所应消除的自由度数时的定位称为过定位(重复定位)，其本质是对工件的某一个自由度施加了多个固定约束，如图 2-4 所示的连杆定位方案中，长销 1 限制了 $\ddot{X}$、$\ddot{Y}$、$\hat{X}$、$\hat{Y}$ 四个自由度，而支承板 2 限制了 $\ddot{Z}$、$\hat{X}$、$\hat{Y}$ 三个自由度，其中 $\hat{X}$、$\hat{Y}$ 被两个定位元件重复限制，这就产生了过定位。

解决过定位一般有两种途径：其一是改变定位元件的结构，取消过定位；在图 2-4 中，将长销 1 改为短销，使它失去限制 $\hat{X}$、$\hat{Y}$ 的作用。或将支承板 2 改为小支承板，使它仅与连杆小头端面接触，只起限制一个自由度 $\ddot{Z}$ 的作用。另一种办法是提高工件定位基面之间精度及相应夹具定位元件工作面之间的位置精度。

如图 2-5 所示的主轴箱 4 的定位方案中，两个短圆柱 2 限制了 $\ddot{Y}$、$\hat{Y}$、$\ddot{Z}$、$\hat{Z}$ 四个自由度，窄支承板 1 限制了 $\hat{X}$、$\hat{Y}$ 两个自由度，支承钉 3 限制 $\ddot{X}$ 一个自由度，其中自由度 $\hat{Y}$ 被重复限制，属过定位，但当工件 4 的 V 形导轨面 B、C 和 A 面经过精加工，保证相互间有足够的平行度，夹具上的支承板 1 装配后再经精磨，使其与短圆柱 2 的轴线平行，这样就不会因过定位造成不良后果，故该定位方案可以采用，它既可增加定位的稳定位，又能简化夹具结构。

4. 夹紧与定位

在分析定位支承点起定位作用时，不应考虑外力的影响。工件在某一坐标方向上的自由度被限制，是指工件在该坐标方向上有了确定的位置，而不是指工件在受到使工件脱离支承点的外力时，不能运动。使

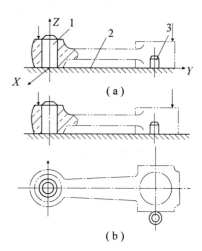

1—长销　2—支承板　3—挡销
图 2-4　连杆的过定位情况

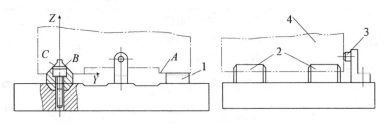

1—窄支承板　2—短圆柱　3—支承钉　4—工件

图 2-5　床头箱定位简图

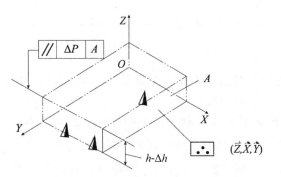

图 2-6　磨平面工序定位分析

工件在外力作用下不能运动，这是夹紧的任务。不要把定位与夹紧两个概念相混淆，初学者往往容易忽略二者的区别。反过来说，工件在外力作用下不能运动了（即被夹紧了），并不一定说工件的所有自由度都被限制了。例如：图 2-6 是在平面磨床上磨一板状工件的上平面，要求保证厚度尺寸及上下两平面的平行度 ΔP。工件安装在平面磨床的磁性工作台上被吸住，从定位观点来看，仅相当于用三个定位支承点限制了工件三个自由度，即：$\vec{Z}$、$\hat{X}$、$\hat{Y}$。剩下三个自由度 $\vec{Z}$、$\vec{Y}$、$\hat{Y}$ 未加以限制，因为这对保证工件厚度尺寸和平行度毫无影响。工件一旦被磁性工作台牢牢吸住（被夹紧）后，便在任何方向都不能运动了，但工件 $\vec{Z}$、$\vec{Y}$、$\hat{Y}$ 三个自由度仍未被限制，它在这三个坐标方向上的位置仍未确定。

从以上分析可知，定位是指工件在夹具中占有正确位置的过程，并不是指其位置固定不动，分析定位问题时，是以工件未被夹紧为前提的；夹紧是工件定位后将其夹牢压紧的操作，其作用是使工件在加工过程中能承受切削力、惯性力而始终保持位置不变。

2.2.2　工件的定位方式与定位元件

2.2.2.1　工件以平面定位

根据平面的加工与否，分为粗基准（俗称：毛面）与精基准（俗称：光面），相应夹具中所用定位元件的结构也不尽相同。

1. 工件以毛面定位

工件以毛面定位时，由于毛面粗糙不平，误差大，与定位元件不可能是面接触，只能是毛面上的三个高点先接触，相应所用定位元件通常为支承钉，如图 2-7 所示，底面一般用 B 型圆头支钉，以便与毛面作稳定接触，侧面一般用网纹支钉，可增加接触面间的摩擦力。

2. 工件以光面定位

工件以光面定位时，可以作平面看待，但不会绝对平整，所用定位元件仍是小平面式

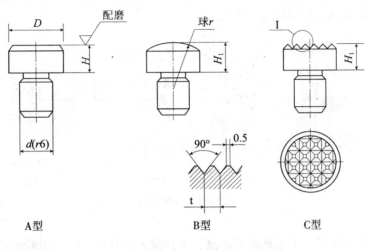

图 2-7　支承钉

的，当接触面较小时，一般用 A 型平头支钉；当接触面较大时，一般用支承板，如图 2-8 所示。其中 A 型为平板式，结构简单，制造方便，但埋头螺钉坑中易堆积切屑，不易清除，主要作侧面或顶面定位用。B 型为斜槽式，清除切屑方便，主要作底面定位用。

　　上述各种支承钉与支承板，均为工件以平面定位时所用的固定支承，固定支承是使工件定位时其位置固定不动、不可调节的一类支承。

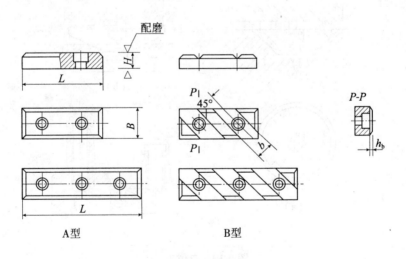

图 2-8　支承板

3. 可调支承

　　可调支承是使工件定位时其位置可以进行调节的一种支承。如图 2-9 所示，即为几种常用的可调支承结构。这类可调支承的结构，基本上都是螺钉螺母型。图中(a)是直接用手或板杆拧动圆柱头进行高度调节，一般适用于小型工件。图中(b)、(c)，则需用扳手进行调节，故宜用于较重的工件。图中(d)则是设置在侧面进行调节用的。可调支承的位置一旦调节合适后，便须用锁紧螺母锁紧，因此一般必须设有防松用的锁紧螺母，以防止螺纹松动而使可调支承的位置发生变化。

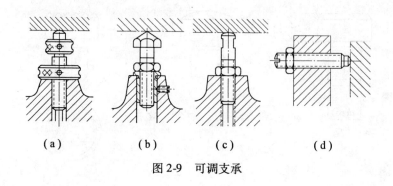

（a）　　　（b）　　　（c）　　　（d）

图 2-9　可调支承

可调支承主要用于：①毛坯质量不高，工件放入夹具后，仍需按画线来校正工件的位置，或者是当毛坯尺寸或形状变化较大时，根据每批毛坯尺寸来调整支承的位置。②成组加工或系列化产品加工中，用同一夹具加工形状相同而尺寸不同的工件。

4. 自位支承

自位支承是使工件定位时，其位置可随工件定位基面位置的变化而自动与之相适应的一种支承。如图 2-10 所示，其中图（a）所示为球面式，与工件有三点接触，图（b）所示为杠杆式，与工件有两点接触，图（c）与图（b）相同，适用于定位基面为阶梯面的定位。

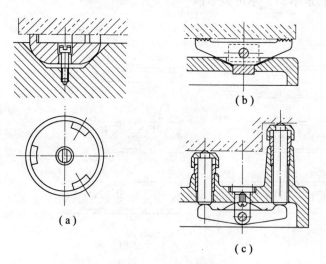

图 2-10　自位支承

自位支承本身是浮动的，每一个自位支承与工件有两个以上的支承点，但只起一个定位支承点的作用。由于与工件支承点数目增加，有利于提高工件定位的稳定性和支承刚性。

上述固定支承、可调支承和自位支承，都是工件以平面定位时起限制工件自由度作用的一类支承，属于基本支承。运用定位原理分析平面定位问题时，只有这类基本支承可转化为定位支承点，分析对工件自由度的约束情况。

5. 辅助支承

工件以平面定位，除采用基本支承外，当工件的支承刚性较差，定位不稳定，切削加工过程中加工部位易产生变形时，需要增设辅助支承。

辅助支承是与工件表面相接触，但不起限制工件自由度作用的一种支承，其主要作用是提高工件的支承刚性，防止工件因受力而产生变形，如图 2-11 所示，工件以平面 A 为定位基准，由于被加工表面 4 的右端离定位基面较远，在切削力的作用下易使工件产生变形，因此增设辅助支承 3，可提高工件的支承刚性。

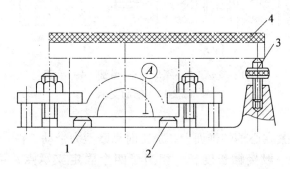

1、2—窄支承板　3—辅助支承　4—工件被加工表面
图 2-11　辅助支承的应用

使用辅助支承时应注意：①工件已由基本支承实现定位后，辅助支承才能与工件表面相接触。②不能因辅助支承的加入而破坏工件已定好位的位置。因此辅助支承应设计成可调的，每装卸工件一次，必须重新调节辅助支承。

辅助支承结构形式很多，图 2-12 所示的是其中的三种结构。其中图(a)所示的结构最简单，但在转动支承 1 时，有可能因摩擦力矩带动工件而破坏定位。图(b)所示的结构避免了上述缺点，调节时转动螺母 2，支承 1 只作上下直线移动。这两种结构动作较慢，转动支承时用力不当可能破坏工件的既定位置。图(c)所示为弹簧辅助支承，由弹簧 3 推动支承 1 与工件接触，并用手柄 4 将支承 1 锁紧。弹簧力的大小可以调整，使其只要能弹出支承 1 与工件接触而不致将工件顶起即可。为了防止锁紧时导致支承 1 顶起工件，α 角不应大于自锁角(一般为 7°~10°)，图(c)所示为 10°。

2.2.2.2　工件以内孔定位

套类、盘类零件常以孔中心线作定位基准，其定位方便，所采用的定位元件是各种心轴或定位销。

1. 心轴

有刚性心轴、弹簧心轴、液性塑料心轴等。使用刚性心轴定位时，为装卸工件方便，一般采用间隙配合，如图 2-13 所示，但存在间隙，会产生基准位置误差。

为了消除间隙，可使用圆锥心轴进行定位，如图 2-14 所示的圆锥心轴，一般具用很小的锥度 K，通常 $K=1：5000~1：1000$，对于磨削用的圆锥心轴，其锥度可以更小，如 $K=1：10000~1：5000$，装夹时以轴向力将工件均衡推入，由于孔与心轴接触表面的均匀

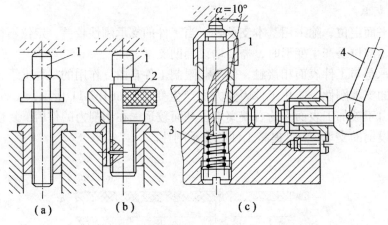

1—支承　2—螺母　3—弹簧　4—手柄
图 2-12　辅助支承

弹性变形，使工件楔紧在心轴的锥面上，加工时靠摩擦力带动工件。

采用心轴定位，一般接触长度长，相当于四个固定支承点，可限制工件的四个自由度。

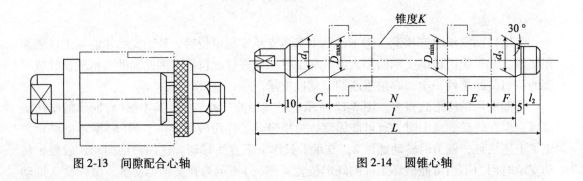

图 2-13　间隙配合心轴　　　　　图 2-14　圆锥心轴

2. 定位销

图 2-15 所示为常用的定位销结构，其中图(a)(b)(c)所示的定位销大多采用过盈配合直接压入夹具体孔中，定位销头部均有 15°倒角，以便引导工件套入。当定位销的工作部分直径 $d \leqslant 10mm$ 时，为增加刚性，通常在工作部分的根部倒成大圆角 R(见图 2-15(a))，这时夹具体上锪出沉孔，使圆角部分埋入孔内，不致妨碍定位。

在大批大量生产条件下，由于工件装卸次数频繁，定位销较易磨损而降低定位精度，为便于更换，常采用图 2-15(d)所示的可换式定位销，其中衬套与夹具体为过度配合，衬套孔与定位销为间隙配合，尾部用螺母将定位销拉紧。

工件基准孔与定位销的配合，一般采用间隙配合，也存在基准位置误差。采用定位销定位，接触长度相对较长时，可限制工件的四个自由度，接触长度相对较短时，可限制工件的两个自由度。

图 2-16 所示为工件以孔在圆锥销上的定位情况，其中图(a)所示的用于精基准，图

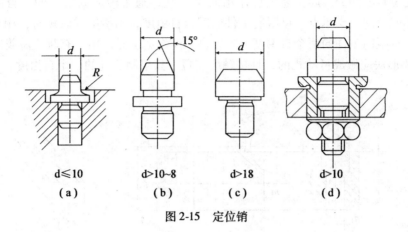

d≤10

（a）

d>10~8

（b）

d>18

（c）

d>10

（d）

图 2-15　定位销

（b）所示的用于粗基准。由于孔与锥销只能在圆周上作线接触，工件容易倾斜，为避免这种现象产生，常和其他元件组合定位。如图（c）所示，工件以底面安放在定位圆环的端面上，圆锥销依靠弹簧力插入定位孔中，这样消除了孔和圆锥销间的间隙，使圆锥销起到较好的定心作用，而定位圆环端面，可限制工件三个自由度，避免了工件轴线倾斜。

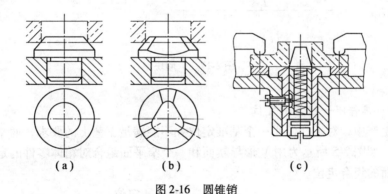

（a）　　　　（b）　　　　（c）

图 2-16　圆锥销

2.2.2.3　工件以外圆定位

　　工件以外圆为定位基准时，可以在 V 形块、圆孔、半圆孔以及定心夹紧装置中定位，其中最常用的是在 V 形块中定位。这是因为定位基面不论是完整的圆柱面，还是局部的圆弧面，都可以采用 V 形块定位，其最大特点是对中性好，即工件定位外圆的轴线始终处于 V 形块两斜面的对称面上，而不受基准外圆直径误差的影响。对加工面与基准外圆轴线有对称度要求的工件，常采用 V 形块定位。

　　V 形块的结构，图 2-17 所示为常用的 V 形块的结构形式。其中图（a）所示为标准的 V 形块，用于圆柱面较短时定位。当用较长的圆柱面定位时，应将 V 形块做成间断的形式（图 b），使它与基准外圆的中部不接触，以保证定位稳定，或者用两个图（a）所示的 V 形块，安装在夹具体上，但两个 V 形块的工作面应在装配后同时磨出，以求一致。图（c）所示 V 形块的工作面较窄，主要用作粗基准定位，其原因和粗基准平面应选用支承钉而不用支承板定位是相同的。起主要定位作用的 V 形块，通常做成固定式的，当接触线较长时，相当于四个固定支承点，可限制工件的四个自由度，当接触线较短时，相当于两个固定支承点，可限制工件的两个自由度。V 形块不仅作定位元件用，有时还需兼作夹紧元件用，这时 V 形块应做成可动式的，且接触线较短，只限制工件的一个自由度。

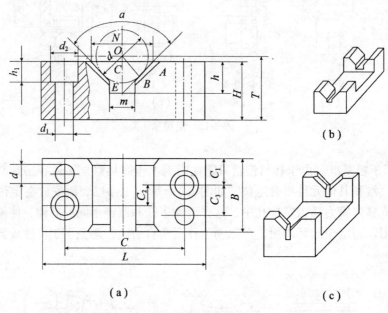

（a）

（b）

（c）

图 2-17　V 形块

2.2.2.4　工件以一组基准定位

在实际生产中，对工件仅用一个基准定位并不能满足工艺上的要求，通常需要用一组基准来定位，如图 2-5 所示为用 V 形导轨面和一个窄平面组合对箱体零件的定位，最常见的是孔与平面的组合定位。

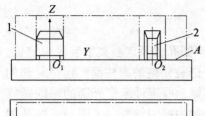

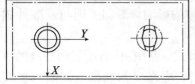

1—圆柱销　2—菱形销
图 2-18　一面两孔定位

1. 一面两孔定位

在加工箱体类零件时，常采用一面两孔定位，既便于实现基准统一原则，减少基准变换带来的误差，有利于提高加工精度，又利于夹具的设计与制造。

如图 2-18 所示，为一箱体用一面两孔定位的示意图，平面 A 限制工件的三个自由度 $\hat{X}$、$\hat{Y}$、$\ddot{Z}$，定位销 1 限制工件的两个自由度 $\ddot{X}$、$\ddot{Y}$，削边销（菱形销）2 限制工件的一个自由度 $\hat{Z}$，为完全定位。

2. 一面一孔定位

在加工套类、盘类零件时，常采用一面一孔定位，以端面为第一定位基准，如图 2-19 所示，以轴肩面支承工件端面，限制工件的三个自由度 $\vec{X}$、$\hat{Y}$、$\hat{Z}$，短圆柱面对工件孔定位，限制工件的两个自由度 $\hat{Y}$、$\hat{Z}$，剩余一个自由度 $\hat{X}$ 没有限制，为不完全定位。

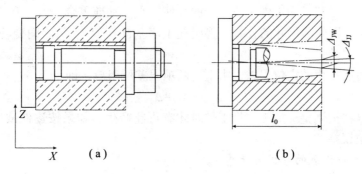

图 2-19　一面一孔定位

采用一组基准对工件进行定位时，可以采用完全定位或不完全定位，不能是欠定位，要注意避免不必要的过定位。同时还应根据工件的加工要求与工艺需要，合理选择定位元件及其布置方式。

2.2.3　定位误差

定位误差（Locating Error）是指工件定位时所造成的加工表面相对其工序基准的位置误差，以 Δ_{DW} 表示。在加工时，夹具相对刀具及切削成形运动的位置经调定后不再变动，因此可以认为加工面的位置是固定的，那么，加工面对其工序基准的位置误差必然是工序基准的位置变动所引起的，所以定位误差实质上就是工件定位时，工序基准位置在工序尺寸方向或沿加工要求方向上的最大位置变动量。

2.2.3.1　定位误差产生的原因

1. 由基准不重合误差引起的定位误差

工件定位时，由于工件的工序基准与定位基准不重合，则同批工件的工序基准位置相对定位基准的最大变动量，称为基准不重合误差，以 Δ_{BC} 表示。如图 2-20 所示工件，加工通槽时，按尺寸 B 进行调刀，其工序基准为 D 面，而定位基准为 F 面，两者不重合，必然产生定位误差，使工序基准 D 面的位置在定位尺寸 L 的公差范围内变动，即 $\Delta_{BC} = 2\Delta L$。

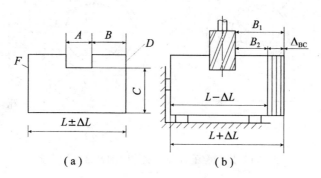

图 2-20　基准不重合引起的定位误差

2. 由基准位置误差引起的定位误差

工件定位时，由于定位副(工件的定位基面与定位元件的工作表面)的制造误差引起定位基准相对位置的最大变动量，称为基准位置误差，以 Δ_{JW} 表示。如图 2-23 所示工件，在其轴端钻孔，工序基准为工件定位外圆的几何中心，基准重合，$\Delta_{BC}=0$，但由于外圆在 V 形块上定位时，因外圆尺寸的公差，将引起工序基准在 O 与 O_1 之间变动，其最大变动量即为基准位置误差。

工件定位时所产生的定位误差，由上述两项误差所组成，即

$$\Delta_{DW} = \Delta_{BC} + \Delta_{JW} \tag{2-1}$$

定位误差是在按调整法加工一批工件时才有可能产生，如果按逐件试切法加工工件，则不会产生定位误差。

2.2.3.2 定位误差的分析与计算

工件定位时一定要保证定位精度，也就是要控制定位时可能产生的误差，以满足加工要求，为此应掌握定位误差的具体分析与计算方法。

1. 工件以平面定位

工件以平面作为主要定位基面，当定位基面为精基准时，夹具上定位元件的工作面又处于同一平面上，则两者接触良好，同批工件定位基准的位置能基本保持一致，不会产生基准位置误差；当定位基面为粗基准时，由于被加工表面对此平面的精度未作严格要求，即使有严格要求，必然要由后续精加工工序满足，为此不必考虑基准位置误差。

因此工件以平面定位时，主要考虑基准不重合误差。

2. 工件以内孔定位

工件以内孔定位，基准孔与定位元件表面一般采用间隙配合，将产生基准位置误差，其值可按两种情况进行分析：

(1)基准孔与心轴(或定位销)任意接触。

当定位元件在夹具中为垂直放置，工件基准孔与定位元件可以在任意方向接触时，由于定位副间存在径向间隙，必然产生基准位置误差，如图 2-21 所示，其定位误差值为定位副间的最大间隙值。

$$\Delta_{JW} = O_1 O_2 = D_{max} - d_{min} = T_D + T_d - X_{min} \tag{2-2}$$

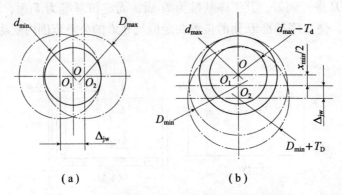

(a)   (b)

图 2-21 用间隙配合心轴定位时的基准位置误差

式中：D_{max}——工件定位基准孔的最大直径；

$\quad\quad d_{min}$——定位元件的最小直径；

$\quad\quad T_D$——工件定位基准孔的直径公差；

$\quad\quad T_d$——定位元件的直径公差；

$\quad\quad X_{min}$——基准孔与定位元件间的最小配合间隙。

（2）基准孔与心轴（或定位销）固定边接触。

当定位元件在夹具中为水平放置时，因为工件自重的影响或受夹紧力的作用，工件定位基准孔将与定位元件的固定边接触，定位副之间只存在单边间隙，其定位误差值为定位副间最大间隙值的一半。

$$\Delta_{JW} = \frac{T_D + T_d + X_{min}}{2} \tag{2-3}$$

3. 工件以外圆在 V 形块上定位

如图 2-22 所示，工件以外圆在 V 形块上定位进行钻孔，加工孔的位置尺寸的标准假设有三种，其相应的工序尺寸分别为 A，B，C。因工件定位外圆的尺寸公差，将引起几何中心 O 发生变化，当工件外圆为最大尺寸时，其中心处于最高位置 O_1，当工件外圆为最小尺寸时，其中心处于最低位置 O_2，相应地外圆上母线 D_2 下降至 D_3，下母线 E_2 下降至 E_3，其变动量即为基准位置误差 Δ_{JW}。

$$\Delta_{JW} = O_1O_2 = D_2D_3 = E_2E_3 = \frac{T_d}{\left[2\sin\left(\dfrac{\alpha}{2}\right)\right]} \tag{2-4}$$

式中：T_d——工件外圆尺寸的公差；

$\quad\quad \alpha$——V 形块的夹角。

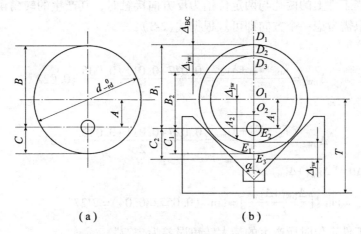

图 2-22 在 V 形块上定位的定位误差分析

（1）对于工序尺寸 A。

其工序基准为工件定位外圆的中心 O，与定位基准重合，$\Delta_{BC}=0$，此时

$$\Delta_{DWA} = \Delta_{JW} = \frac{T_d}{\left(2\sin\dfrac{\alpha}{2}\right)} \tag{2-5}$$

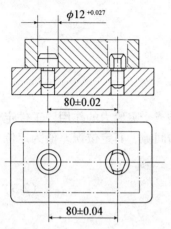

图 2-23　两孔定位计算实例

（2）对于工序尺寸 B。

其工序基准为工件定位外圆的上母线，与定位基准不重合，Δ_{BC} 和 Δ_{JW} 同时存在，且两者方向相同，$\Delta_{BC}=\dfrac{T_d}{2}$，此时

$$\Delta_{DWB}=\Delta_{BC}+\Delta_{JW}=\frac{T_d\left[1/\sin\dfrac{\alpha}{2}\right]+1}{2} \tag{2-6}$$

（3）对于工序尺寸 C。

其工序基准为工件定位外圆的下母线，与定位基准不重合，Δ_{BC} 与 Δ_{JW} 同时存在，但两者方向相反，此时

$$\Delta_{DWC}=\Delta_{JW}-\Delta_{BC}=\frac{T_d\dfrac{1}{\sin\dfrac{\alpha}{2}}-1}{2} \tag{2-7}$$

综合上述三种情况，在 T_d 与 α 相同时，$\Delta_{DWC}<\Delta_{DWA}<\Delta_{DWB}$，也就是说，加工表面的工序基准是工件定位外圆的下母线时，在 V 形块上定位进行加工最为有利。

应用举例

如图 2-23 所示零件以一面两孔定位，其中一孔用圆销，直径尺寸为 $\phi12$mm，一孔用菱形销，直径尺寸为 $\phi12$mm，两孔的直径尺寸为 $\phi12$mm，其中心距为 80 ± 0.04mm，两定位销为垂直放置，试计算工件定位时所产生的最大转角误差。

解：工件以一面两孔定位，两定位销虽然为垂直放置，但因为是计算定位时所产生的转角误差值，当工件上的两孔与两定位销为反方向接触时，其产生的转角误差为最大，因此计算误差时只需考虑一个方向即可。根据式(2-3)：

对圆销孔

$$\Delta_{DW1}=\frac{T_{D1}+T_{d1}+X_{1min}}{2}=\frac{0.027+0.011+0.006}{2}=0.022$$

对菱销孔

$$\Delta_{DW2}=\frac{T_{D2}+T_{d2}+X_{2min}}{2}=\frac{0.027+0.011+0.032}{2}=0.035$$

因为　　$\tan\Delta\theta=(\Delta_{DW1}+\Delta_{DW2})/L$

所以　　$\Delta\theta_{max}=\tan^{-1}\left[\dfrac{\Delta_{DW1}+\Delta_{DW2}}{L_{max}}\right]=\tan^{-1}(0.057/80.04)=2'27''$

故此工序工件定位时所产生的最大转角误差为 $2'27''$。

2.3　工件的夹紧

工件的定位主要解决工件的定位方法，保证必要的定位精度，使工件在加工前预先占有正确的位置。工件定好位后，仅完成了工件装夹任务的前一半，如果不夹紧，工件在外力作用下将可能发生移动或偏转，因此，工件在定位过程中获得的正确位置，必须依靠夹紧来维持，只有在夹具中设置相应的夹紧装置对工件进行夹紧，才算完成工件装夹的全部任务。

对工件进行夹紧的目的是确保工件在加工过程中始终保持既定位置不变，要求夹紧必须可靠，同时在夹紧过程中不得破坏工件的定位，不得使工件产生不允许之变形。要解决好对工件的夹紧，设计夹紧装置最基本的问题是正确合理运用夹紧力。

2.3.1 夹紧力的确定

夹紧力的确定主要解决三个问题：夹紧力作用点的选择、夹紧力方向的确定和夹紧力大小的确定。然后选择或设计适宜的夹紧机构来确保正确的夹紧。

1. 夹紧力的作用点

选择夹紧力的作用点是确定夹紧元件与工件表面接触处的位置，正确选择夹紧力的作用点，对于保证工件定位可靠、防止产生夹紧变形、确保工件加工精度均有直接影响，一般应注意以下三点：

（1）夹紧力的作用点应保证工件夹紧后定位稳定，不得破坏工件的定位。

如图 2-24 所示，夹紧力的作用点应选择在定位支承所形成的支承面积之内，最好是正对

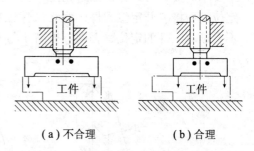

（a）不合理   （b）合理

图 2-24 夹紧力作用点分布位置对比

定位支承，使夹紧力作用在定位支承上，否则工件受夹紧力作用后，有可能使工件定位表面与定位支承相脱离，从而破坏工件的既定位置。

当夹紧力的作用点不能正对定位支承时，可考虑增设辅助支承来承受夹紧力，如图 2-25 所示，工件定好位后，由辅助支承工件所需要夹紧的部位，然后再施加夹紧力 W_2。

（2）夹紧力的作用点应保证工件夹紧后所产生的变形最小。

如图 2-26 所示，夹紧力的作用点应选择在工件刚性最好的部位，特别是对刚性较差的工件，更应加以注意。图示工件夹紧力的作用点应选择（b）方案，可使夹紧变形最小。另外要注意，夹紧力的作用点应尽量靠近工件的壁或筋等部位，应避免作用在被加工孔的上方。

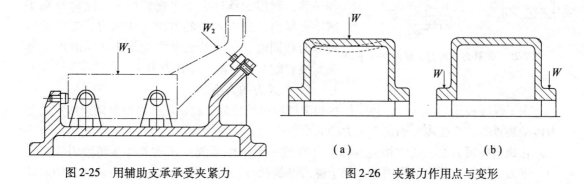

图 2-25 用辅助支承承受夹紧力   （a）   （b）   图 2-26 夹紧力作用点与变形

（3）夹紧力的作用点应保证工件夹紧后在加工时所产生的振动要小。

　　如图 2-26 所示，夹紧力的作用点应选择在工件加工表面的附近，使夹紧可靠，防止或减小工件在加工过程中所产生的振动。图示工件夹紧力 W_1 的作用点正对主要定位基面而远离加工表面，所附加的夹紧力 W_2 的作用点靠近加工表面，有利于防振。

　　2. 夹紧力的方向

　　确定夹紧力的方向时，与工件定位基面和定位元件的配置情况以及工件所受外力的作用方向等有关，一般应注意下面三点：

　　(1)夹紧力的方向应使工件的定位基面与定位元件接触良好。

　　如图 2-27 所示，工件以 A 与面为定位基面加工孔 K，要求保证孔的轴线与 B 面垂直，根据这一要求，应以 B 面为主要定位基面，并使夹紧力的方向朝向 B 面，有利于保证加工要求。夹紧力的方向如果朝向 A 面，由于 A 与 B 两面的垂直度误差，夹紧工件后主要定位基面将离开定位元件，而无法保证加工要求。因此夹紧力的方向应垂直于 B 面，才不会破坏工件的定位，否则应提高 A 与 B 两面的垂直度精度。

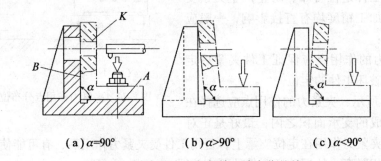

（a）$\alpha = 90°$　　　　（b）$\alpha > 90°$　　　　（c）$\alpha < 90°$

图 2-27　夹紧力方向与保持正确定位的关系

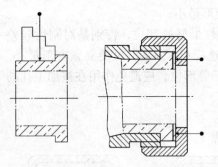

图 2-28　夹紧力方向与工件刚性关系

　　(2)夹紧力的方向应与工件刚度最大的方向相一致，有利于减小工件的夹紧变形。如图 2-28 所示，加工薄壁套筒零件，当用三爪卡盘从径向夹紧时，工件产生的变形要大，而采用轴向夹紧，工件在此方向上的刚度好，所产生的夹紧变形要小。

　　(3)夹紧力的方向应尽量与切削力、工件重力的方向相一致，利用支承反力来平衡切削力，这将有利于减小夹紧力。当夹紧力的方向与切削力、工件重力的方向相同时，所需的夹紧力为最小，同时可以使夹紧装置的结构紧凑，操作省力。

　　3. 夹紧力的大小

　　为了保证夹紧的可靠性，使工件在加工过程中始终处于稳定状态，以及确定适宜的动力传动装置时，一般需要确定夹紧力的大小。

　　在确定夹紧力时，通常将夹具和工件看成一个刚性系统，并视工件在切削力、夹紧力、重力、惯性力等力的作用下，处于静力平衡状态，然后列出力的平衡方程式，即可求出理论夹紧力，其中切削力是计算夹紧力的主要依据。

　　计算出理论夹紧力后，为使夹紧可靠，应乘以安全系数，作为实际所需的夹紧力。即

$$Q = K \cdot Q' \qquad\qquad (2\text{-}8)$$

式中：Q'——计算出的理论夹紧力；

Q——实际所需的夹紧力；

K——安全系数，一般为 $1.5 \sim 3$。

粗加工时，一般取 $K = 2.5 \sim 3$；精加工时，一般取 $K = 1.5 \sim 2$。

2.3.2　典型夹紧机构

夹紧机构是夹紧装置的一个重要组成部分，机床夹具中所使用的夹紧机构多数都是利用斜面楔紧的作用原理来夹紧工件的，其中最基本的形式就是直接利用有斜面的楔块，即斜楔夹紧机构。螺旋夹紧机构、偏心夹紧机构等不过是楔块的变种。

2.3.2.1　斜楔夹紧机构

斜楔夹紧机构是利用楔块的斜面移动时所产生的压力来夹紧工件的一种机构。如图 2-29 所示，楔块在力的作用下，楔入工件与夹具体之间，而具有楔紧作用，原始作用力可用手动、气动或液压传动装置进行驱动。

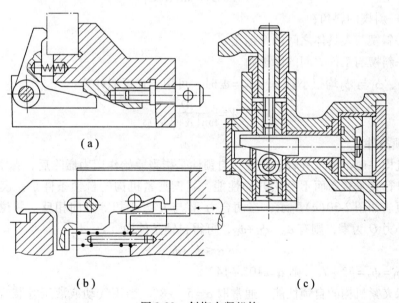

（a）

（b）　　　　　　　　　　　（c）

图 2-29　斜楔夹紧机构

1. 夹紧力的计算

楔块所能产生夹紧力的大小可根据图 2-30 所示的受力分析情况进行计算。在原始力 Q 的作用下，楔块楔入工件与夹具体之间后，将受到工件对它的反作用力 W（即楔块对工件的夹紧力，但方向相反）和摩擦力 F_2，以及夹具体对它的反作用力 R 和摩擦力 F_1，其中 R 与 F_1 的合力为 R'，W 与 F_2 的合力为 W'。

夹紧时原始力 Q 与 R'、W' 两力在水平方向的分力处于平衡，如图 2-30（a）所示，根据力的平衡条件可得：$Q = W \cdot \tan\phi_2 + W \cdot \tan(\alpha + \phi_1)$

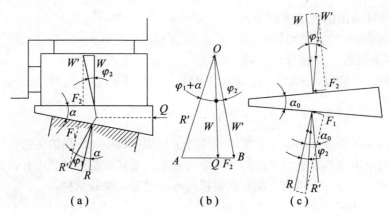

图 2-30 斜楔夹紧受力分析

则

$$W = \frac{Q}{\tan\phi_2 + \tan(\alpha + \phi_1)} \tag{2-9}$$

式中：α——斜楔的斜角；

ϕ_1——斜楔与夹具体之间的摩擦角；

ϕ_2——斜楔与工件之间的摩擦角。

因为 α、ϕ_1 与 ϕ_2 均很小且 $\phi_1 = \phi_2 = \phi$ 时，可用下式近似计算：

$$W = \frac{Q}{\tan(\alpha + 2\phi)} \tag{2-10}$$

2. 自锁条件

夹紧机构一般都要求具有自锁性，自锁性是指当原始作用力撤除后，夹紧机构仍能保持对工件进行夹紧状态而不会松开的性能。斜楔夹紧机构的自锁条件是：楔角 α 不能超过某一数值。如图 2-30（c）所示，当两合力 W' 与 R' 大小相等方向相反，并位于一条直线上时，其外力 Q 为零，则有 $\alpha_0 = \phi_1 + \phi_2$，可得自锁条件为

$$\alpha \leqslant \phi_1 + \phi_2 \tag{2-11}$$

一般 $\phi_1 = \phi_2 = 5° \sim 7°$，则 $\alpha \leqslant 10° \sim 14°$

为确保夹紧机构的自锁性能，通常取 $\alpha = 5° \sim 8°$。当用气动或液压等装置实现斜楔夹紧时，其斜角不受限制。

3. 斜楔夹紧机构的特点

（1）增力作用好。由夹紧力计算公式可得，极限增力比为 $\dfrac{1}{\tan2\phi}$，斜角 α 越小，增力比越大。

（2）夹紧行程小。斜角 α 越小，夹紧行程越小。

（3）当斜角 $\alpha \leqslant \phi_1 + \phi_2$ 时，具有自锁性。α 角越小，自锁性能越好。

（4）手动夹紧效率低。在气动或液压夹紧装置中作为增力机构应用较多。

2.3.2.2　螺旋夹紧机构

螺旋夹紧机构是利用螺钉或螺母的旋转所产生的压力来夹紧工件的一种机构，在机床

夹具中应用最广，其中主要有单螺旋夹紧和螺旋压板组合夹紧等形式。

1. 单螺旋夹紧

如图 2-31 所示为单螺旋夹紧机构。图(a)为最简单的螺旋夹紧，旋紧时需用扳手，螺钉转动时有可能带动工件而破坏定位，且其末端与工件接触面积较小，容易压伤工件表面。图(b)所示结构，螺杆 1 的下端装有浮动压块 3，压块与螺杆之间存在间隙，可以摆动，保证与工件表面有良好的接触。图(c)所示为用螺母进行夹紧的机构，螺母与工件表面之间增加球面垫圈，可使工件受的夹紧力均匀分布，同时避免螺杆产生弯曲变形。螺旋可以看做是绕在圆柱体上的一个斜楔，因此螺旋夹紧机构的夹紧力计算与斜楔相似。图 2-32 所示为夹紧状态下螺杆的受力示意图。

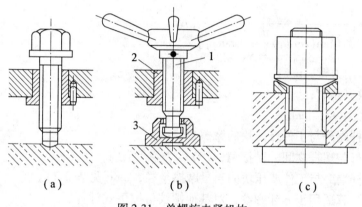

图 2-31　单螺旋夹紧机构

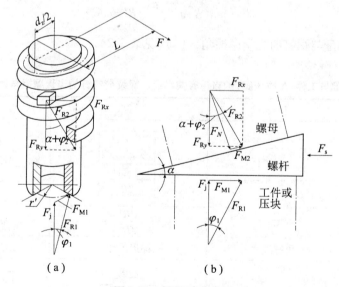

图 2-32　螺杆受力分析

原始作用力 F_s 施加于手柄后，螺杆转动而实现对工件的夹紧时，螺杆还将受到的力有：螺母的反作用力 F_N 与螺纹面上的摩擦力 F_{M2}，以及工件或压块的反作用力 F_j（即夹紧力)与摩擦力 F_{M1}。将 F_N 与 F_{M2} 两力合成为 F_{R2}，力 F_{R2} 分布于整个螺纹面，计算时可视为集中在螺纹中径处，再将 F_{R2} 分解为水平分力 F_{Rx} 与垂直分力 F_{Ry}，根据静力平衡的条件，对螺杆中心的力矩为零，即

$$M—M_1—M_2=0 。$$

式中：M——产生的力矩；

$M1$——工件或压块表面对螺杆的作用力矩（即摩擦力矩），$M_1 = F_{M1}R' = F_j\tan\phi_1 R'$；

M_2——螺母对螺杆的作用力矩，$M_2 = F_{M1}R' = \dfrac{F_{Rx}d_z}{2} = F_j\tan(\alpha+\phi_2)\dfrac{d_z}{2}$

即：$F_s L - F_j\tan\phi_1 R' - F_j\tan(\alpha+\phi_2)(\alpha+\phi_2)\dfrac{d_t}{2}$

可得

$$F_j = \frac{F_s L}{\left[\tan(\alpha+\phi_2)\dfrac{d_t}{2} + R'\tan\phi_1\right]} [N] \tag{2-12}$$

式中：L——作用力臂，mm；

α——螺纹升角，°；

d_z——螺纹中径，mm。

ϕ_1——螺杆端部与工件或压块的摩擦角，(°)；

ϕ_2——螺母与螺杆之间的摩擦角，(°)；

R'——螺杆端部与工件或压块的当量摩擦半径，mm(见表 2-2)。

以上分析计算适用于方牙螺纹，对其他螺纹可按下式计算：

$$F_j = \frac{F_s L}{\left[\tan(\alpha+\phi_2')\dfrac{d_0}{2} + R'\tan\phi_1\right]} \tag{2-13}$$

式中：ϕ_1'——螺母与螺钉的当量摩擦角，(°)(见表 2-2)。

表 2-2 螺纹端部与工件(A 或压脚)的当量摩擦半径、螺纹与螺钉的当量摩擦角计算公式

	Ⅰ	Ⅱ	Ⅲ
压脚形状			
r'	$r' = 0$	$r' = \dfrac{2R^3 - r^3}{3R^2 - r^2}$	$r' = R\cot\dfrac{\beta}{2}$
螺纹形状	三角螺纹	梯形螺纹	方牙螺纹
φ_1'	$\phi' = \text{arccot}(1.15\tan\phi_1)$	$\phi' = \text{arccot}(1.03\tan\phi_1)$	$\varphi_1' = \phi_1$
注	$\phi_1 = \arctan\mu$——摩擦角(°) μ——摩擦系数		

2. 螺旋压板夹紧机构

螺旋压板夹紧机构是由螺旋和杠杆(即压板)组合的夹紧装置,是以螺旋作为产生原始作用力的元件,再利用压板改变夹紧力的大小、方向与夹紧行程,对工件进行夹紧。

如图 2-33 所示,其中图(a)的结构为移动式螺旋压板夹紧机构,压板 4 下面开有长槽,使压板能沿槽方向进行移动,便于工件装卸。弹簧 2 起支撑压板的作用,使其在工件卸下后不致下落。螺母下面装有球面垫圈 5,这样当工件高度尺寸的变化使压板倾斜时,螺杆不致在夹紧工件时受力弯曲。图(b)的结构为带有铰链压板的夹紧机构,它能在两个方向上产生夹紧力,且分别指向两个定位元件的支承面。如图 2-34 所示的结构为钩形压板夹紧机构,其突出特点是结构紧凑,螺杆不受弯矩,在夹具中应用广泛。为便于工件装卸,钩形压板可绕其轴线进行回转。

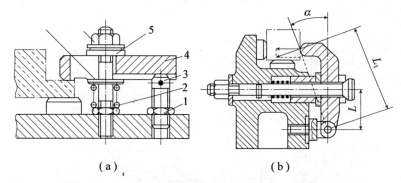

(a) (b)

1—螺母　2—弹簧　3—螺杆　4—压板　5—球面垫圈　6—螺母　7—垫圈　8—工件

图 2-33　螺旋压板夹紧机构

综上所述,螺旋夹紧机构的主要优点是增力比较大,能产生很大的夹紧力,自锁性能好,设计时不必考虑自锁条件,结构简单,适应性强,一般可以获得较大的夹紧行程,因此在各类夹具中应用广泛。缺点是螺旋夹紧动作较慢,设计时可采用快撤装置,以缩短螺旋夹紧的辅助时间。如图 2-35 所示,其中图(a)的结构采用了回转压板,只要稍微旋松螺钉,螺钉就可随同压板一起回转一定角度,让出空间便于装卸工件;图(b)的结构采用了开口垫圈,只要旋松螺母,即可卸下开口垫圈,工件便可进行装卸。

2.3.2.3　偏心夹紧机构

偏心夹紧机构是利用转动中心与几何中心偏转的圆盘转动时所产生的压力来夹紧工件的一种机构,这种机构结构简单,操作方便,是一种动作快速的夹紧机构。如图 2-36 所示为几种较典型的偏心夹紧机构。

1. 偏心夹紧原理

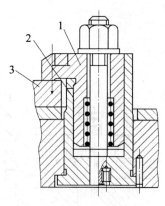

1—钩形压板　2—套筒

图 2-34　钩形压板

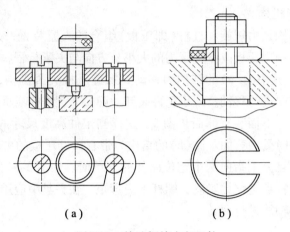

图 2-35　快速螺旋夹紧机构

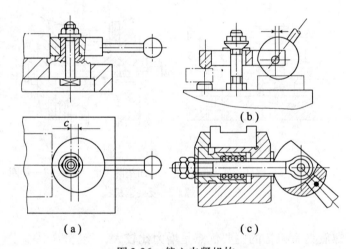

图 2-36　偏心夹紧机构

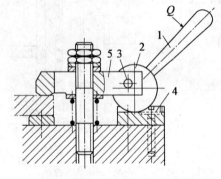

1—手柄　2—偏心轮　3—轴
4—垫板　5—压板
图 2-37　偏心夹紧机构

如图 2-37 所示是一种常见的偏心压板夹紧机构。以原始力 Q 作用于手柄 1，使偏心轮 2 绕轴 3 转动，偏心轮的圆柱面压在垫板 4 上，在垫板的反作用力下，小轴 3 向上移动，推动压板压紧工件。偏心轮的夹紧原理如图 2-38 所示，偏心轮直径为 D，几何中心为 O_1，转动中心为 O_2，偏心距为 e。当以 O_2 为圆心，以 $(R-e)$ 为半径作一虚线圆（称基圆），则图中的影线部分就相当于一个弧形楔绕在基圆盘上；当原始作用力 Q 使偏心轮绕 O_2 点转动时，就相当于把弧形楔逐渐楔入在基圆盘（或转轴）与工件受压面之间，产生夹紧力 W 而将工件夹紧，因此偏心轮实际上是斜楔的一种变形，其夹紧原理与斜楔相似。

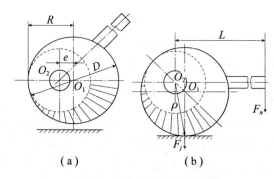

（a）　　　　　　　　　　（b）

图 2-38　圆偏心夹紧工作原理

2. 几何特性

如图 2-39 所示，假设偏心轮几何中心 O_1 不动，而回转中心 O_2 在偏心轮夹紧过程中是绕 O_1 转动，因此 O_2 到工件受压面之间垂直距离 h 的变化，由图可知：

$$h = O_1X - O_1M = R - e\cos\gamma \quad (2\text{-}14)$$

式中：R——偏心轮半径；

e——偏心轮几何中心 O_1 与转动中心 O_2 的距离，称为偏心距；

γ——夹紧点 X 的法线 O_1X 与两中心 O_1、O_2 的连线间的夹角，称为偏心轮的回转角。

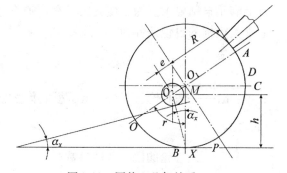

图 2-39　圆偏心几何关系

偏心轮在转动过程中将引起距离 h 发生变化，其值与角度 γ 有关，随着 γ 角由 $0 \to \pi$，h 值将从 $(R-e) \to (R+e)$。偏心轮就是利用 h 值的变化对工件进行夹紧的。

偏心轮的升角 α，是夹紧点 X 处 O_1X 的切线与回转半径 O_2X 的切线间的夹角，即 O_1X 与 O_2X 间的夹角，其特点为升角 α 不是一个常数，而与夹紧点的位置（即与回转角 γ）有关。对于任意夹紧点 X 处的升角 α_x 由图示关系可以求得

$$\alpha_x = \arctan\frac{O_2M}{h} = \arctan\frac{e \times \sin\gamma}{R - e \times \cos\gamma} \quad (2\text{-}15)$$

显然，当 $\gamma = 0$ 或 π 时，$\alpha = 0$，相当于斜楔的楔角为零，当 γ 接近 $\pi/2$ 时，α 角达到最大值，可得

$$\alpha_{\max} = \arctan\left(\frac{e}{R}\right) \quad (2\text{-}16)$$

3. 偏心轮设计

（1）偏心量。偏心量 e 的大小将影响偏心轮的夹紧行程。夹紧时，偏心轮以 $\gamma = 0$ 转至 $\gamma = \pi$，即利用半圆弧 OA 工作，如图 2-40 所示，其夹紧行程为 $h_{AO} = h_A - h_O = 2e$，这时，操作手柄需要 $180°$ 转动，实际操作时，板转角度应限制在 $180°$ 以内，即利用一段圆弧 BC 为工作段，偏心轮将从 $\gamma = \gamma_B$ 转到 $\gamma = \gamma_C$，这时，偏心轮的行程 $h_{BC} = h_C - h_B = (R - e \times \cos\gamma_C) -$

$(R-e×\cos\gamma_B)$，可得

$$e=\frac{h_{BC}}{\cos\gamma_B-\cos\gamma_C} \tag{2-17}$$

设计时通常取 $\gamma_B=45°$，$\gamma_C=135°$，则

$$e=\frac{h_{BC}}{1.414} \tag{2-18}$$

h_{BC}的值应大于工件在夹紧方向上的尺寸公差 T，其超过量主要考虑装卸工件方便所需的间隙，应≥0.3mm，夹紧机构弹性变形的补偿量，可取 0.05～0.15mm，夹紧行程的贮备量，可取 0.1～0.3mm，以及偏心轮的制造误差和磨损的补偿量等，一般有

$$h_{BC}\geq T+(0.5～0.75)\,\text{mm}$$

(2)偏心轮直径。偏心量确定后，偏心轮直径主要取决于自锁条件。根据斜楔夹紧机构的自锁条件：$\alpha\leq\phi_1+\phi_2$，因此，只要能使升角 $\alpha_{max}\leq\phi_1+\phi_2$，则偏心轮圆周上任意一点都能满足自锁要求。为了使夹紧可靠，通常忽略转轴处的摩擦角 ϕ_2，由式(2-16)可得偏心夹紧机构的自锁条件为

$$\tan\alpha_{max}=\frac{e}{R}=\frac{2e}{D}\leq\tan\phi1=\mu_1 \tag{2-19}$$

式中：μ_1——偏心轮与工件(或压板)接触处的摩擦系数，一般 $\mu=0.1～0.15$，则 $\frac{D}{e}\geq$ 14～20；

$\frac{D}{e}$——偏心轮的偏心特性参数。

(3)夹紧力的计算。偏心夹紧机构所能产生夹紧力的大小，可根据图 2-40 所示的受力分析情况进行计算。在原始力 Q 的作用下，偏心轮转动时，相当于在夹紧点 P 处地斜楔施加了一个力 F'，使其楔入转轴与工件之间后，斜楔在力 F 的水平分力 $F'_s×\cos\alpha$ 的作用下，所产生的夹紧力由斜楔夹紧力公式(2-9)可求得

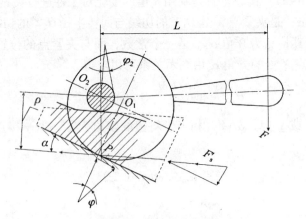

图 2-40　圆偏心夹紧力

$$W=\frac{F'_s\cos\alpha}{\tan\phi_1+\tan(\alpha+\phi_2)} \tag{2-20}$$

由于升角 α 很小，故 $F_s' \times \cos\alpha \approx F$，又因为 F_s' 对转动中心 O_2 的力矩 $F' \times r$ 与原始力矩 FL 等效，即 $F_s' = F_s L/r$，代入式（2-20）可得

$$W = \frac{F}{\tan\phi_1 + \tan(\alpha+\phi_2)} \frac{L}{r} \qquad (2\text{-}21)$$

式中：W——夹紧力；

$\quad\quad F$——施加在手柄上的原始作用力；

$\quad\quad L$——手柄长度；

$\quad\quad \phi_1$——偏心轮与工件（或压板）间的摩擦角；

$\quad\quad \phi_2$——偏心轮与转轴间的摩擦角；

$\quad\quad r$——偏心轮转动中心至夹紧点间的距离。

偏心夹紧机构的主要优点是动作迅速，但自锁性能较差，夹紧行程较小，所产生的夹紧力也不大，主要适用于切削负荷不大，且无很大振动的场合，如精加工时多用。

2.3.2.4　定心夹紧机构

定心夹紧机构是对工件的定心定位与夹紧同时进行的一种夹紧机构。这种机构在夹紧过程中能使工件的某一轴线或对称面位于夹具中的指定位置，即完成夹紧工件的同时，工件也实现了定心定位。

例如工件以外圆在 V 形块上定位时，由于工件基准外圆的尺寸偏差，使其中心位置发生变化，即产生了基准位置误差。如果采用定心夹紧机构，如图 2-41 所示，图（a）中表示对于回转体工件，不论工件基准外圆尺寸在公差范围内如何变化，理论上都可以保证工件的外圆中心 O 始终处于夹具中的指定位置，即不会产生基准位置误差。图（b）中表示对于非回转体工件，不论工件的外形尺寸在公差范围内如何变化，都可以保证被加工的两个小孔始终与大孔的中心对称。

定心夹紧机构从工作原理上可分为两大类型：

1. 定位—夹紧元件以等速移动来实现定心夹紧

如图 2-42 所示，其中图（a）为螺旋式定心夹紧机构，螺杆 1 两端分别有螺距相等的左右螺纹，旋转螺杆 1 时，通过左右螺纹带动两个 V 形块 2、3 同时移向中心，从而对工件实现定心夹紧，螺杆的中间设

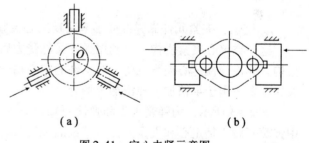

（a）　　　　　　　　（b）

图 2-41　定心夹紧示意图

有沟槽，卡在叉形零件 4 上，叉形件的位置通过螺钉 5 进行调节，以保证螺杆处于所需的工作位置。图（b）为偏心式定心夹紧机构，转动手柄 1 时，双面曲线对称的凸轮 2 夹爪 3、4 从两面同时移向中心，从而对工件实现定心夹紧。图（c）为斜楔式定心夹紧机构，当推杆 D 通过油缸或汽缸推动锥体 A 向右移动，使夹爪 B 向外伸出，对套环类零件进行定心夹紧。

这一类定心夹紧机构，对工件的定心精度不高，但所产生的夹紧力与夹紧行程较大，主要适用于粗加工和半精加工场合。

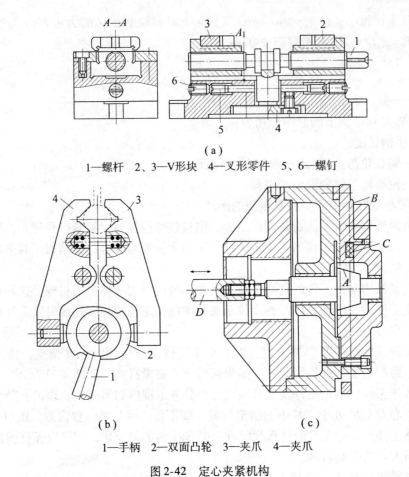

（a）

1—螺杆　2、3—V形块　4—叉形零件　5、6—螺钉

1—手柄　2—双面凸轮　3—夹爪　4—夹爪

图 2-42　定心夹紧机构

2. 定位—夹紧元件靠弹性变形来实现定心夹紧

这一类定心夹紧机构，是利用弹性元件受力后的均匀弹性变形对工件进行定心夹紧的机构，亦称弹性定心夹紧机构，对工件的定心精度较高，但所产生的夹紧力与夹紧行程不大，主要适用于半精加工和精加工场合。

图 2-43 所示，为弹簧夹头和弹性心轴，分别对工件的外圆和内孔进行定心夹紧。图中弹簧套筒 2 是定心和夹紧元件，带锥面一端开有三条或四条轴向槽，通过锥面的作用使其产生弹性变形，对工件进行定心夹紧。

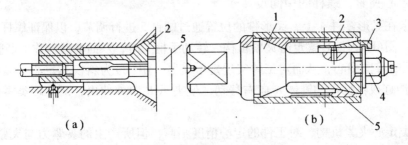

（a）　　　　　　　　　　　（b）

图 2-43　弹簧夹头和弹性心轴

图 2-44 所示为鼓膜夹具。图中弹性盘 1 是定心和夹紧元件，设有六个至十二个夹爪，爪上装有可调螺钉 5，在外力通过推杆 8 的作用下，弹性盘产生弹性变形，使夹爪张开，放入工件后去掉外力 Q，弹性盘的弹性恢复对工件的外圆进行定心夹紧，这种夹具定心精度高，最适合于薄壁套筒和环类零件的精加工。图 2-45 所示为液性塑料定心夹具，图中薄壁套筒 2 是定心和夹紧元件，其内浇注了一种在常温下呈冻胶状的液性塑料 3（成分为聚氯乙烯树脂、邻苯二甲酸二丁酯、硬脂酸钙和真空油），当旋入加压螺钉 5 时，通过柱塞 4 挤压液性塑料，由于液性塑料的不可压缩性，将压力传递给薄壁套筒，使之产生均匀弹性变形，而对工件的内孔进行定心夹紧。当液性塑料浇注在薄壁套筒的外圆表面时，套筒在压力作用下产生径向缩小，可对工件的外圆进行定心夹紧。

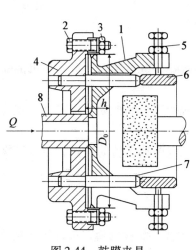

图 2-44 鼓膜夹具

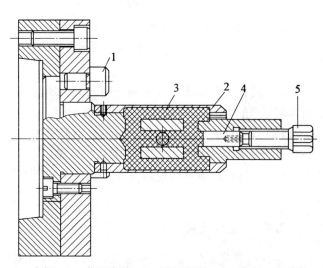

1—支钉 2—薄壁套筒 3—液性塑性 4—柱塞 5—螺钉

图 2-45 液性塑料定心夹具

2.4 常见典型夹具

2.4.1 车床夹具

车床夹具是在车床上能实现工件的定位与夹紧的工艺装置。在车床上加工的工件，一般都是回转体，在加工过程中，夹具要带动工件一起转动，因此，工件上被加工的外圆或孔的中心必须与机床主轴的回转中心相一致，所以这类夹具大部分都是定心夹具。

夹具与车床连接的准确度，将影响夹具的回转精度，其连接方式决定于车床主轴前端的结构形式。其结构形式通常有两种：一种是以车床主轴的内圆锥面作为夹具的定位基面，由拉杆穿过主轴的内孔用螺母进行拉紧，如图 2-46（a）所示，当工件较小时，也可以直接靠夹具与车床主轴之间的摩擦力而使夹具得到夹紧；另一种是以车床主轴的外圆柱表面或外圆锥表面（根据车床主轴的形状而定）作为夹具的定位基面，可以直接或者是通过过渡盘，再由螺钉将夹具紧固在车床主轴上，如图 2-46（b）所示。

设计车床夹具时，除了正确解决定位与夹紧外，还应注意下列几个问题：

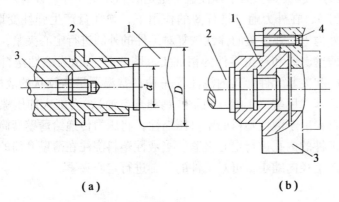

（a）　　　　　　　　　　　　　　　　（b）

（a）：1—专用夹具　2—主轴　3—拉杆　　（b）：1—过渡盘　2—主轴　3—专用夹具　4—螺钉

图 2-46　车床夹具在机床主轴上的连接

（1）因为夹具要随车床主轴一起回转，所以要求结构紧凑，重量轻，其重心尽可能靠近回转轴线，以减小离心力和回转惯性力矩。

（2）对夹具应考虑设置平衡装置，以避免因回转不平衡所产生的振动，且平衡装置应设计成能够调节，以便按实际需要进行调整。

（3）夹具设计应尽可能避免有尖角或突出部位，必要时应单独设置防护罩，以保证操作安全。

2.4.2　钻床夹具

钻床夹具是在钻床上能实现工件的定位与夹紧的工艺装置，简称钻模。设计钻床夹具时，除了正确解决工件的定位与夹紧问题外，重点考虑钻套及钻模板的选择与设计。

2.4.2.1　钻套

钻套的作用是在加工时对钻头起导向作用，确保钻头的轴心线不被引偏，钻孔时不产生径向振摆，进行多孔钻时，可保证所钻孔之间的孔距精度。钻套的主要种类有：

1. 固定钻套（GB2262—80）

如图 2-47 所示，钻套外圆和钻模板一般采用 H7/n6 或 H7/r6 配合，直接压入到钻模板的孔中，其结构简单，位置精度较高，但磨损后不便更换。主要用于生产批量不大，或孔间距较小，或孔距精度要求较高的场合。

2. 可换钻套（GB2264—80）

如图 2-48 所示，是在钻套与钻模板之间增加了一个衬套，衬套外圆和钻模板一般采用 H7/n6 配合，压入到钻模板的孔中，钻套与衬套采用 H6/g5 或 H7/g6 配合。当钻套磨损后，只要拧出螺钉，即可取出后进行更换。主要用于生产批量较大的场合。

3. 快换钻套（GB2265—80）

如图 2-49 所示，与可换钻套相比，台肩铣削出一个平面，当逆时针旋转一定角度，削边平面正对螺钉的头部，即可快速取出钻套。主要用于在加工孔的过程中需要更换刀具的场合，如用在钻、扩、铰某一孔时。上述三种钻套都已标准化，在国家标准中可查到相应规格。

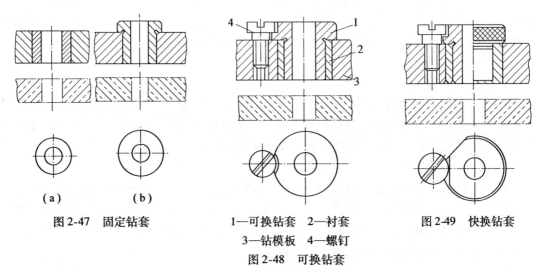

图 2-47　固定钻套　　　　　1—可换钻套　2—衬套　　　图 2-49　快换钻套
　　　　　　　　　　　　　　3—钻模板　4—螺钉
　　　　　　　　　　　　　　　图 2-48　可换钻套

4. 特殊钻套

特殊钻套是在特殊情况下使用的一种钻套，其尺寸或形状均与标准钻套不相同，是根据加工孔的需要而专门设计的，如图 2-50 所示，在斜面或圆弧面上，在凹形表面上，或当两孔间距过小无法采用标准钻套时，应设计特殊钻套，以满足加工要求。

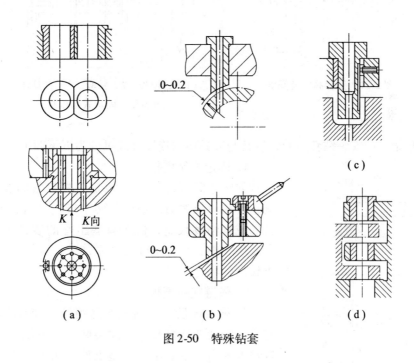

图 2-50　特殊钻套

2.4.2.2　钻套设计的主要参数

1. 钻套尺寸及公差

(1)钻套孔径的基本尺寸 d，应等于所引导刀具的最大极限尺寸。

（2）钻套孔径与所引导刀具的配合，当引导刀具的切削部分时，应按基轴制选取，这是因为刀具为标准尺寸，当引导刀具的导向部分时，可按基孔制选取。为防止刀具因摩擦发热而导致卡死现象，应采用间隙配合，一般钻孔或扩孔时选用 F7，粗铰时选用 G7，精铰时选用 G6。

2. 钻套的高度尺寸 H

钻套的高度尺寸 H 也就是导向长度尺寸，其大小应适宜。当 H 较大时，导向性好，但摩擦磨损大；当 H 较小时，导向性又不好。一般选取 $H = (1 \sim 1.25)d$，当孔的精度要求较高，或孔径尺寸较小时，系数取大值，反之系数取小值。

3. 排屑空间尺寸 h

排屑空间尺寸 h 是钻套底部与工件间的空隙尺寸，如图 2-51 所示，其大小应适宜。当 h 过小时，则排屑困难，有碍装卸工件；当 h 过大时，钻头容易引偏，影响导向精度。一般按经验数据选取：加工铸铁时，$h = (0.3 \sim 0.7)d$，加工钢件时，$h = (0.7 \sim 1.5)d$，精加工的系数取小值，粗加工的系数可取大值。

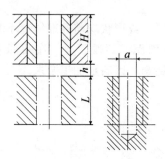

图 2-51　钻套高度及间隙

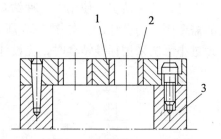

1—钻模板　2—钻套　3—夹具体

图 2-52　固定式钻模板

2.4.2.3　钻模板

钻模板是专门安装钻套用的，按其与夹具体的连接方式可分为以下四种形式：

1. 固定式钻模板

如图 2-52 所示，钻模板是由螺钉紧固在夹具体上，调整好相对位置后，还可用两个锥销进行精确定位，钻套的位置精度较高，但对有些工件的装卸可能不方便，主要用于中、小型工件的孔系加工，或孔的位置精度要求较高的场合。

2. 铰链式钻模板

如图 2-53 所示，钻模板是用铰链装在夹具体上的，它可以绕铰链轴翻转，因此装卸工件方便，但钻套的位置精度不高，主要用于小型工件，孔的位置精度要求不高的场合。

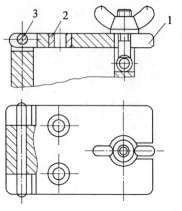

1—钻模板　2—钻套　3—轴销

图 2-53　铰链式钻模板

3. 分离式钻模板

如图 2-54 所示，钻模板是与夹具体分离的，在钻模板上安装有钻套，定位元件与夹紧装置，而没有夹具体，工件在夹具中每装卸一次,钻模板也要装卸一次,其结构简单,但操作不方便。主要用于小型工件的孔加工,特别适宜大型工件,如箱体类零件上孔的位置精度要求不高的场合。

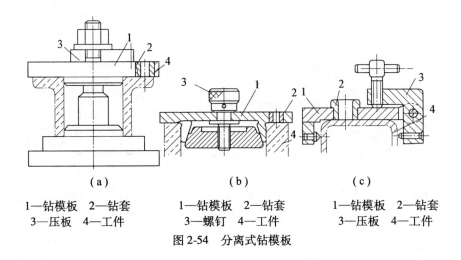

（a）　　　　　　　　　　（b）　　　　　　　　　　（c）

1—钻模板　2—钻套　　　　1—钻模板　2—钻套　　　　1—钻模板　2—钻套
3—压板　　4—工件　　　　3—螺钉　　4—工件　　　　3—压板　　4—工件

图 2-54　分离式钻模板

4. 悬挂式钻模板

如图 2-55 所示,钻模板是悬挂在机床主轴或主轴箱上,可通过两个导柱上下滑动,加工时靠近工件,加工完后离开工件,它与夹具体的相对位置由滑柱来确定,动作快,效率高。主要用于多工位加工的场合。对小型工件钻模板可连接在普通钻床主轴套上,对中型工件可与组合机床的多轴箱联用。

2.4.3　镗床夹具

镗床夹具是在镗床上能实现工件的定位与夹紧的工艺装置,简称镗模(如图 2-56 所示,为镗削支架壳体零件上的孔所采用的镗模)。它与钻模非常相似,除了正确解决工件的定位与夹具问题外,重点考虑镗套及导向支架的选择与设计。

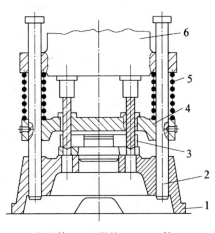

1—夹具体　2—滑柱　3—工件
4—钻模板　5—弹簧　6—横梁
图 2-55　悬挂式钻模板

2.4.3.1　镗套

镗套根据其运动方式的不同,主要有固定式和回转式两种类型:

1. 固定式镗套(GB2266—80)

如图 2-57 所示,镗套是固定在导向支架上,不能随镗杆一起转动,镗杆与镗套之间既有相对转动,又有相对移动,易产生摩擦发热。为了减轻摩擦发热,可采取以下工艺措施:

(1)在镗套上加工出油槽,润滑油从支架上的油杯注入。

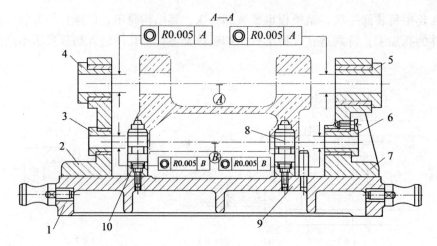

1—夹具体　2、7—导向支架　3、6—钻套　4、5—镗套　8—压板　9—支钉　10—支承板

图 2-56　支架壳体镗模

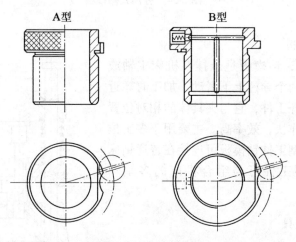

图 2-57　固定式镗套

（2）镗套上自带润滑油孔，润滑油从镗套上的油杯注入。

（3）在镗杆上添加润滑油或在镗杆上开油槽。

固定式镗套具有外形尺寸小，结构紧凑，制造简单，轴线位置准确等优点，主要适用于低速镗孔或镗杆直径尺寸较小的场合。

2. 回转式镗套

如图 2-58 所示，镗套没有固定，镗孔时可随镗杆一起转动，镗杆与镗套之间只有相对移动而无相对转动，不容易产生摩擦发热。图中 a 采用的是内滚式镗套，b 采用的是外滚式镗套。内滚式镗套的回转部分安装在镗杆上，成为镗杆的一个组成部分，其位置在导套的内面，因此称为内滚式。如图 2-59 所示，是常见的几种内滚式镗套的典型结构，其中图（a）装有滑动轴承，主要用于半精镗或精镗孔，图（b）、图（c）、图（d）装有滚动轴承，主要用于扩孔、镗孔、锪沉孔或锪端面。外滚式镗套的回转部分安装在导向支架上，其位置在导套的外面，因此称为外滚式。如图 2-60 所示是常见的几种外滚式镗套的典型结构，其中图(a)装有滚珠轴承，主要用于粗镗和半精镗孔。图(b)装有滚锥轴承，刚度好，但回转精度不高，主要用于粗镗。图(c)装有滚针轴承，结构紧凑、径向尺寸小，但回转精度不高，主要用于结构尺寸受限制时的粗镗。图(d)装有滑动轴承，径向尺寸小，但间隙的调整比较困难，且精度保持性较差，主要用于结构尺寸受限制的半精镗。

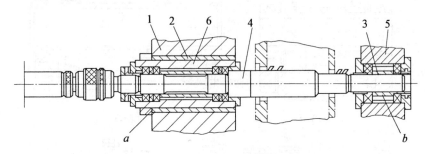

1、5—导向支架　2、3—导套　4—镗杆　6—导向滑动套

图 2-58　两种回转式镗套结构图

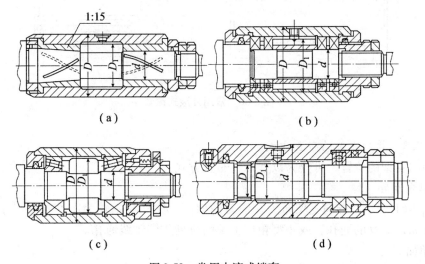

（a）　　　　　　　（b）

（c）　　　　　　　（d）

图 2-59　常用内滚式镗套

2.4.3.2　导向支架与底座

导向支架上安装有镗套，加工时要承受切削力，底座要承受镗模所有元件的重量及加工时的切削力，都必须具有足够的刚度，设计时应注意：

（1）导向支架与底座两者应分别设计，不宜铸成一个整体，否则结构工艺性差。

（2）导向支架上不应设置夹紧机构或承受夹紧反力，否则支架会受力变形，影响导向精度。当夹紧力与主轴轴线垂直时，不存在这一问题；当夹紧力与主轴轴线平行时，需通过支架对工件进行夹紧，应在支架上开孔，使夹紧力从孔中穿过。

（3）底座上安装各元件的相接触表面，应设计为凸出表面，以减少加工量。

（4）底座上应设计找正基面，以方便安装镗模。

（5）底座上应设计起吊孔或设置起吊环，以方便吊装镗模。

（6）导向支架与底座的连接，一般用螺钉进行紧固，用锥销进行定位。

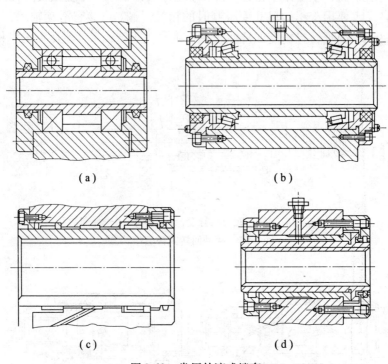

（a） （b）

（c） （d）

图 2-60　常用外滚式镗套

2.4.3.3　导向支架的布置方式

按导向支架的位置，可分为以下几种布置方式：

1. 单面前导

如图 2-61 所示，导向支架布置在镗刀的前面，镗杆与主轴为刚性连接，主要用于加工 $D>60mm$，$L<D$ 的通孔，或小型箱体上单向排列的同轴线通孔。

2. 单面后导

导向支架布置在镗刀的后面，镗杆与主轴为刚性连接，主要用于加工盲孔或 $D<60mm$ 的孔。按 L 与 D 的比值大小，可分为两种类型：

（1）当 L 与 D 的比值小于 1，如图 2-62 所示，镗杆导向部分的直径 d 可大于镗孔直径 D，刚度好，易保证加工精度。

（2）当 L 与 D 的比值大于 1，如图 2-63 所示，镗杆导向部分的直径 d 应小于镗孔直径 D，这样有利于缩短镗杆长度和镗孔时镗杆的悬伸量。此时镗套上应设计引刀槽。

3. 单面双导

如图 2-64 所示，两个导向支架均布置在镗刀的后面，镗杆与主轴为浮动连接，为了保证导向精度，应限制镗杆的伸出长度，即 $L_1<5d$，另外设计时取 $L\geq(1.25\sim1.50)L_1$，$H_1=H_2=(1\sim2)d$。

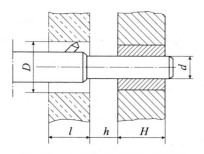

图 2-61　单面前导向镗孔示意图

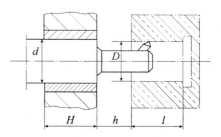

图 2-62　单面后导向镗孔示意图 ($l<D$)

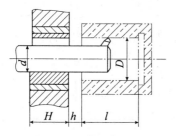

图 2-63　单面后导向镗孔示意图

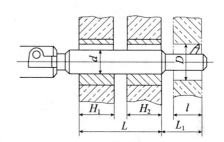

图 2-64　单面双导向镗孔示意图

4. 双面单导

如图 2-65 所示，导向支架分别布置在工件的两侧，镗杆与主轴为浮动连接，主要用于加工 $L>1.5D$ 的通孔，或处于同一轴线上的一组孔，且孔间距或同轴度要求较高的场合。

5. 双面双导

如图 2-66 所示，在工件的两侧分别布置两个导向支架，镗杆与主轴均为浮动连接，主要用于孔的加工精度要求较高，需同时从两面进行镗孔的场合。

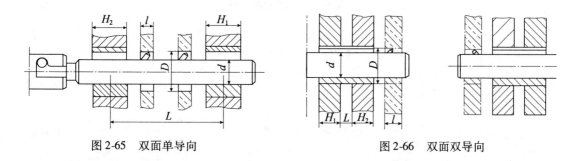

图 2-65　双面单导向　　　　　　　　　图 2-66　双面双导向

2.4.4　铣床夹具

铣床夹具是在铣床上能实现工件的定位与夹紧的工艺装置。铣床夹具与钻镗夹具相比较：①没有专门引导刀具的导套；②铣削加工时切削力大，同时由于铣刀刀齿的不连续切削，切削力的变化以及所引起的冲击与振动也大，因此要求铣床夹具的夹紧力要足够，夹具各组成部分的刚性与强度要满足要求。

如图 2-67 所示，为轴瓦零件的铣开夹具。工件以内孔与端面为定位基准，在与定位套 4 及转轴面 5 上的轴肩面相接触定好位后，用螺母 2 通过开口垫圈 3 对工件进行夹紧，工件装夹完毕。铣开轴瓦上的第一个切口后，可松开螺母 6，拔出对定销 8，将转轴 5 连同工件回转 180°，再将对定销插入转轴轴肩上的另一个孔中，然后拧紧螺母，就可铣轴瓦上的第二个切口。

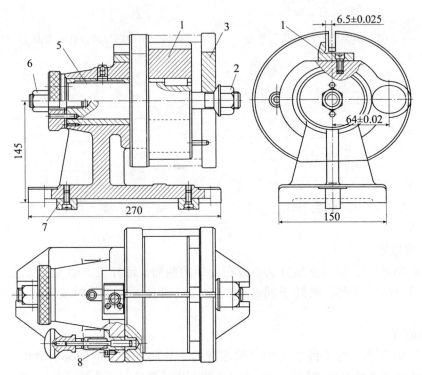

1—直角对刀块　2—螺母　3—开口垫圈　4—定位套　5—转轴　6—螺母　7—定向键　8—对定销

图 2-67　轴瓦铣开夹具

2.4.4.1　铣床夹具的种类及结构型式

按工件的进给方向，铣床夹具可分为以下三大类：

1. 直线进给式铣床夹具

(1)采用多件装夹的铣床夹具。

为了降低辅助时间，提高铣削效率，可采用一次装夹多件进行加工。如图 2-68 所示，为铣削连杆小头两端面用的铣床夹具，一次装夹六件，工件以大端孔与端面以及一侧边定位，旋紧螺母 7，通过铰链压板 6 和六个浮动顶销 3 来分别压紧六个工件。侧向定位支承 8 处于六个工件的中间部位，利用侧向摆动块 1 使工件每三个一组实现多件依次连续夹紧。当旋转螺母 4 时，两个侧向压板 5 分别从两边将两组工件同时压紧在侧向定位支承 8 上。操作时，先将端面略为压紧，再从侧面压紧，最后从端面完全压紧。

(2)采用多工位加工的铣床夹具。

这种夹具设有多个工位，可以在不同工位上铣削同一工件的不同表面。如图 2-69 所

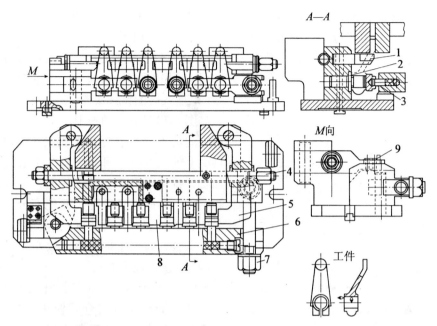

1—侧向定位摆块　2—定位销　3—顶销　4—侧向夹紧螺母　5—侧向压板
6—铰链压板　7—端面夹紧螺母　8—侧向定位支承　9—对刀块

图 2-68　多件装夹的铣床夹具

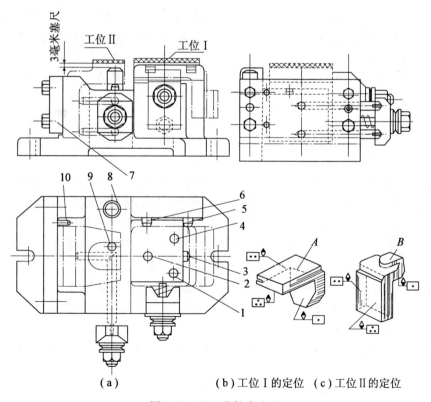

（a）　　　　　（b）工位 I 的定位　（c）工位 II 的定位

图 2-69　两工位铣床夹具

示，为两工位铣床夹具，在工位Ⅰ，以工件的三个面为粗基准，分别与夹具上六个支承钉相接触进行定位，用螺钉压板进行夹紧后，铣出 A 面。在工位Ⅱ，以 A 面为精基准与支承板 7 相接触，以另两个毛面为粗基准，分别与支承钉 9 和挡销 10 相接触进行定位，用螺钉压板进行夹紧后，铣出 B 面。显然从工位Ⅱ上可得到 A、B 面均已铣好的工件。

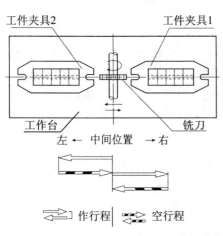

图 2-70　摆式铣床夹具工作原理图

（3）摆式铣的铣床夹具。

如图 2-70 所示，在铣床工作台上，对称于铣刀的中间位置，安装有两个夹具 1 和 2，当铣削夹具 1 上的工件时，可在夹具 2 上装卸工件，以待加工，铣削夹具 2 上的工件时，可在夹具 1 上装卸工件，如此往复循环，既能充分利用铣床工作台的有效行程，又可使辅助操作时间与机加工时间相重合，有利于提高生产效率。

（4）料仓式铣床夹具。

如图 2-71 所示，为铣削杠杆类零件的叉形缺口及其两外侧平面的料仓式铣床夹具。加工前，工件先装在料仓上，以工件上已加工好的平面和两个孔为精基准，与料仓上的端面，长圆柱销 12 及长削边销 10 相接触进行定位，依次装满四个工件后，便可将料仓连同工件一并装夹在夹具体上，料仓在夹具上的定位，是将圆柱端 14 与夹具体 7 上的安装孔 6 及其端面相接触，削边圆柱端 10 和 15 分别对准相对应缺口槽 8 和 9，然后拧紧螺母 1，通过钩形压板 2 推动压块 3，使压块上的安装孔 4 套入料仓上的圆柱端 11，将工件全部夹紧。

当一个料仓装满工件在机床上进行加工时，可在另一个料仓上装卸工件，使辅助操作时间与机加工时间相重合。

2. 圆周进给式铣床夹具

圆周进给式铣床夹具，多用在有回转工作台的铣床上，一般都是进给，是一种高效率的铣削夹具。

如图 2-72 所示，在回转工作台 3 上，沿圆周安装有若干个夹具，工件直接装夹在夹具上，工作台作圆周连续进给运动，将工件依次送入切削区域，铣刀不停地工作，当工件离开切削区域后，即可在夹具上重新装卸工件，使辅助操作时间与机加工时间相重合。根据工件的加工需要，还可使用两把铣刀同时进行粗铣与精铣，以提高生产效率。

圆周进给式铣床夹具的另一种形式是采用多工位进行铣削加工，如图 2-73 所示，工件上有 7 个表面需要加工，可设置七个工位，按圆周进给方式依次进行加工，当工作台旋转一周，便可获得七个表面全部铣好的工件。

3. 铣削靠模夹具

铣削成型表面时可采用靠模夹具进行加工，按进给方式分直线进给和圆周进给两种类型：

（1）直线进给铣削靠模夹具。

如图 2-74 所示，靠模 3 与工件 1 分别装夹在机床两者轴线间距离 R 是定值工作台上

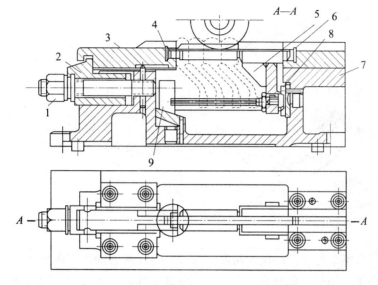

（a）料仓式夹具总体结构

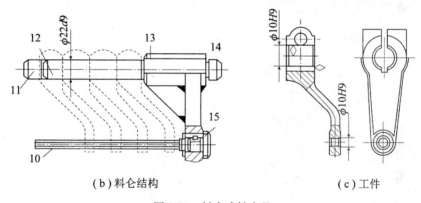

（b）料仓结构　　　　　　　　　　（c）工件

图 2-71　料仓式铣夹具

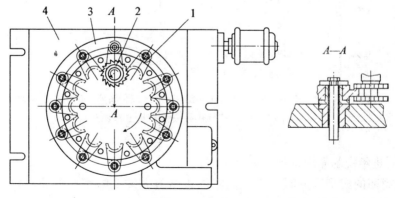

1—工件　2—铣刀　3—回转工作台　4—夹具

图 2-72　圆周进给式铣床夹具示意图

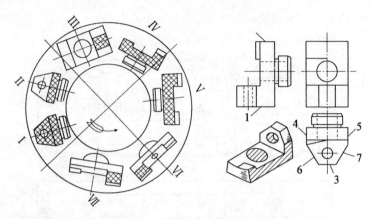

图 2-73 圆周进给式铣床夹具

的夹具中,滚子滑座 5 与铣刀滑座 6 两者连接成一体,两者轴线间距离 R 是定值,在外力 W 的作用下,滚子 4 始终紧贴在靠模 3 上,当铣床工作台沿 S 方向作纵向进给运动时,由靠模上的成型表面推动滚子而使铣刀产生横向进给运动,即可铣削出所需的成型表面。

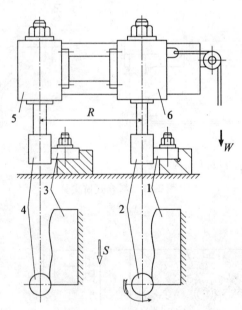

1—工件 2—铣刀 3—靠模 4—滚子 5—滚子滑座 6—铣刀滑座

图 2-74 直线进给式靠模铣夹具工作原理

(2)圆周进给铣削靠模夹具。

当加工封闭的成型表面时,应采用圆周进给方式的铣削靠模夹具。如图 2-75 所示,靠模夹具安装在回转工作台上,回转工作台装在滑座 6 上,在拉力 W 的作用下,使靠模 2 始终与滚子 3 保持紧密接触,其中图(a)所示的铣刀 4 与滚子 3 装在同一根轴上,两者直径相同,靠模与工件的尺寸也相同,当回转工作台旋转一周,即可沿圆周方向铣削出所需的成型表面。其结构简单,但滚子与铣刀必须保持直径尺寸相同,另外,为了防止加工时切屑沾附在靠模的工作面上而影响加工精度，是将靠模装在工件的上面，因此装卸工件很不方便。图(b)所示的铣刀与滚子分装在两根轴上，两轴间的距离 R 是定值，铣刀与滚子不同轴后，靠模的尺寸可以加大，其轮廓曲线平滑性好，滚子的尺寸也可以加大，刚性好，与靠模的接触良好，加工精度比图(a)所示的方式要高，同时工件可以安装在靠模的上面，装卸工件方便省时。

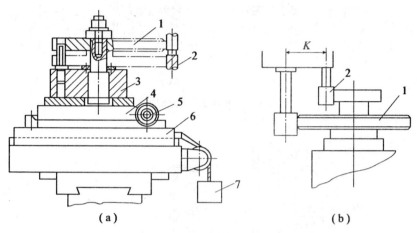

（a）　　　　　　　　　　　　（b）

1—靠模　2—铣刀　3—夹具　4—回转工作台　5—手轮　6—横向溜板　7—重锤

图 2-75　圆周进给铣削靠模夹具

2.4.4.2　铣床夹具设计要点

1. 对刀元件

设计铣床夹具时，一般应考虑设置对刀元件，其作用是能迅速确定铣刀相对于夹具的正确位置，也就是相对于工件加工表面的正确位置。

如图 2-76 所示为标准的对刀块结构，其中图(a)为圆形对刀块(GB2240—80)，用于对准铣刀的高度位置。图(b)为方形对刀块(GB2241—80)，用于对准组合铣刀在垂直方向和水平方向上的位置。图(c)为直角对刀块(GB2242—80)，用于对准铣刀在高度方向和水平方向上的位置。图(d)为侧装对刀块(GB2243—80)，安装在侧面，作用与直角对刀块一样。

如图 2-77 所示，为各种对刀块的使用举例，其中图(a)～图(d)为标准对刀块，图(e)为成型铣刀所用的对刀块。

对刀时为了不使刀具与对刀块直接相接触，以免损坏刀刃或对刀块，通常使用对刀塞尺。如图 2-78 所示，为标准的对刀塞尺，其中图(a)为平塞尺(GB2244—80)，厚度尺寸 a 有 1、2、3、4、5mm 五种规格，图(b)为圆柱塞尺(GB2245—80)，直径尺寸 d 有 3、5mm 两种规格。

具体对刀时移动工作台，使安装在夹具体上的对刀块接近铣刀，两者存在一定间隙后，放入对刀塞刀，凭抽动塞尺的松紧程度来控制对刀精度。

2. 定向元件

设计铣床夹具时，还应考虑设置定向元件，其作用是能迅速确定铣床夹具在铣床工作

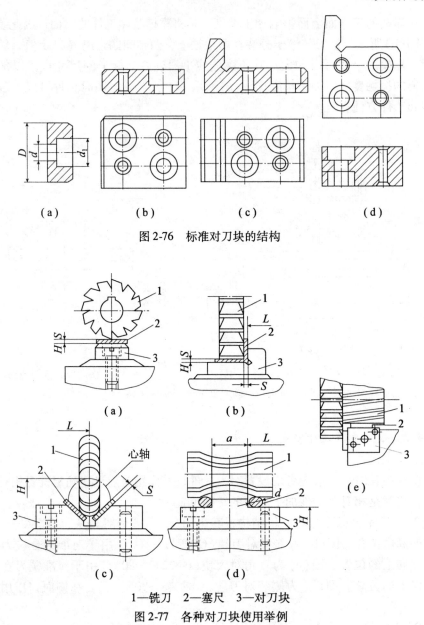

图 2-76　标准对刀块的结构

1—铣刀　2—塞尺　3—对刀块
图 2-77　各种对刀块使用举例

台上的正确位置。

　　如图 2-79 所示，为标准定位键（GB2206—80）的结构及其应用。对于 A 型定位键，与夹具体上的槽和铣床工作台 T 形槽的配合尺寸均为 B，其上半部分嵌入夹具体的槽中，配合性质一般采用过渡配合，下半部分与工作台的 T 形槽相配，配合性质一般采用间隙配合。为了提高夹具在工作台上的定位精度，可选用 B 型定位键，与 A 型定位键不同的地方，是其下半部分与 T 形槽的配合尺寸留有 0.5mm 左右的磨削余量，安装夹具时按 T 形槽的实际宽度尺寸进行配作定位键嵌入夹具体上后，一般要用螺钉进行紧固，因此每一个铣床夹具都有一对定位键。当所使用的铣床夹具数量较多时，可考虑采用定向键，如图

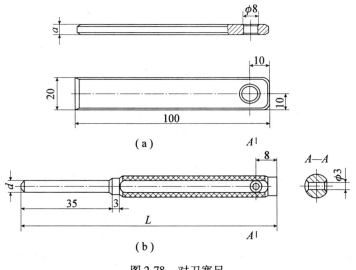

（a）

（b）

图 2-78　对刀塞尺

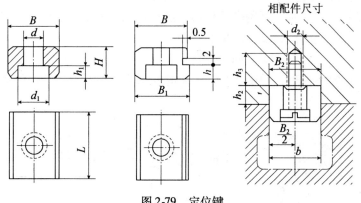

图 2-79　定位键

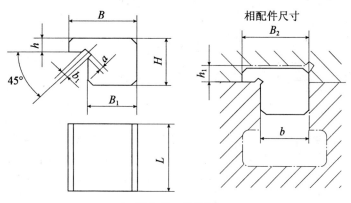

图 2-80　定向键

2-80 所示，为标准定向键（GB2207—80）的结构及其应用，与定位键不同的地方，是其下半部分直接安装在铣床工作台上，事先留有 0.5mm 左右的磨削余量，与 T 形槽尺寸配作，上半部分与夹具体上的槽相配，配合性质采用间隙配合。因此只需要在铣床工作台上配备一对定向键，就可以用于不同夹具的定向。

习题与思考题

1. 试述机床夹具的概念及其作用。

2. 机床夹具的结构一般由哪几部分组成？

3. 试述工件的定位原理。

4. 当主要定位面上的三个定位支承点位于同一直线上，或导向定位面上的两个支承点垂直布置时，其定位效果如何？

5. 不完全定位和过定位是否均不允许存在？为什么？

6. 为什么说夹紧不等于定位？

7. 试说明工件以平面作定位基准时，其主要支承的类型及其应用范围。

8. 什么是辅助支承？使用时应注意什么问题？它与可调支承有何不同？

9. 工件以内孔定位时，常用哪些定位元件？

10. 工件以外圆定位时，可用哪几种型式的定位元件？为什么常用 V 形块？

11. 试述定位误差的概念及其产生的原因。

12. 各种定位方式的定位误差如何计算？

13. 据工件的定位原理，题图 2-1 中，各定位元件分别限制了工件的哪些自由度？

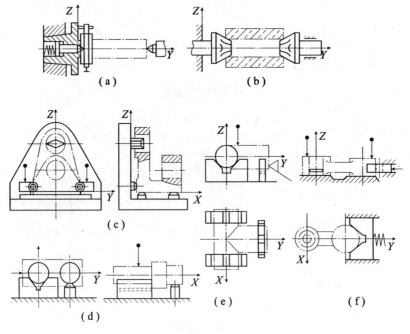

题图 2-1

14. 题图 2-2 所示零件，以外圆在 V 形块上定位，在插床上加工键槽，保证工序尺寸

H。已知外径 d 为 $\phi 50_{-0.03}^{0}$ mm，内径 D 为 $\phi 30_{0}^{+0.05}$ mm，试计算影响尺寸 H 的定位误差。

15. 题图 2-3(a)所示零件，在铣床上加工键槽，要求保证工序尺寸 $73_{-0.2}^{0}$ mm 及对称度 0.02mm，试分析比较图示(b)(c)哪种定位方案较优？

16. 题图 2-4 所示零件，采用钻模夹具加工 2—$\phi 8$ 孔，除保证两孔中心距要求外，还要求保证两孔的连心线通孔外圆的轴线，试分析计算图示两种定位方案的定位误差。

17. 题图 2-5(a)所示零件，采用钻模夹具加工零件上的 $\phi 5$mm 和 $\phi 8$mm 两孔，除保证图纸尺寸要求外，还

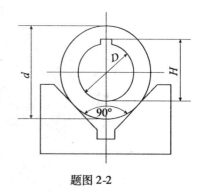

题图 2-2

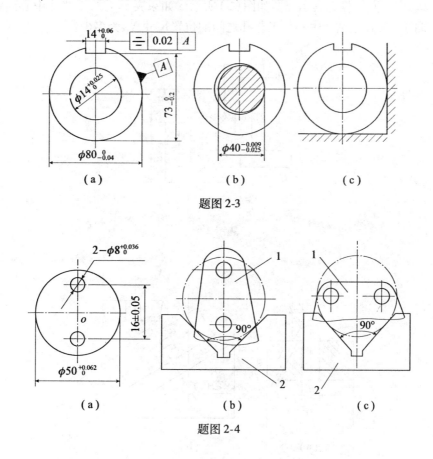

题图 2-3

题图 2-4

要求保证两孔连心线通过外圆的轴线，其偏移量误差为 0.08mm，试分析计算图示(b)(c)(d)三种定位方案的定位误差，如果定位误差不得超过加工允许误差的 1/2，应选择哪种定位方案为好？（V 形块夹角 $\alpha = 90°$）

18. 题图 2-6 所示零件，各加工表面均已加工，本工序为加工孔 D，现分别采用 E、F、G 三种不同的定位基准定位时，对工序尺寸 A 的定位误差分别为多少？

19. 题图 2-7(a)所示零件，各面加工后，本工序为加工斜孔，斜孔的位置由尺寸 B、

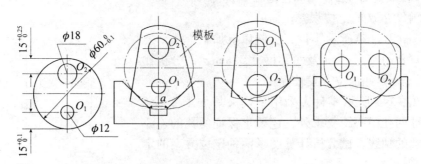

题图 2-5

r 及角度 α 确定，其钻模夹具示意图如图(b)所示，如果夹具上的工艺孔中心到定位的距离为 H，试问：夹具上钻套中心与工艺孔之间的位置尺寸 X_1 为多少？

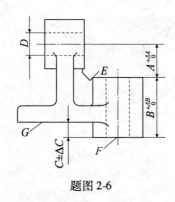

题图 2-6

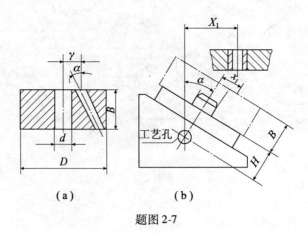

(a)　　　　　(b)

题图 2-7

20. 夹紧力的确定主要解决哪些问题？

21. 选择夹紧力的作用点时应满足哪些要求？试用简图举出几个夹紧力作用点选择不恰当的例子，说明其可能产生的后果。

22. 常用的典型紧机构有哪几种？各有什么特点？

23. 试分析题图 2-8 所示的定位夹紧方案是否合理? 若不合理, 应如何改进?

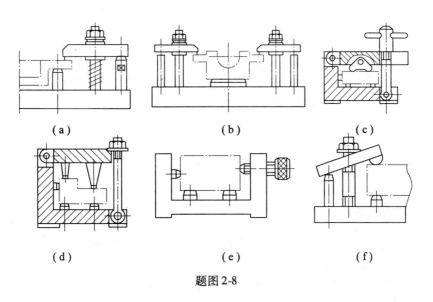

(a)　　　　　　　　　(b)　　　　　　　　　(c)

(d)　　　　　　　　　(e)　　　　　　　　　(f)

题图 2-8

第3章　机械加工工艺规程的制订

3.1　基本概念

3.1.1　工艺过程及其组成

将原材料转变成成品的全过程称为生产过程(Production Process)。它包括原材料、半成品和成品的运输和保管，生产和技术准备工作，毛坯制造、零件的机械加工、热处理和表面处理、部件的装配调整检验、试验、油漆和包装等。

在生产过程中，改变生产对象的形状、尺寸、相对位置和性质等，使其成为成品或半成品的过程称为工艺过程(Process)。工艺过程又可分为铸造、锻造、冲压、焊接、机械加工、热处理、装配等工艺过程。在工艺过程中，用机械加工方法，改变毛坯的形状、尺寸和表面质量，使其成为零件的过程称为机械加工工艺过程。

零件的机械加工工艺过程由许多工序组合而成，每个工序又可分为若干个安装、工位、工步和行程。

工序(Operation)是指一个或一组工人，在一个工作地对同一个或同时对几个工件所连续完成的那一部分工艺过程。

安装(Setup)是指工件经一次装夹(定位和夹紧)后所完成的那一部分工序。

工位(Position)是指一次装夹工件后，工件(或装配单元)与夹具或设备的可动部分一起，相对刀具或设备的固定部分所占据的每一个位置。

工步(Step，Manufacturing Step)是指加工表面、加工工具和切削用量中的转速和进给量均保持不变的情况下所完成的那一部分工序。

行程行程分为工作行程(Working Stroke)和空行程(Idle Stroke)。前者是指刀具以工作进给速度相对于工件所完成的一次进给运动的工步部分；后者是指刀具以非加工进给速度相对工件所完成一次进给运动的工步部分。

3.1.2　生产纲领和生产类型

生产纲领(Production Program)是指企业在计划期内应当生产的产品数量和进度计划。计划期常定为一年，所以生产纲领也称年产量。

零件的生产纲领可按下式计算

$$N=Qn(1+\alpha+\beta)$$

式中：N——零件的年产量，件/年；

Q——产品的年产量，台/年；

n——每台产品中，该零件的数量，件/台；

α——备品的百分率；

β——废品的百分率。

生产类型（Types of Production）是指企业（或车间、工段、班组、工作地）生产专业化程度的分类。产品（零部件）的生产类型，即产品的品种多少，产量大小及生产组织方式等，对合理选工艺方法亦有很大的影响，有时是决定性的影响。

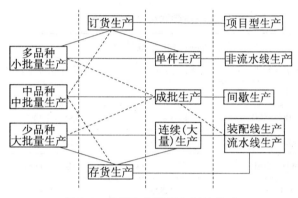

图 3-1　各种生产类型之间的关系

机械产品的生产类型有如下四种不同的划分方法：

（1）按一定时间内产品产量的连续程度划分。分为单件小批生产、成批生产和大量（连续）生产三种类型。

（2）按产品品种和产量的关系划分。分为多品种小批量、中品种中批量和少品种大批量三种类型。

（3）按产品的销售方式划分。分为订货生产和存货生产两种类型。

（4）按生产系统与产品生命周期的关系划分。分为项目型生产、非流水线生产、间歇生产、装配线和流水线生产四种类型。

上述各种生产类型之间有着内在的联系，图 3-1 示出了它们之间的对应关系。一般常用第一种分类方法，即单件生产、成批生产和大量（连续）生产的划分来研究分析问题。

1. 单件生产

产品品种很多，同一产品的产量很少，各个工作地的加工对象经常改变，而且很少重复生产。例如，重型机器、汽轮机、重型机床、大型内燃机制造、专用设备制造和新产品试制都属于单件生产。

2. 大量生产

产品的产量很大，大多数工作地按照一定的生产节拍（Tact，Pace of Production；在流水生产中，相继完成两件制品之间的时间间隔）进行某种零件的某道工序的重复加工。例如，汽车、拖拉机、摩托车、自行车、缝纫机和手表的制造常属大量生产。

3. 成批生产

一年中分批轮流地制造几种不同的产品，每种产品均有一定的数量，工作地的加工对象周期性地重复。例如，机床、机车、电机和纺织机械的制造常属成批生产。

每一次投入或产出的同一产品（或零件）的数量称为生产批量（Production Batch），简称批量。批量可根据零件的年产量及一年中的生产批数计算确定。按批量的多少，成批生产又可分为小批、中批和大批生产三种。在工艺上，小批生产和单件生产相似，常合称为单件小批生产；大批生产和大量生产相似，常合称为大批大量生产。

生产类型的具体划分，可根据生产纲领和产品及零件的特征或工作地每月担负的工序数，参考表 3-1 确定。

表 3-1   **生产类型和生产纲领的关系**

生产类型	生产纲领（台/年或件/年）			工作地每月担负的工序数（工序数/月）
	小型机械或轻型零件	中型机械或中型零件	重型机械或重型零件	
单件生产	≤100	≤10	≤5	不作规定
小批生产	>100～500	>10～150	>5～100	>20～40
中批生产	>500～5000	>150～500	>100～300	>10～20
大批生产	>5000～50000	>500～5000	>300～1000	>1～10
大量生产	>50000	>5000	>1000	1

注：小型机械、中型机械和重型机械可分别以缝纫机、机床（或柴油机）、轧钢机为代表。

根据上述划分生产类型的方法，可以发现，同一企业或车间可能同时存在几种生产类型。例如，汽车、拖拉机生产是大量生产，而它们的设备分厂和工具分厂则是单件和小批量生产。判断企业或车间的生产类型，应根据企业或车间中占主导地位的工艺过程的性质来确定。

国际生产工程研究协会（CIRP）曾对发达工业国家的生产类型进行过一次调查，其调查结果显示，无论是零件种类还是零件产值，单件和小批生产的零件都占多数。随着科学技术和生产技术的进步，产品更新换代的周期越来越短，产品的品种规格将会不断增加。因此，多品种、小批量生产在今后不仅不会减少，而且还有增长的趋势。而数控机床、柔性制造系统、成组技术的发展，为机械产品多品种、小批量生产的自动化开拓了广阔的前景。

3.1.3 各种生产类型的工艺特征

生产类型不同，产品和零件的制造工艺、设备及工艺装备技术经济效果也不相同。各种生产类型的工艺特征见表 3-2。

3.1.4 工艺规程及其作用

3.1.4.1 工艺规程的概念

规定零件制造工艺过程和操作方法等的工艺文件称为工艺规程（Procedure）。它是在具体生产条件下最合理或较合理的工艺过程和操作方法，并按规定的形式书写成工艺文件，经审批后用来指导生产的。

3.1.4.2　机械加工工艺规程的作用

正确的机械加工工艺规程是在总结长期的生产实践和科学实验的基础上，依据科学理论和必要的工艺试验而制订的，并通过生产过程的实践不断得到改进和完善。机械加工工艺规程的作用有如下三个方面。

1. 机械加工工艺规程是组织车间生产的主要技术文件

机械加工工艺规程是车间中一切从事生产的人员都要严格、认真贯彻执行的工艺技术文件，按照它组织和进行生产，就能做到各工序科学地衔接，实现优质、高产和低消耗。

表 3-2　　　　　　　　　　　　　　各种生产类型的工艺特征

特征性质	单件生产	成批生产	大量生产
1 生产方式特点	事先不能决定是否重复生产	周期性地批量生产	按一定节拍长期不变地生产某一、两种零件
2 零件的互换性	一般采用试配方法，很少具有互换性	大部分有互换性，少数采用试配法	具有完全互换性。高精度配合
3 毛坯制造方法及加工余量	木模手工造型，自由锻，精度低，余量大	部分用金属模、模锻，精度和加工余量中等	广泛采用金属模和机器造型、模锻及其他高生产率方法，精度高、余量小
4 设备及其布置方式	通用机床按种类和规格以"机群式"布置	采用部分通用机床和部分高生产率专用设备，按零件类别布置	广泛采用专用机床及自动机床并按流水线布置
5 夹具	多用标准附件，必要时用组合夹具，很少用专用夹具，靠画线及试切法达到精度	广泛采用专用夹具，部分用画线法达到精度	广泛采用高生产率夹具，靠调整法达到精度
6 刀具及量具	通用刀具及量具	较多用专用刀具及量具	广泛用高生产率刀具及量具
7 物流设备	叉车、行车、手推车等	叉车、各种输送机	各种输送机、搬运机器人、自动化立体仓库等
8 工艺文件	只要求有工艺过程卡片	要求有工艺过程卡片，关键工序有工序卡片	要求有详细完善的工艺文件，如工序卡片、调整卡片等
9 工艺定额	靠经验统计分析法制订	重要复杂零件用实际测定法制订	运用技术计算和实际测定法制订
10 对工人的技术要求	需要技术熟练的工人	需要一定技术熟练程度的工人	对工人技术要求较低，但对调整工技术要求高
11 生产率	高	中	低
12 成本	高	中	低
13 发展趋势	复杂零件采用加工中心	采用成组技术、数控机床或柔性制造系统	采用计算机控制的自动化制造系统

2. 机械加工工艺规程是生产准备和计划调度的主要依据

有了机械加工工艺规程，在产品投入生产之前就可以根据它进行一系列的准备工作，如原材料和毛坯的供应，机床的调整，专用工艺装备(如专用夹具、刀具和量具)的设计与制造，生产作业计划的编排，劳动力的组织，以及生产成本的核算等。有了机械加工工艺规程，就可以制订所生产产品的进度计划和相应的调度计划，使生产均衡、顺利地进行。

3. 机械加工工艺规程是新建成扩建工厂、车间的基本技术文件

在新建成扩建工厂、车间时，只有根据机械加工工艺规程和年生产纲领，才能准确确定生产所需机床的种类和数量，工厂或车间的面积，机床的平面布置，生产工人的工种、等级、数量，以及各辅助部门的安排等。

3.1.4.3 工艺规程的种类和格式

根据机械电子部标准 JB/Z338·5—88《工艺管理导则　工艺规程设计》中规定工艺规程的类型有：

1. 专用工艺规程

针对每一种产品零件设计的工艺规程。

2. 通用工艺规程

(1)典型工艺规程。为一组结构相似的零部件所设计的通用工艺规程。

(2)成组工艺规程。按成组技术原理将零件分类成组，针对每一组零件所设计的通用工艺规程。

(3)标准工艺规程。已纳入标准的工艺规程。

我们主要讨论机械加工专用工艺规程的制订。

机械电子部标准 JB/Z187·2—88《工艺文件的完整性》和 JB/Z187·3—88《工艺规程格式》中规定工艺规程的类型有：工艺方案、产品零部件工艺路线表、木模工艺卡片、砂型铸造工艺卡片、锻造工艺卡片、机械加工工艺过程卡、机械加工工序卡、热处理工艺卡片、装配工艺卡片、工艺附图、工艺守则、工艺总结和产品工艺文件目录等47种。

在实际生产中，并不要求各种文件样样齐全。根据生产实际情况(生产内容、产品复杂程度、生产规模等)适当选用，机械加工工艺规程中最常用的是机械加工工艺过程卡片和机械加工工序卡片。

机械加工工艺过程卡片(Process Sheet)是以工序为单位简要说明零部件机械加工过程的一种工艺文件。用于说明工序名称、排列顺序、工序内容、工艺参数、操作要求以及所用设备和工艺装备、工时定额等。

机械加工工序卡片(Operation Sheet)是在工艺过程卡的基础上，按每道工序所编制一种工艺文件。一般有工序简图并详细说明该工序每个工步的加工(或装配)的内容、工艺参数、操作以及所用设备和装备等。

3.1.4.4 工艺规程设计的主要原则

(1)必须使零件可靠地达到图纸规定的各项技术要求。

(2)要保证生产具有较高生产率，尽可能采用高效先进的工艺技术。

(3)要保证良好的经济性。在采用高效设备及工装时应与生产纲领相适应，要对不同

加工方案进行经济性比较。

(4)为适应多品种生产，除在小批和中批生产时应该采用成组技术外，还应采用具有柔性(生产对象和工艺过程改变时，具有灵活的适应性)的自动化加工方法及其相应的设备和系统。如中小批生产时的单机数控加工、柔性制造单元和柔性组合机床等，以及少品种、大批生产时用的柔性自动线(FTL)。

(5)要尽量减轻工人劳动强度，保障生产安全和创造良好的劳动条件。

(6)要考虑充分挖掘企业潜力，更新或改造现有生产条件，消除生产薄弱环节。

3.1.4.5 工艺规程设计的依据

(1)零件图和必要的装配图，有关技术条件及相关标准等。

(2)零件的生产纲领(年产量)和所属生产类型。

(3)毛坯图(毛坯选用型材时除外)。

通常由锻冶科或毛坯车间提出毛坯图。从毛坯图可以知道分型(模)面、毛边位置及拔模斜度等，以便正确地选择粗加工时的定位基准(必要时应由冷、热加工双方会商确定，并在毛坯图上标明)；从毛坯图还可知道毛坯精度和总余量。

为现有企业设计工艺规程时，必须很好了解并考虑充分利用一切已有的生产条件和技术革新的成果，适当选用必要的先进设备。对于订货生产(按用户提出的特殊要求组织生产)和存货生产(产品品种、规格由企业根据市场需要自行决定，以积储存货的办法来组织和调节生产)，两种不同生产类型，前者多为单件生产和中小批生产，后者多为大批、大量或中批生产，可据以考虑工艺规程的设计。

3.1.4.6 工艺规程设计的步骤

(1)分析零件图和部件装配图。通过分析，找出主要的加工表面和主要的技术要求。

(2)确定毛坯尺寸。对型钢毛坯件，确定毛坯尺寸(规格)和公差。

(3)工艺过程设计，也即拟定零件工艺路线。它包括确定零件加工时所用定位基准，确定零件各表面的加工方法，加工阶段的划分，工序的合理组合以及加工顺序的安排等。必要时应对不同的加工方案进行技术经济分析。

(4)详细设计工序。包括确定各工序所需设备及工艺装备，加工余量，工序尺寸、公差及技术要求，切削用量及时间定额，工序的检验方法及工序质量控制点。对数控加工应编制数控程序。

(5)填写工艺规程文件(根据生产类型及加工复杂程度，确定并填写有关工艺文件)。

3.2 零件工艺性分析及毛坯选择

3.2.1 零件工艺性分析

在制订零件机械加工工艺规程之前，首先应对零件进行工艺分析。零件工艺分析包括两方面内容：

1. 了解零件的各项技术要求

通过分析产品装配图和零件工作图，熟悉该产品的用途、性能及工作条件，明确被加工零件在产品中的位置和作用，找出主要技术要求和加工关键，为制订工艺方案打下基础。

2. 审查零件的结构工艺性

零件结构工艺性，是指所设计的零件在能满足使用要求的前提下制造的可行性和经济性。它包括零件的各个制造过程中的工艺性，有零件结构的铸造、锻造、冲压、焊接、热处理、切削加工工艺性等。由此可见，零件结构工艺性涉及面很广，具有综合性，必须全面综合地分析。在机械加工工艺规程制订时，主要进行零件切削加工工艺性分析。

在不同的生产类型和生产条件下，同样结构的制造可行性和经济性可能不同。因此，结构工艺性要根据具体的生产类型和生产条件来分析，它具有相对性。

3.2.2 零件结构工艺性

零件结构工艺性，可从零件的整体结构和零件的组成要素两方面来分析。

1. 零件整体结构的工艺性

从零件整体结构的工艺性分析，具体有以下几方面要求。

(1)零件三化(标准化、通用化和系列化)程度高，结构继承性好，尽可能采用标准件、通用件和相似件。这样有利于零件生产的准备，增大生产批量和组织生产。

(2)零件各项技术要求适当，尺寸、公差和表面粗糙度标注合理，有利于降低零件制造的难度和降低生产成本。

(3)零件要有足够的刚度以保证相应几何精度要求和减少装夹、切削时的变形，并可以采用较大的切削用量加工，以利于提高加工效率。

(4)零件上有便于装夹的基准面，必要时设置辅助基准，以使工件加工时装夹可靠。

(5)零件选择材料和毛坯制造方法合理有利于节省材料、减轻零件重量和减少机械加工工作量。

2. 零件要素的切削加工工艺性

零件要素是指组成零件的各加工面。各要素的工艺性会直接影响零件的工艺性。零件要素的切削加工工艺性归纳起来有以下几点要求。

(1)工件便于装夹和减少装夹次数(表3-3中：1、2、3、4、5)；

(2)减少刀具的调整与走刀次数(表3-3中6、7)；

(3)采用标准刀具，减少刀具种类(表3-3中8、9)；

(4)减少刀具切削空行程(表3-3中10)；

(5)避免内凹表面及内表面的加工(表3-3中11、12)；

(6)加工时便于进刀、退刀和测量(表3-3中13、14)；

(7)减少加工表面数和缩小加工表面面积(表3-3中15、16)；

(8)增强刀具刚度与提高刀具寿命(表3-3中17、18)；

(9)保证零件加工时有足够的刚度(表3-3中19)；

(10)合理采用组合件和组合表面(表3-3中20)。

表3-3列出常见的零件结构要素的工艺性实例，供分析时参考。

表 3-3 　　　　　　　　　　　　　　零件结构工艺性示例

序号	改进前	改进后	说明
1		 工艺凸台,加工后切除	为了装夹方便,在零件上设计了工艺凸台,工艺凸台可在精加工后切除
2			增加夹紧边缘或夹紧孔
3			改进后,不仅 a、b、c 处于同一平面上,而且还设计了两工艺凸台 g、h,其直径分别小于 e、f 孔,当孔钻通时,凸台自然脱落
4			箱体上同一轴线各孔,应都是通孔,无台阶;孔径向同一方向递减(也可以从两边向中间递减,端面在同一平面上
5			箱体中需要锪内端面时,要保证锪端面刀具通过
6			被加工表面尽量设计在同一平面上

序号	改进前	改进后	说明
7			锥度相同只需作一次调整
8			轴的键槽或沉割槽的形状与宽度尽量一致
9			箱体上的螺孔,应尽量一致或减少种类
10			改进后,在相同的有效进程内,可加工更多链轮,缩短了空程
11			加工阀杆的沟槽要比加工阀套内孔的沉割槽方便,槽间距的精度也容易保证
12			由于采用了轴套,箱体零件内端面不与齿轮端面直接接触,可以不加工
13			在套筒上插削键槽时,宜在键槽前端设置一孔或槽,以便让刀
14			留有较大的空间,以保证快速钻削的正常进行

序号	改进前	改进后	说明
15			将中间部位改为粗车，并尽量增加长度，以减少精车工作量
16			将孔的锪平面改为端面车削，可使加工表面个数大大减少
17			钻孔的入端和出端应避免斜面避免钻头单边切削，提高钻孔精度和生产率及避免损坏刀具
18			
19			对较大面积的薄壁、悬臂零件应增设加强筋
20			复杂型面改为组合件，方便加工，确保精度

3. 数控加工和特种加工对零件结构工艺性的影响

结构工艺性是一个相对概念，不同的生产条件和生产规模对同一零件的结构工艺性的评价是不相同的。随着制造技术的发展，特别是数控加工和特种加工的应用，对零件工艺评价发生了许多变化。

数控机床，特别是加工中心，具有功能多、柔性大的优点。能实现工序高度集中，在工件一次装夹中能完成多个工序、多个表面加工，而且加工精度高。原来被认为工艺性不好的零件，如有复杂曲线、曲面，或是有多个方向的孔和平面，或是位置精度要求很高的孔和平面的零件，在数控机床上加工并不困难。

特种加工，如电火花、线切割、激光、电解和电镀、超声波、电子束和离子束加工等，不是用刀具从工件上去除材料，而是利用电能、光能、声能和化学能等对工件进行加工。因而加工不受工件材料硬度、强度的影响，并且加工过程中无宏观机械力作用。在普通机械加工中难加工的材料，如淬火钢、钛合金、耐热合金、陶瓷等，采用特种加工时和普通材料并无很大差别；还有些刚度很差的零件，异形小孔和窄缝，复杂模具的型腔，在采用特种加工后也变得容易了。所以我们在评价零件切削加工工艺性时，把数控加工和特种加工的手段也要包括进去。

4. 零件结构工艺性的评定指标

上述结构工艺性的分析中，都是根据经验概括地提出一些要求，属于定性分析指标。有关部门正在探讨和研究评价结构工艺性的定量指标。如机械电子工业部指导性技术文件JB/Z338·3—88《工艺管理导则　产品结构工艺性审查》中推荐的部分主要指标项目有：

（1）加工精度系数 K_{ac} 　　$K_{ax} = \dfrac{产品（或零件）图样中标有公差要求的尺寸数}{产品（或零件）的尺寸总数}$

（2）结构继承性系数 K_s 　　$K_s = \dfrac{产品中借用件数+通用件数}{产品零件总数}$

（3）结构标准化系数 K_{st} 　　$K_{st} = \dfrac{产品中标准件数}{产品零件总数}$

（4）结构要素统一化系数 K_e 　　$K_e = \dfrac{产品中各零件所用同一结构要素数}{该结构要素的尺寸数}$

（5）材料利用系数 K_m 　　$K_m = \dfrac{产品净重}{该产品的材料消耗工艺定额}$

用定量指标来分析结构工艺性，这无疑是一个研究课题。

结构工艺性审查中发现的问题，工艺人员可提出修改意见，经设计人员同意，并通过一定的审批程序后由设计人员修改。

3.2.3　毛坯的选择

制订机械加工工艺规程时，必须选择毛坯，选择毛坯的种类及制造方法。毛坯的选择影响零件的机械性能和使用性能、零件加工过程、工序数量、材料消耗、加工工时，对零件工艺过程经济性有很大的影响，因此，选择毛坯种类和制造方法时应综合考虑机械加工成本和毛坯制造成本，以达到提高质量和效率，降低零件生产总成本的目的。

1. 毛坯的种类

（1）铸件。铸件材料可以是各种铸铁、铸钢、铸造青铜、黄铜、铝合金、镁合金、锌合金、钛合金和铸造轴承合金等。铸造可获得形状复杂的毛坯，如箱体、机座等。铸造的主要方法有：

砂型铸造　有手工造型和机器造型两种。前者铸出的毛坯精度低，生产效率也低，但该方法适应性强，主要应用于单件小批生产及复杂的大型零件的毛坯制造。机器造型的铸件质量较好，生产效率高，但设备投资大，适用成批或大量生产。

金属型铸造　铸件精度较高，组织致密，表面质量也较好，生产效率较高。该方法主要用于大批大量生产中小尺寸铸件，铸件材料多为有色金属（也可用于钢铁件），如内燃机活塞、水轮机叶片等。

离心铸造　主要用于空心回转体零件毛坯的生产，毛坯尺寸不能太大，如各种套筒、管件、滑动轴承等。离心铸造的铸件在远离中心的部位，其表面质量和精度都较高，但愈靠近回转中心组织愈疏松。该法生产效率高，适用于大批量生产。

熔模铸造　铸件尺寸精度高，表面粗糙度低，机械加工量小甚至可不加工，适用于各种生产类型、各种材料和形状复杂的中小铸件生产，如刀具、风动工具、自行车零件、泵的叶轮和叶片等。

压力铸造　铸件的尺寸精度较高，表面粗糙度低，生产率较高。主要用于中小尺寸的薄壁有色金属铸件，如喇叭、汽车化油器；以及电器、仪表和纺织机的零件的大量生产。铸件上的螺纹、文字、花纹图案等均可铸出。

（2）锻件。锻件主要是各种碳钢和合金钢，某些铝、铜、镁合金亦可制造锻件。锻件毛坯由于能获得金属纤维组织的连续性和均匀分布，从而可提高材料的强度，所以适用于作强度要求较高、形状比较简单的零件的毛坯。锻造方法可分为：

自由锻造　用于锻造形状简单的零件毛坯，锻件精度低，加工余量大，生产率低，适用于单件小批生产和大型锻件的制造。

模锻　模锻件的精度、表面质量及内部组织结构比自由锻造好，锻件的形状也可复杂些。模锻的生产率也较高，适用于产量较大的中小型锻件的制造。精密模锻（压力机上精锻、高速锤上精锻以及多向精密模锻）可使锻件质量进一步提高，但一般生产成本较高，在生产批量较大时经济上才是合算的。

（3）型材。型材的品种规格很多。常用的型材有断面为圆形、方形、长方形、六角形棒料，以及管材、板材、带材等。

型材有热轧和冷轧（冷拉、冷挤）两种。热轧型材分普通精度和较高精度两种。热轧型材尺寸精度较低，脱碳层深，弯曲变形大，常用于一般零件的加工。冷拉型材分高级的、正常的和自动机钢三种。冷拉型材尺寸精度高，机械性能好，价格较热轧贵，多用于毛坯精度要求高、批量较大的中小件生产，在自动车床或六角车床上加工较合适，主要用于轴类、盘类及标准件的生产。

（4）焊接件。将型钢或钢板焊接（熔化焊、接触焊、钎焊）成所需要的结构件，其优点是结构合理、重量轻，制造周期短，但焊接结构抗振性可能差一些，焊接的零件热变形大、内应力大，须经时效处理后再进行机械加工。

（5）冲压件。冲压件的精度较高，表面粗糙度较低，冲压的生产效率很高，适用于加工形状复杂、批量较大的板料零件。精冲零件精度更高，成形后常无须切削加工。

（6）冷挤压零件。可挤压的金属材料为各种钢以及有色金属（铜、铝及其合金）。冷挤压零件的精度很高，表面粗糙度低，适用于批量大、形状简单、尺寸较小的零件或半成品的加工，如各种标准件、活塞销、火花塞、锥齿轮等。

（7）粉末冶金件。以金属粉末为原料，用压制成型和高温烧结来制造金属制品与金属材料，主要有铜基粉末冶金和铁基粉末冶金件，其尺寸精度高，表面粗糙度低，成形后无需切削或少量切削，材料损失少，工艺设备较简单，适用于大批量生产。但金属粉末生产成本高，结构复杂的零件以及零件的薄壁、锐角等成形有一定困难。

2. 选择毛坯应考虑的因素

毛坯的形状和尺寸越接近成品零件，即毛坯精度越高，则零件的机械加工劳动量越少；材料利用率越高，因而机械加工的生产率提高，成本降低。但是，毛坯的制造费用却提高了。因此，确定毛坯要从机械加工和毛坯制造两方面综合考虑，以求得最佳效果。

确定毛坯包括选择毛坯类型及其制造方法。毛坯类型有铸、锻压、冲压、焊接、型材和粉末冶金件等。确定毛坯时要考虑下列因素：

(1)零件的材料及其力学性能。当零件的材料选定后，毛坯的类型就大致确定了。例如，材料是铸铁，就选铸造毛坯；材料是钢材，且力学性能要求高时，可选锻件；当力学性能要求较低时，可选型材或铸钢。

(2)零件的形状和尺寸。形状复杂的毛坯，常用铸造方法。薄壁零件，不可用砂型铸造；尺寸大的铸件宜用砂型铸造；中、小型零件可用较先进的铸造方法。常见的一般用途的钢质阶梯轴零件，如各台阶的直径相差不大，可用棒料；如各台阶的直径相差较大，宜用锻件；尺寸大的零件，因受设备限制一般用自由锻，中、小型零件可选模锻；形状复杂的钢件不宜用自由锻。

(3)生产类型。大量生产应选精度和生产率都比较高的毛坯制造方法，用于毛坯制造的昂贵费用可由材料消耗的减少和机械加工费用的降低来补偿。如铸件应采用机器造型或精密铸造；锻件应采用模锻等。单件小批生产则应采用木模手工造型或自由锻。

(4)生产条件。确定毛坯必须结合具体生产条件，如现场毛坯制造的实际水平和能力、外协的可能性等。如某厂生产大型水轮机的轴时采用了铸焊结构，中间轴用钢板卷成，两端法兰用铸钢件，然后将其焊成一个整体。

(5)充分考虑利用新工艺、新技术和新材料的可能性。为节约材料和能源，随着毛坯制造专业化生产的发展。目前毛坯制造方面的新工艺、新技术和新材料的发展很快。例如，精铸、精锻、冷轧、冷挤压、粉末冶金和工程塑料等在机械中的应用日益增加。应用这些方法后，可大大减少机械加工量，有时甚至可不再进行机械加工，其经济效果非常显著。

3.3 机械加工工艺过程设计

机械加工工艺规程设计一般可分两步，即工艺过程设计和工序设计。前者是零件加工总体方案设计，也就是拟定加工路线，后者是拟定各个工序的具体内容。工艺过程设计包括选择定位基准、选择零件表面加工方法、安排加工顺序和组合工序等。

3.3.1 定位基准的选择

工件在加工时，用以确定工件对于机床及刀具相对位置的表面，称为定位基准。最初工序中所用定位基准，是毛坯上未经加工的表面，称为粗基准。在其后各工序加工中所用定位基准是已加工的表面，称为精基准。

1. 精基准选择原则

(1)所选定位基准应便于定位、装夹和加工，要有足够的定位精度。

(2)当工件以某一组精基准定位，可以比较方便地加工其余多数表面时，宜在这些表面的粗、半精和精加工各工序中,采用这同一组基准来定位,这叫做基准统一原则。

(3)表面最后精加工需保证位置精度时,宜选设计基准为定位基准,这叫做基准重合原则。在用基准统一原则定位,而不能保证其位置精度的那些表面的精加工时,必须采用基准重合原则。

(4)当有的表面的精加工工序要求余量小而均匀(如导轨磨)时,可利用被加工表面本身作为定位基准,这叫做自为基准原则。此时的位置精度应由先行工序保证。

(5)为了加工表面间有高的位置精度和使其加工余量小而均匀时,可采取互为基准、反复加工的方法,这叫做互为基准的原则。例如磨齿时,先以齿面为基准磨内孔,然后再以内孔为基准磨齿面,既保证齿面余量均匀,又能保证齿和孔的同轴度。

2. 粗基准选择原则

(1)如果必须首先保证工件加工面与某不加工面之间的位置精度要求,则应以该不加工面为粗基准。

(2)为保证某重要表面的粗加工余量小而均匀,应选该表面为粗基准。

(3)为使毛坯上多个表面的加工余量相对较为均匀,应选能使其余毛坯面至所选粗基准的位置误差得到均分的这种毛面为粗基准。例如,长的阶梯轴的轴向粗基准,应选中间阶梯的端面。

(4)选用的粗基准应便于定位、装夹和加工,并使夹具结构简单。

粗基准选择时尚应注意,同一定位自由度方向的粗基准一般只能用一次;分型面、分模面、有浇冒口或锻造飞边的表面,不应选作粗基准;必要选用时,应在定位装夹时错开不平整之处。

3.3.2 零件的装夹和加工方法的选择

3.3.2.1 工件装夹方法

工件在加工前必须装夹在机床上或夹具中。装夹是工件在机床上或夹具中定位、夹紧的过程。工件的装夹是否正确、迅速、方便、可靠,将直接影响工件的加工质量、生产率、制造成本和操作安全,因此它是机械加工工艺所要研究的重要问题之一。

为了保证工件上各加工表面间的相对位置精度,工件定位时,必须使加工表面的设计基准相对机床的主轴或工作台的直线运动占据某一正确的方位,此即工件定位的基本要求。

实现工件定位基本要求的方法有三种。

1. 直接找正法

此法是用百分表、划针或目测在机床上直接找正工件,使其获得正确位置的一种方法。精度要求不高,可用划针找正,精度要求较高,则可用百分表找正。

2. 画线找正法

对于形状复杂的零件(如车床主轴箱),采用直接找正法会顾此失彼,这时就有必要按照零件图在毛坯上先画出中心线、对称线及各待加工表面的加工线,并检查它们与各不加工表面间尺寸和位置,然后按照画好的线找正工件在机床上的位置

由于画线找正法的生产率低,定位精度也低,因此这种方法只适用于生产批量较小,毛坯精度较低;以及大型工件等不宜使用夹具的加工情况中。

3. 采用夹具定位

此法是用夹具上的定位元件使工件获得正确位置的。夹具在机床上与刀具间正的相对位置已预先调整好，所以在加工一批工件时不必逐个找正定位，就能保证加工的技术要求。

采用夹具定位，工件定位迅速方便，定位精度也比较高，故广泛用于小型工件的成批和大量生产中。

3.3.2.2 表面加工方法选择

任何复杂的零件都是由简单的几何表面（如外圆、孔、平面等）组成的。根据这些表面的加工要求和零件的结构特点及材料性质等因素可选用相应的加工方法。选用加工方法时，还要考虑到现有加工方法的改进和发展，新加工方法的推广使用以及毛坯制造新技术发展等。

具有一定技术要求的加工表面，一般都不是只加工一次就能达到图纸要求的，对于精密零件的主要表面往往要通过几次加工才能逐步达到规定的精度，而达到同一精度要求所采用的加工方法也是多种多样的。在选择某一表面的加工方法时，一般总是首先选定它的最终加工方法，然后再逐一选定各有关前导工序的加工方法。

加工方法的选择要满足下述几个方面的原则：

(1) 所选加工方法的经济精度及表面粗糙度，要与零件加工表面的精度要求和表面粗糙度要求相适应。

经济加工精度是指在正常加工条件下（采用符合质量标准的设备、工艺装备和标准技术等级的工人、不延长加工时间）所能保证的加工精度。

(2) 所选加工方法要能确保加工面的几何形状精度和表面间相互位置精度的要求。有些加工方法如拉削、无心磨、珩磨、超精加工等，一般不能提高加工面的位置精度，而只能提高加工面的尺寸精度、形状精度及表面粗糙度的要求。

(3) 加工方法要与零件材料的可加工性相适应。例如，硬度很低而韧性较高的金属材料如有色金属及其合金一般不宜采用磨削方法加工，而淬火钢、耐热钢因硬度高则最好采用磨削方法加工。

(4) 加工方法要与生产类型相适应。大批大量生产时，应采用高效率的机床设备和先进的加工方法。例如，加工内孔和平面时可采用拉削；轴类零件加工可采用多刀半自动车床或液压仿型车床等。在单件小批生产中，多采用通用机床和常规加工方法。

(5) 加工方法要与企业现有生产条件相适应。选择加工方法，不能脱离本厂现有设备状况和工人技术水平，既要充分利用现有设备，也要注意不断地对原有设备和工艺进行技术改造，以适应生产的发展。

各类表面的加工方案、经济精度及适用范围见第一章相关内容。

3.3.3 工艺路线的拟订

1. 加工阶段划分

对加工质量要求较高的零件，其整个加工过程一般应划分为三个加工阶段：

(1) 粗加工阶段：主要是切除各加工表面上的大部分余量，加工所用精基准的精加工则应在本阶段的最初工序中完成。

（2）半精加工阶段：为各主要表面的精加工做好准备（达到一定的精度要求并留有精加工余量），并完成一些次要表面的加工（如小孔等的粗加工）。

（3）精加工阶段：使各主要表面达到规定的质量要求。

某些精密零件加工时还有精整（如超精磨、镜面磨、研磨、珩磨和超精加工等）或光整（如滚压、抛光等）加工阶段。某些余量特别大的毛坯（如大的自由锻件等），在粗加工前还增加一个荒加工（毛坯加工）阶段。

划分加工阶段的作用是：

（1）避免毛坯内应力重新分布而影响获得的加工精度。

（2）避免粗加工时较大的夹紧力和切削力所引起工件弹性变形和热变形对精加工的影响。

（3）粗精加工阶段分开，可较及时地发现毛坯的内在缺陷。

（4）可以合理使用机床，使精密机床能较长期地保持其精度。

（5）适应加工过程中安排热处理的需要。

加工阶段划分得太严格，会使生产组织管理复杂，生产周期延长，成本增高，因此应在确保加工质量前提下尽量不要把加工阶段划得太严格。例如，虽然加工质量要求较高，但毛坯刚性好、精度高的零件，就可以不划分加工阶段，特别是在应用加工中心加工时；对于加工要求不太高的大型、重型工件，也往往不划分加工阶段。

2. 工序的合理组合

确定加工方法以后，就要按生产类型、零件的结构特点和技术要求，机床设备等具体生产条件确定工艺过程的工序数。确定工序数有两种截然不同的原则，一种是工序集中原则，另一种是工序分散原则。工序集中原则就是使每个工序所包括的工作尽量多些，将许多工步组成一个复杂的工序，最大限度的工序集中形式就是在一个工序内完成工件所有面的加工。与工序集中相反，工序分散原则则是简化每一工序的工作内容而增加工序数目，最大限度的工序分散就是每个工序只包括一个工步。

按工序集中原则组织工艺过程的特点是：

（1）可减少工件在加工过程中的安装次数，缩减辅助时间，且容易保证一次安装中加工出的几个表面之间具有较高的相互位置精度。

（2）有利于采用高效专用机床和工艺装备，生产效率高；减少机床设备和夹具的使用数量，也相应地减少了操作工人数量和生产用地面积。

（3）简化了生产的计划和组织工作。

（4）当采用比较复杂的专用设备和工装时，生产准备工作量大，调整费时，对产品更新的适应性差。

按工序分散原则组织工艺过程的特点是：

（1）机床、刀具、夹具等结构简单，调整方便。

（2）生产准备工作量小，改变生产对象容易，生产适应性好。

（3）可以选用最有利的切削用量。

（4）工序数目多，设备数量多，相应地增加了操作工人人数和生产面积。

批量小时往往采用在通用机床上工序集中的原则，批量大时既可按工序分散原则组织流水生产，也可利用高生产率的专用设备按工序集中原则组织生产。从生产技术的发展趋势来看，采用工序集中较为有利。

数控机床、加工中心可使多品种、小批量生产的工序高度集中，而生产准备时间减少，十分有利于产品对象转换，并能获得很高的加工质量和生产率，是机械加工自动化的主要发展方向。

3. 加工顺序的安排

零件机械加工顺序的排列，一般应遵循以下原则：

(1)基准先行。选作精基准的表面应安排在工艺过程一开始就进行加工，以便为后续工序的加工提供精基准。

(2)先粗后精。即各表面的加工顺序按照粗加工—半精加工—精加工—精整加工的过程依次排列，逐步提高零件的精度和减小表面粗糙度值。

(3)先主后次。精度要求较高的主要表面的粗加工，一般应安排在次要表面的粗加工之前，这样可有利于及时发现毛坯内在缺陷。较大的表面加工时内应力重新分布及热变形等对整个工件的影响较大，因此也应先加工。而一些次要表面，由于其加工面小，又和主要面有位置精度要求，一般都应安排在主要表面达到一定精度之后，但又应在主要表面最后精加工之前加工。此外，还要合理地安排热处理工序和辅助工序在工艺路线中的位置。

(4)先面后孔。对于箱体、机体、支架类工件，应先加工平面后加工孔。因为先加工好平面后，就能以平面定位，定位稳定可靠，有利于保证平面和孔的位置精度，并使孔加工刀具切入时条件改善。

4. 热处理和表面处理的安排

热处理工序在工艺过程中的安排是否恰当，是影响零件加工质量和材料使用性能的重要因素。热处理的方法、次数和在工艺过程中的位置，应根据零件材料和热处理的目的而定。

(1)退火与正火。为了得到较好的表面质量、减少刀具磨损，需要对毛坯预先进行热处理，以消除组织的不均匀，降低硬度、细化晶粒，提高切削加工性。对高碳钢零件用退火降低其硬度，对低碳钢零件用正火的办法提高其硬度；对锻造毛坯通常也进行正火处理。退火、正火等，一般应安排在机械加工之前进行。

(2)时效。为了消除残余应力应进行时效处理(其中包括人工时效和自然时效)。对于尺寸大、结构复杂的铸件，需在粗加工之前进行一次时效处理，以消除铸造残余应力；粗加工之后、精加工之前还要安排一次时效处理，以保证粗加工后所获得的精度稳定。对于一般铸件，只需在粗加工后进行一次时效处理即可，或者在铸造毛坯以后安排一次时效处理；对于精度要求高的铸件，在加工过程中需进行两次时效处理，即粗加工后，半精加工前以及半精加工之后，精加工前，均需安排时效处理。例如坐标镗床箱体的工路线中即安排两次人工时效：

铸造→退火→粗加工→人工时效→半精加工→人工时效→精加工。

对于精度高、刚性差零件，如精密丝杠(6级精度)的加工，一般安排三次时效处理，分别在粗车毛坯后、粗磨螺纹后、半精磨螺纹后。

(3)淬火。淬火可以提高材料的机械性能(硬度和强度)。淬火后尚需低温回火以消除应力和稳定组织。由于工件淬火后的很高的硬度且产生较大的变形，因此，淬火工序一般安排在精加工阶段的磨削加工之前进行。

（4）调质。调质可以提高材料的综合机械性能（合适的强度和韧性），调质的硬度不高，可以进行切削加工，通常安排在粗加工后进行，也有安排在粗加工前的。

（5）渗碳、渗氮。由于渗碳的温度高，容易产生变形，因此一般渗碳工序安排在精加工之前进行。

氮化处理是为了提高零件表面硬度和抗腐蚀性，氮化层较薄，一般安排在工艺过程的后部、该表面精磨之前。氮化处理前应调质。

工艺过程中的热处理的安排如图 3-2 所示。

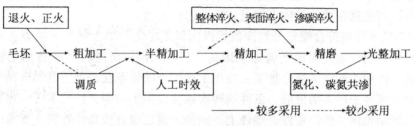

图 3-2　热处理在工艺过程中的安排

（6）表面处理。为了提高零件的抗腐蚀能力、耐磨性、耐高温能力和导电率等，一般都采用表面处理的方法。例如，在零件的表面镀上一层金属镀层（如锌、铜、铬、镍、银、金、钯等）或使零件表面形成一层氧化膜（如钢的发蓝、铝合金的阳极化和镁合金的氧化等）。表面处理工序一般均安排在工过程的最后进行。

5. 辅助工序的安排

辅助工序种类很多；包括中间检验、清洗、防锈、特种检验和表面处理等。

（1）检验。检验工序一般安排在粗加工全部结束之后，精加工之前；送往外车间加工的前后（特别是热处理前后），工时长的工序和重要工序的前后，以便及时控制质量，避免浪费工时。

（2）特种检验。X 射线、超声波探伤等多用于工件材料内部质量或焊缝的检验，一般安排在工过程的开始或焊接后。荧光检验、磁力探伤主要用于工件表面质量的检验，通常安排在精加工阶段。如果荧光检验用于检查毛坯的裂纹，则安排在加工前进行。

（3）清洗、防锈。零件在热处理前、精密加工前或者组装前、成品入库前，一般要安排清洗工序。

钢铁零件在完工后不立即进入装配的，在清洗后应进行防锈处理。周转期长的零件，还应进行工序间防锈处理。

3.3.4　数控机床加工工艺设计

数控加工通过软件（零件加工程序）控制机床进行加工，其柔性好、自动化程度高。在编制数控加工工艺时，既要遵循普通加工工艺的基本原则和方法，又要结合数控加工本身的特点和零件编程的要求。

3.3.4.1　数控机床加工零件的合理选择

为了发挥数控机床最大的经济效益，选择用数控机床加工的零件时可考虑以下因素：

(1)重复性投产的零件。使用数控机床的工序准备工时占有较高的比例。例如,工艺分析准备、编制程序、零件首件调整试切等,这些综合工时的总和往往比零件单件加工工时多得多,但这些工作内容(如专用工夹具、工艺文件、程序等)都可以保存起来反复使用,所以一种零件在数控机床上试制成功再重复投产时,生产周期大大减少,能取得更好的经济效益。

(2)要求重点保证加工质量又能高效生产的中小批量关键零件。数控机床能在计算机控制下实现高精度、高质量、高效率的机械加工。它比专用机床加工能节省许多专用工艺装备,企业的新产品在试制周期中,普通机床因缺少专用工艺装备而无法加工或精度不易保证的零件特别适宜在数控机床上加工。

(3)加工的零件应符合能充分发挥数控机床多工序集中加工的工艺特点。数控机床加工零件时刀具切削情况与对应的普通机床是一样的,但它可进行一些有加工精度要求的铣、镗、钻、铰和攻螺纹等复合加工,应用工序集中的特点及采用刀具的自动交换来获取高的生产率。那些工序多而分散,工件周转次数多而加工周期又长的零件,如孔、槽等加工部位多的复杂箱体、机体零件,零件上不同加工面之间有较高位置精度要求,更换机床加工很难保证加各工面之间位置精度要求的零件,适宜在加工中心上加工。

(4)零件加工内容限制。零件形状、外形尺寸大小应与机床工作台和行程大小相适应,所用刀具尺寸一般不要大于自动刀具交换装置(ATC)允许的最大尺寸,否则就要插入手工换刀或采用代用工艺方法。

(5)零件综合加工能力的平衡。作为单台数控机床它很难完成一个零件的全部加工内容,需要和其他设备的加工工序转接配合,因而有生产节拍和车间生产能力平衡的要求。所以要考虑充分发挥数控机床加工特点,又要合理地在别的加工设备上安排配套平衡工序。

(6)一些特殊零件加工的考虑。有一些零件虽然加工批量很小,甚至是单件的,但形状复杂、质量高,要求互换性好,这在非数控机床上无法达到上述要求,只能安排到数控机床上加工,如凸轮、链轮、模具及特殊型面的反射镜镜面,特别是具有按数学规律定义的复杂轮廓型面的工件。在普通机床上加工效率低,成本高,甚至无法加工的零件,适宜在数控机床上加工。

3.3.4.2 数控机床加工工艺设计

在数控机床上加工零件时,保证加工质量的关键是进行合理的工艺设计和解决好零件的加工程序编制。数控机床加工工艺设计的内容一般包括:根据零件图纸技术要求进行综合工艺分析,明确加工要求,确定加工方案,选择合适的数控机床,提出夹具设计任务书,选择刀具,确定合理的对刀点、刀具路径及切削用量等。数控机床加工工艺方案的确定应考虑下述问题:

1. 毛坯精化和材质均匀性要求

由于数控机床的工时费远远高于非数控机床,因此在毛坯上只能留下必要的最少余量,一些余量不均匀的铸锻件必要时应考虑在粗加工机床上预先粗加工。铸锻件一般要经过人工时效处理,消除工件内应力,以减少在多工序集中加工后的零件变形。

2. 加工方法的选择

对于孔、圆柱面、平面等表面,其加工方法的选择与采用普通机床加工时的选择原则基本一样。此外，加工中心的加工方法还有其自身特点。

（1）由于数控机床本身精度高、刚性好、又有闭环、半闭环控制系统和误差补偿系统，提高了定位精度，因此采用同样的加工方法，用加工中心可获得较普通机床更高的精度。

（2）由于加工中心有直线插补、圆弧插补和刀具偏置等功能，可利用立铣刀的侧刃进行平面和曲面加工，一些原来镗削加工的情况，如环槽、大直径孔等，也可采用铣削方法完成。

（3）加工中心加工孔时，所用夹具一般均无导向装置，刀具悬臂加工。为保证加工孔的位置精度，应选择刚性好的刀具和辅具。钻孔前常常先用扁钻或中心钻钻一个锥坑或钻一中心孔，作为钻头切入时的定位面，然后再用钻头钻孔。镗孔时，应采用对称的两刃、多刃的镗刀头浮动镗刀，以平衡径向力，减轻镗削振动。精镗宜采用微调镗刀。

（4）数控加工时，应选用切削性能好、精度高的刀具。刀具寿命至少应大于加工完一个零件或最少不低于半个班。

（5）数控加工的切削用量选择原则与普通加工相同，但轮廓加工中，应考虑由于惯性或伺服系统的随动误差而造成轮廓拐角处的“超程”或“欠程”。为此，要选择变化的进给量，即在接近拐角处应适当降低进给量，过拐角后再逐渐升高，以保证加工精度。

（6）充分发挥数控机床强力高速的潜能，应尽可能使用较大的切削用量。在满足加工精度的前提下，粗加工提高单位时间材料切除量，精加工提高切削速度。若采用的机床是单轴加工但主轴电机功率和机床刚度又有很大潜力，零件投产批量较大，可以采用多刀多刃的复合加工刀具，或采用小型多轴箱复合加工工艺方案，以进一步提高整机加工效率。

3.3.4.3 合理安排工序顺序

在多工序集中加工的方案中，对各工序内容和顺序应有合理的安排。考虑原则如下：

（1）决定零件在数控机床上加工的内容应与它的前后工序相联系，即确定采用的零件毛坯在进入本机床前加工的基面、基准孔，要留的加工余量以及以后的工序内容等。

（2）凡是用普通机床加工比数控机床更合适、更经济的工序，就应安排在普通机床上加工。

（3）在机床上一次装夹零件完成多少工序内容应慎重考虑，需要与零件最终加工精度要求、热处理要求、刀具、夹具等因素作综合平衡。实际一些复杂零件由于加工中产生热变形、内应力、零件夹紧变形、加工精度等工艺因素及程编操作因素，加工很难一次全面完成，可以考虑分为两次或多次进行。

（4）每一个加工程序中工序间的工艺安排应采取先粗后精的原则。先进行粗加工以去除毛坯上大部分加工余量，然后安排一些发热量小、加工要求不高的工艺内容（如钻小孔、攻紧固螺纹等），使工件在精加工前有较充分的冷却和时效，最后再安排精加工。

（5）加工顺序的安排除了应按照先面后孔、由粗渐精等基本工艺原则安排加工顺序外，还要按照以下原则应考虑每个工序中走刀路径的合理性。

①对于在加工中心上换刀时间远短于工作台转位时间时，应采用相同工位集中加工的原则，即尽可能在不转动工作台的情况下加工完毕所有可以加工的待加工表面，然后再转动工作台去加工其他表面；对于换刀时间较工作台转位时间长时，在不影响精度前提下，为了减少换刀次数和时间，可以按刀具集中工序，即用同一把刀具加工完工件上所有需用

该刀具加工的各个部位后，再换下一把刀具进行加工。

②对于同轴度要求很高的孔系，应该在同一工位下，通过顺序连续换刀，顺序连续加工完该孔系的全部孔后，再加工其他坐标位置的孔，以提高孔系的同轴度。若因孔距太长而无法同时加工时，则应在一个工位加工完一孔后，立即转动工作台位置去加工有同轴度要求的另一孔，利用加工中心的转位精度来保证同轴度要求。

3.3.4.4　工件装夹

工件定位基准的选择及工件在工作台上位置的确定除与普通机床加工一样，遵循"基准统一"和"基准重合"等原则外，还应考虑以下几点：

（1）柔性自动化加工中工件装夹次数应尽量少。因此，要求在一次装夹中尽可能多地完成各个工序工步。为此，要考虑便于各个表面加工的定位方式。如对于箱体类零件，最好采用一面两销的定位方式，也可采用某侧面为导向基准，待工件夹紧后将导向定位元件拆去的方式，以满足箱体前后左右各个面的加工需要。因工件一次装夹可完成各个表面的加工，避免了多次装夹带来的重复定位误差，也可直接选用毛坯面做定位基准，只是这时毛坯制造精度要求较高。

（2）必须协调工件、夹具和机床坐标系之间的尺寸关系。

工件在工作台上的位置确定要考虑到各个工位的加工，要考虑刀具长度及刚度对加工质量的影响。例如，进行四工位加工，应将工件放置在工作台中央；单工位加工则将工件靠工作台一侧放置；相邻两工位的加工，则将工件靠工作台一角安置，减少刀具长度以提高刚度。

（3）为了简化定位安装、编程和对刀，必须协调工件、夹具、托板和机床坐标系之间的尺寸关系。

3.3.4.5　大流量切削液冷却工件方式

为避免多工序集中加工使工件发热变形影响加工精度，提高刀具寿命及加工表面质量，在新一代数控机床上都采取了大流量切削液冲刷工件和冷却刀具的工艺措施，部分深孔加工还可使用内冷却方式，这样使被加工零件浸泡在接近室温的冷却液中，切削中产生的大量热量被冷却液带走。

此外，编制数控加工工艺时，还要考虑合理地确定刀具路线、对刀点及换刀点等问题。

3.3.5　工艺过程技术经济分析和优化

3.3.5.1　工艺方案技术经济分析

1. 工艺方案的评价准则

零部件的加工，在保证技术要求的前提下，通常可拟定不同的工艺方案。不同的工艺方案所取得的效果不尽相同。为此，应对方案进行技术经济分析，以获得最优工艺方案。

不同的工艺方案通常是在保证一定数量、质量和生产周期的前提下制定的。因而评价不同工艺方案的技术经济效果时，主要是比较下述经济指标：

（1）成本指标。通常只考虑与工艺方案有关的生产费用，即工艺成本。

（2）资金指标。为实现某一方案时所需的一次性资金，包括固定资金与流动资金。

在同时采用上述两项指标评价不同工艺方案时可能出现矛盾的情况，即某一方案的成本指标低，但投资指标高。此时常需计算下面的反映相对经济效果的指标。

（3）追加投资回收期。计算公式如下：

$$T_i = \frac{I_1 - I_2}{C_2 - C_1} \tag{3-1}$$

式中：T_i——追加投资回收期，年；

I_1，I_2——两种方案投资总额（$I_1 > I_2$），元；

C_1，C_2——两种方案的年工艺成本，元。

除通常采用上述三项指标评价不同工艺方案的技术经济效果外，有时还采用劳动生产率、资金利用率、材料利用率、设备利用率等评价指标作为参考。

2. 工艺成本

工艺成本是指与工艺过程有关的生产费用，一般占总成本的 70% ~ 80%。产品或零部件的年度工艺成本计算公式为

$$C = VN + F \tag{3-2}$$

式中：C——年度工艺成本，元/年；

N——产品或零部件的年产量，件/年；

V——可变费用，元/件；

F——不变费用，元/年。

可变费用包括材料费、机床工人工资费、机床动力费、通用机床与通用工装的维护折旧费等，不变费用包括专用机床与专用工装维护折旧费以及设备与工装的调整费等。

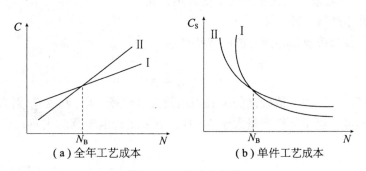

图3-3　工艺成本比较

当两种或两种以上工艺方案投资相近或均采用现有设备和工装时，可比较不同方案的工艺成本。若年产量 N 为一定数时，可根据式（3-2）计算工艺成本，并据以决定取舍。若年产量 N 为一变数时，可根据式（3-2）计算并作出图形进行比较，见图3-3。当 $N < N_B$ 时，宜采用方案 Ⅱ；当 $N > N_B$ 时，应采用方案 Ⅰ；图中 C 表示年度工艺成本，C_s 表示单件工艺成本，N_B 称为对比方案的临界年产量。

当两种工艺方案投资差额较大时，应计算追加投资回收期，并参考标准回收期（见表3-4），以决定取舍。

3.3.5.2　采用工艺装备的技术经济分析

采用投资较大的工艺装备时应进行技术经济分析，下面以夹具为例进行说明。

（1）采用夹具减少的单位零件工时。

$$\Delta t = \frac{\sum_{i=1}^{m} (t_{i1} - t_{i2})}{M_s}$$

式中：t_{i1} t_{i2}——采用夹具前、后零件 i 工序所需工时数（h）；

m——零件工艺过程工序数；

M_s——零件工艺过程所用夹具总数。

（2）采用夹具节约的制造单位零件基本生产工人的工资额。

$$\Delta P = \frac{\sum_{i=1}^{m} (t_{i1}P_{i1} - t_{i2}P_{i2})}{M_s}$$

式中：P_{i1} P_{i2}——采用夹具前、后，i 工序的工资率。

（3）在考虑一定比例间接费用时，采用夹具的节约额。

$$\Delta C = (1 + \delta)\Delta P$$

式中：δ——间接费用占基本生产工人工资的分摊率。

（4）采用夹具获得节约额的条件。

$$C_L < \Delta CN$$

式中：C_L——与采用夹具有关的年度费用，元／年；

N——零件年产量，件／年。

（5）两种夹具经济效果相同时的临界年产量。

$$N_C = \frac{C_{I2} - C_{L1}}{\Delta C_2 - \Delta C_1}$$

式中：C_{I2} 和 ΔC_{I2} 分别为价值较高的夹具费用及其节约额，C_{L1} 和 ΔC_1 则为价值较低的夹具费用及其节约额。当实际年产量大于 N_C 时，应采用价值较高的夹具；否则应采用价值较低的夹具。

表 3-4 投资回收期参考标准

行业	投资回收期
重型机械与造船业	7 年左右
机床、工具	4～7 年
汽车、拖拉机	5 年左右
轴承、仪表	3 年左右
一般电气设备	4 年左右
轻工产品	2～3 年

3.3.5.3 工艺路线优化

当零件加工存在多种工艺路线时，除了可以采用前述方法比较工艺成本及分析追加投资回收期外，也可采用动态规划法或网络法对工艺路线进行优化。

图 3-4 所示为最佳工艺路线分析网络图示例。图中箭线表示具有一定工作内容和时间或成本（括号内数字表示时间）的工序。从代表毛坯的起始节点 1 到代表成品的终点 9 之间顺序排列的箭线，即表示从开始加工坯料到制成成品的各种工艺路线。工艺路线优化就是从上述各工艺路线中选择一条工时或成本为最小的路

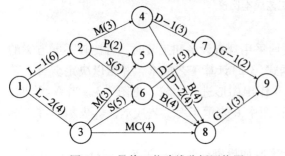

图 3-4 最佳工艺路线分析网络图

线。当工序数目或工艺路线数目较少时，可采用穷举方法计算各种可能路线的总时间（或总工艺成本），然后选择一条工时（或成本）为最小的路线。在本例中，可用任一种方法求出最佳工艺路线，即：①→③→⑧→⑨。（图中各工序说明：L—车削，M—铣削，S—牛头刨，P—龙门刨，D—钻削，B—镗削，MC—加工中心机床加工，G—磨削。）当工艺路线包括很多箭线时，采用穷举方法需要进行大量的计算工作，有些甚至是不可能的。此时可采用动态规划法或网络法求解。

3.4　工　序　设　计

设计零件的工艺过程以后，就要进行工序设计，确定各个工序的具体内容。工序设计的内容是为每一工序选择机床和工艺装备、确定加工余量、工序尺寸和公差，确定切削用量、工时定额及工人技术等级等。

3.4.1　机床和工艺装备的选择

3.4.1.1　机床的选择
选择机床应遵循如下原则：
（1）机床的加工范围应与零件的外廓尺寸相适应；
（2）机床的精度应与工序加工要求的精度相适应；
（3）机床的生产率应与零件的生产类型相适应。

3.4.1.2　工艺装备的选择
工艺装备包括夹具、刀具和量具，其选择原则如下。

1. 夹具的选择

在单件、小批生产中，应尽量选用通用夹具和组合夹具。在大批大量生产中，则应根据工序加工要求设计制造专用夹具。

2. 刀具的选择

刀具的选择主要取决于工序所采用的加工方法；加工表面的尺寸、工件材料、所要求的精度和表面粗糙度、生产率及经济性等，在选择时一般应尽可能采用标准刀具，必要时可采用高生产率的复合刀具和其他专用刀具。

3. 量具的选择

量具的选择主要是根据要求检验的精度和生产类型，量具的精度必须与加工精度相适应。在单件小批生产中，应尽量采用通用量具、量仪，而在大批大量生产中，则应采用各种量规和高生产率的检验仪器（气动、电动量仪等）和检验夹具等。

3.4.2　加工余量及工序尺寸的确定

零件在机械加工工艺过程中，各个加工表面本身的尺寸及各个加工表面相互之间的距离尺寸和位置关系，在每一道工序中是不相同的，它们随着工艺过程的进行而不断改变，一直到工艺过程结束，达到图纸上所规定的要求。在工艺过程中，某工序加工应达到的尺寸称为工序尺寸。工序尺寸的正确确定不仅和零件图上的设计尺寸有关系，还与各工序的工序余量有关系。

3.4.2.1　确定加工余量

1. 加工余量的概念

加工余量(Machining Allowances)是指在加工过程中,从被加工表面上切除的金属层厚度。加工余量分工序余量和加工总余量(毛坯余量)两种。相邻两工序的工序尺寸之差称为工序余量。毛坯尺寸与零件图的设计尺寸之差称为加工总余量(毛坯余量),其值等于各工序的工序余量总和。

由于加工表面的形状不同,加工余量又可分为单边余量和双边余量两种。如平面加工,加工余量为单边余量,即实际切除的金属层厚度等于加工余量。又如轴和孔的回转面加工,加工余量为双边余量,实际切除的金属层厚度为加工余量的一半。

为了便于加工和计算,工序尺寸一般按"入体原则"标注极限偏差。对于外表面的工序尺寸取上偏差为零,而对于内表面的工序尺寸取下偏差为零。

2. 影响加工余量的因素

影响加工余量的因素(参见图3-5)包括:

(1) 上工序留下的微观不平度和缺陷层深度。

(2) 上工序的尺寸公差。

(3) 待加工表面与本工序定位基准之间的位置和尺寸误差。对于某些内孔和平面加工,这一部分是影响工序余量大小的主要因素。当以加工表面本身为定位基准(如用浮动镗刀镗孔)时,这一位置和尺寸误差不应计入余量因素中。

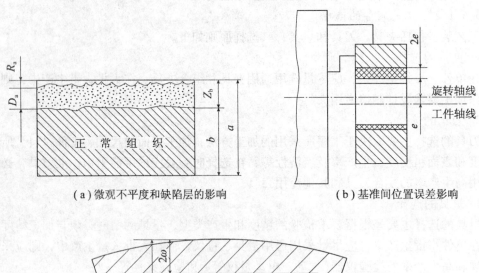

(a) 微观不平度和缺陷层的影响　　　　　　　　(b) 基准间位置误差影响

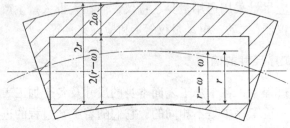

(c) 热处理变形影响

图3-5　影响加工余量的因素

（4）热处理所产生的变形。

（5）本工序已加工表面对定位基准的位置和尺寸误差。以加工表面本身为定位基准时，则不需考虑这项误差。

3. 确定加工余量的方法

加工余量的大小，对零件的加工质量和生产率以及经济性均有较大的影响。余量过大将增加金属材料、动力、刀具和劳动量的消耗，并使切削力、切削热增大而引起工件的变形较大。反之，余量过小则因切削厚度不足或打滑不能保证零件的加工质量。确定加工余量的基本原则是在保证加工质量的前提下尽量减少加工余量。目前，工厂中确定加工余量的方法一般有下列三种。

（1）查表法。

确定总余量和工序余量时，可分别查阅有关切削手册或工艺手册，并结合工厂的实际情况进行适当修改后确定。以工序余量为例，如实际加工时的上工序所用加工方法不同于手册中所标明的加工方法，且其公差值大得较多时，应将其数值增加到查得的余量值中；特别是待加工表面与本工序定位基准之间的位置误差大于手册包含的相应误差时，应作相应修正。目前，国内广泛采用查表法。

（2）经验估计法。

根据实际经验确定加工余量，这与设计者经验有关。一般情况，为防止因余量过小而产生废品，经验估计的数值往往是偏大。经验估计法常用于单件小批生产。

（3）分析计算法。

根据有关的加工余量计算公式和一定的试验资料，对影响加工余量的各项因素进行分析，并计算确定加工余量。这种方法比较合理，但必须有比较全面和可靠的试验资料。

加工余量的基本公式为

$$Z_b = T_a + Ra + D_a + \mid \rho_a + \varepsilon_b \mid （单边余量时）$$
$$2Z_b = T_a + 2(Ra + D_a) + 2 \mid \rho_a + \varepsilon_b \mid （双边余量时）$$

式中：Z_b—— 基本余量；

T_a—— 上工序的尺寸公差；

Ra—— 表面粗糙度；

D_a—— 缺陷层深度；

ρ_a—— 不由尺寸公差控制的形位误差；

ε_b—— 装夹误差。

在确定加工余量时，要分别确定加工总余量（毛坯余量）和工序余量。加工总余量的大小与所选择的毛坯制造精度有关。用查表法确定余量时，粗加工工序余量不能用查表法得到，而应由总余量减去后续半精加工和精加工余量之和而求得。

3.4.2.2　确定工序尺寸及其公差

工件上的设计尺寸及其公差是经过各加工工序后得到的。每道工序的工序尺寸都不相同，它们是逐步向设计尺寸接近的。为了最终保证工件的设计要求，需要规定各工序的工序尺寸及其公差。

工序余量确定之后，即可计算工序尺寸及其公差。工序尺寸公差的确定，则要依据定位基准与设计基准是否重合，采取不同的计算方法。

（1）基准重合时，工序尺寸及其公差的计算。

这是指工序基准或定位基准与设计基准重合，表面多次加工时，工序尺寸及其公差的计算。工件上外圆和孔的多工序加工都属于这种情况。此时，工序尺寸计算顺序是：先确定各工序余量的基本尺寸，再由后往前，逐个工序推算，即由工件上的设计尺寸开始，由最后一道工序开始向前工序推算，直到毛坯尺寸。工序尺寸的公差则都按各工序的经济精度确定，并按"入体原则"确定上、下偏差。

【例】加工某一钢件上的孔，设计尺寸为 $\phi 72_0^{+0.03}$ mm，表面粗糙度 Ra 为 0.4μm。现经过粗镗、半精镗、精镗、粗磨和精磨五道工序，试计算各工序尺寸和公差。

查表确定各工序的余量（双边余量）及总余量，计算各工序的基本尺寸，各工序的尺寸公差按加工方法的经济精度确定，并按入体原则标注工序尺寸，见表3-5：

表3-5 工序尺寸计算

	工序名称	经济精度（IT）	工序基本余量 /mm	工序尺寸 /mm
1	精磨	按零件图	0.2	$\phi 72_0^{+0.03}$
2	粗磨	8	0.3	$\phi 71.8_0^{+0.045}$
3	精镗	9	1.5	$\phi 71.5_0^{+0.074}$
4	半精镗	10	2.0	$\phi 70_0^{+0.12}$
5	粗镗	12	4.0	$\phi 68_0^{+0.30}$
毛坯		（毛坯公差 ±1mm）	8.0	$\phi 64 \pm 1$

（2）基准不重合时，工序尺寸及其公差的计算。

轴类、套筒等零件的轴向表面在加工时有基准转换的较复杂情况，需先规定一个最小余量值，并将余量作为封闭环，用解工艺尺寸链方法求算出各轴向表面的工序余量和工序尺寸（详见3.5.4小节工艺尺寸链的应用和解算方法）。

3.4.3　切削用量的制订

制订切削用量就是确定背吃刀量、进给量和切削速度。选择切削用量的原则是充分利用刀具和机床的性能，在保证加工质量的前提下，获得高的生产率和低的成本。

切削用量三要素对切削加工生产率、加工质量和刀具寿命都有很大的影响。应根据工件材料的机械性能（主要是硬度和强度）、加工质量要求、刀具材料和切削条件来确定切削用量。选择顺序一般是：背吃刀量 — 进给量 — 切削速度。

背吃刀量根据加工余量确定。粗加工时一次走刀尽可能切除全部余量。如果加工余量太大或余量极不均匀，或是工艺系统刚性不足，或是断续切削的情况，可以分两次走刀，此时也应将第一次走刀的背吃刀量尽量取大些，第二次走刀的背吃刀量可取加工余量的1/3 ~ 1/4。精加工时背吃刀量尽量取小些（但不能小于该方法允许的最小切削层厚度），以减少精加工时的切削力和切削热。

进给量的选择在粗加工时主要考虑机床进给机构的强度、刀杆的强度和刚度、硬质合金或陶瓷刀片的强度和工件的刚度等因素；而在精加工时则按工件表面粗糙度要求及影响因素来选择进给量。

在背吃刀量和进给量选定的条件下，可以查表或按刀具寿命的公式计算切削速度。

3.4.4　时间定额的估算

在一定生产条件下，规定完成一件产品或完成一道工序所消耗的时间称为时间定额。合理的时间定额能调动工人劳动积极性，促进工人不断提高技术水平，从而不断提高生产率。时间定额是安排生产计划、成本核算的主要依据；在扩建、新建工厂时又是计算设备数量、布置车间、计算工人数量的依据。

单件工时额 T_d 由下列部分组成：

$$T_d = \frac{T_j + T_f + T_w + T_x + T_z}{K}$$

式中：T_f——辅助时间，为实现工艺过程所必须进行的各种辅助动作所消耗的时间，如装卸工件、操作机床、测量、改变切削用量等。辅助时间可从有关手册的表中查取，也可按 $T_f = (0.15 \sim 0.2)T_j$ 估算。

T_w——工作地点的服务时间，如调整和更换刀具、修砂轮、润滑、擦拭机床，清除切屑等。一般可按 $(0.02 \sim 0.07)T_j$ 计算。

T_x——休息和自然需要时间，可按 $0.02(T_j + T_f)$ 计算。

T_z——准备终结时间，成批生产时，每加工一批零件之前工人要熟悉工艺文件、领取毛坯、领取和安装工艺装备、调整机床等，加工终了时拆下和归还工装、送成品等。在大批量生产中，每个工作地点长期固定完成一道工序内容，故单件定额中不计入 T_z。

T_j——基本时间，对机床加工工序来说，就是机动时间，它是直接改变生产对象的形状、尺寸、表面质量等耗费的时间。车削外圆时的基本时间(见图 3-6)按下式计算。

$$T_j = \frac{L_总}{n.f}i = \frac{L + L_a + L_b}{n.f}i(\text{mm})$$

式中：L——加工面长度，mm；

L_a、L_b——切入和切出长度，mm；

f——进给量，mm/r；

i——进给次数。

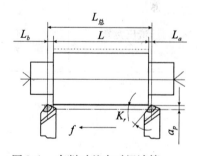

图 3-6　车削时基本时间计算

车端面，切断、成型车削等各种车削加工以及铣削、钻削、刨削等各种切削加工的机动时间均可在画出工序简图后计算求得。可参阅金属机械加工工艺人员手册。

3.4.5　工序简图绘制

在机械加工工序卡中，为了表明该工序的加工内容，需要绘制工序简图。绘制工序简图基本要求如下：

(1) 用粗实线表示该工序的各加工表面，其他部位用细实线绘制，图中需表示出以前各工序加工后的轮廓。

(2) 可按比例缩小，并尽量用较少视图表明该工序加工表面及工件的安装方式，与此无关的视图和线条可省略或简化。

（3）标明该工序各加工表面加工后的工序尺寸、偏差及表面粗糙度，其他尺寸不应填写在简图上。

（4）用规定的定位夹紧符号表明该工序的安装方式、定位基准、夹紧方向和夹紧力的作用点等。定位夹紧符号见表3-6。

表3-6 定位夹紧符号(JB/Z174—82)

		独立		联动	
		标注在视图轮廓线上	标注在视图正面上	标注在视图轮廓线上	标注在视图正面上
主要定位点	固定式				
	活动式				
辅助定位点					
机械夹紧					
液压夹紧					

3.5 工艺尺寸链

加工过程中，工件的尺寸在不断地变化，由毛坯尺寸到工序尺寸，最后达到设计要求的尺寸。这些尺寸之间存在一定的联系，应用尺寸链理论去揭示它们之间的内在关系，掌握它们的变化规律是合理确定工序尺寸及其公差和计算各种工艺尺寸的基础。除了加工工序外，在装配工序分析和结构设计中，都会遇到尺寸链的问题。

3.5.1 尺寸链的基本概念

3.5.1.1 尺寸链的定义

在机器装配或零件加工过程中，由相互连接的尺寸形成封闭的尺寸组称为尺寸链（Dimensional Chain）例如，图3-7(a)所示的台阶零件，零件图样上标注设计尺寸 A_1 和 A_0

当用调整法最后加工表面 N 时(其他表面均已加工完成),为了使工件定位可靠和夹具结构简单,常选 M 面为定位基准,按尺寸 A_2 对刀加工 N 面,间接保证尺寸 A_0。这样,尺寸 A_1、A_2 和 A_0 是在加工过程中,由同一零件相互连接的尺寸形成封闭的尺寸组,如图 3-7(b)所示,它就是一个工艺尺寸链。在装配过程中由同一机器(或部件、组件)中相关部件(零件)尺寸形成的封闭尺寸组,称为装配尺寸链。

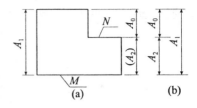

图 3-7　零件加工中的尺寸链

3.5.1.2　尺寸链的组成

(1)环。列入尺寸链中的每一尺寸。如图 3-7 中的 A_1、A_2 和 A_0 都称为尺寸链的环。

(2)封闭环。尺寸链中在加工过程或装配过程最后形成的一环。图 3-7 中的 A_0 是封闭环。封闭环以下角标"0"表示。

(3)组成环。尺寸链中对封闭环有影响的全部环。这些环中任一环的变动必然引起封闭环的变动。组成环以下角标"i"表示,i 从 1 到 m,m 是组成环的环数。图 3-7(b)中的 A_1 和 A_2 均是组成环。

(4)增环。尺寸链中的组成环,由于该环的变动引起封闭环同向变动。即该环增大时封闭环也增大,该环减小时封闭环也减小。图 3-7(b)中的 A_1 是增环。

(5)减环。尺寸链中的组成环,由于该环的变动引起封闭环反向变动。即该环增大时封闭环减小,该环减小时封闭环增大。图 3-7(b)中的 A_2 是减环。

(6)无向性环。尺寸链中常有这样一些环,如间隙、同轴度、垂直度等,它们的方向是不定的,可能作为增环;也可能作为减环,这取决于它在尺寸链图中的位置。

3.5.1.3　尺寸链的特性

(1)封闭性。由于尺寸链是封闭的尺寸组,因而它是由一个封闭环和若干个相互连接的组成环所构成的封闭图形,不封闭就不成为尺寸链。

(2)关联性。由于尺寸链具有封闭性,所以尺寸链中的封闭环随所有组成环变动而变动。因而,封闭环是组成环的函数。可表达为 $A_0 = f(\xi_i A_i)$。ξ_i 是表示各组成环对封闭环影响大小的系数,称为传递系数。且有 $\xi_i = \dfrac{\partial f}{\partial A_i}$。对于增环,$\xi_i$ 为正值;对于减环,ξ_i 为负值;若组成环的方向与封闭环的方向一致,$|\xi_i| = 1$,若组成环的方向与封闭环的方向成一角度,则 $0 < |\xi_i| < 1$;若组成环的方向与封闭环的方向垂直,$\xi_i = 0$。

3.5.1.4　尺寸链图

将尺寸链中各相应的环,用尺寸或符号标注在示意图上(零件图样或装配图样),如图 3-7(a)所示;或将其单独表示出来,如图 3-7(b)所示,此时只需按大致比例依次画出相应的环,这些尺寸图称为尺寸链图。为了能迅速判别组成环的性质(即判别增减环),可在绘制尺寸链图时,用首尾相接的单箭头线顺序表示各环。其中,凡与封闭环箭头方向相同的环即为减环;与封闭环箭头方向相反的环即为增环。如图 3-8 中,A_1、A_2 与封闭环 A_0 同向,则 A_1、A_2 为减环;A_3、A_4 与封闭环 A_0 反向,则 A_3、A_4 为增环。增环用 $\overleftarrow{A_i}$ 表示,减环用 $\overleftarrow{A_i}$ 表示。

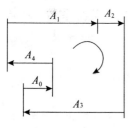

图 3-8　尺寸链图

3.5.1.5　尺寸链形式

1. 按环的几何特征划分

（1）长度尺寸链，全部环为长度尺寸的尺寸链。如图 3-7、图 3-8 所示的尺寸链均为长度尺寸链。

（2）角度尺寸链，全部环为角度尺寸的尺寸链。

（3）组合形式，即兼有长度尺寸和角度尺寸的尺寸链。

2. 按其应用场合划分

（1）装配尺寸链，全部组成环为不同零件设计尺寸所形成的尺寸链。

（2）工艺尺寸链，全部组成环为同一零件工艺尺寸所形成的尺寸链。如图 3-7（b）所示台阶零件上三个工艺尺寸所形成的尺寸链即工艺尺寸链。

（3）零件尺寸链，全部组成环为同一零件设计尺寸所形成的尺寸链。如图 3-7 所示，台阶零件上设计尺寸 A_1、A_2 和 A 面与 B 面的距离尺寸 A_0（设计图样上没有标注，也不应标注 A_0）三个设计尺寸所形成的尺寸链，即零件尺寸链。设计尺寸是指零件图样上标注的尺寸，工艺尺寸是指工序尺寸、定位尺寸与基准尺寸等。

3. 按各环所处空间位置划分

（1）直线尺寸链，全部组成环平行于封闭环的尺寸链。图 3-7、图 3-8 所示的尺寸链是直线尺寸链。

（2）平面尺寸链，全部组成环位于一个或几个平行平面内，但某些组成环不平行于封闭环的尺寸链。

（3）空间尺寸链，组成环位于几个不平行平面内的尺寸链。

长度尺寸链可以是直线、平面或空间尺寸链，角度尺寸链只能是平面或空间尺寸链。尺寸链还可分为基本尺寸链和派生尺寸链，标量尺寸链和矢量尺寸链。

3.5.2　尺寸链的计算公式

尺寸链的计算，是指计算封闭环与组成环的基本尺寸、公差及极限偏差之间的关系。计算方法分为极值法和统计（概率）法两类。极值法多用于环数少的尺寸链，统计（概率）法多用于环数多的尺寸链。（下面尺寸链计算公式摘自 GB5847—86）

各参数间的关系如图 3-9 所示。具体可用下式计算。

（1）封闭环的基本尺寸 L_0。

$$L_0 = \sum_{i=1}^{m} \xi_i L_i$$

式中：L_i—— 各组成环的基本尺寸；

　　　m—— 组成环的环数。

（2）封闭环的中间偏差 Δ_0（中间偏差即上偏差与下偏差的平均值）。

$$\Delta_0 = \sum_{i=1}^{m} \xi_i \left(\Delta_i + e_i \frac{T_i}{2} \right)$$

式中：Δ_i—— 组成环的中间偏差，$\Delta_i = \frac{1}{2}(ES_i + EI_i)$，$ES_i$ 为组成环的上偏差，EI_i 为组成

环的下偏差;

e_i——组成环的相对不对称系数，它是表征分布曲线不对称程度的系数，$e_i = \dfrac{\overline{X} - A_i}{\dfrac{T_i}{2}}$，其中 T_i 为组成环公差，$\overline{X_i}$ 为组成环的平均偏差，即实际偏差的平均值。若组成环

在公差带内对称分布时，$e_i = 0$，则 $\Delta_0 = \sum\limits_{i=1}^{m} \xi_i \Delta_i$

常见的几种分布曲线相对分布系数 k 与不对称系数 e 见表3-7。

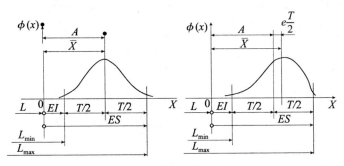

图 3-9　尺寸链中各参数间的关系

表 3-7　　　　　　　　常见的几种分布曲线相对分布系数 k 与不对称系数 e

分布特征	正态分布	三角分布	均匀分布	瑞利分布	偏态分布	
					外尺寸	内尺寸
分布曲线						
k	1	1.22	1.73	1.14	1.17	1.17
e	0	0	0	− 0.28	− 0.26	− 0.26

（3）封闭环的公差 T_0。

极值公差　　　　　　$T_{0L} = \sum\limits_{i=1}^{m} \xi_i \mid T_i$

统计公差　　　　　　$T_{0s} = \dfrac{1}{k_0} \sqrt{\sum\limits_{i=1}^{m} \xi_i^2 k_i^2 T_i^2}$

式中：k—— 相对分布系数，它是表征尺寸分散性的系数（见表3-7）。正态分布时 $k = 1$

（4）封闭环极限偏差。　　　$ES_0 = \Delta_0 + \dfrac{1}{2} T_0$　　　　$EI_0 = \Delta_0 - \dfrac{1}{2} T_0$

式中：ES_0—— 封闭环的上偏差；

EI_0—— 封闭环的下偏差。

（5）封闭环的极限尺寸

$$L_{0max} = L_0 + ES_0$$
$$L_{0min} = L_0 + EI_0$$

式中：ES_0—— 封闭环最大极限尺寸；

EI_0—— 封闭环最小极限尺寸。

对于直线尺寸链，用极值法计算时，封闭环的基本尺寸等于所有增环基本尺寸之和减去所有减环基本尺寸之和。封闭环公差等于所有组成环公差之和；封闭环的上偏差等于所有增环的上偏差之和减去所有减环的下偏差之和，封闭环的下偏差等于所有增环的下偏差之和减去所有减环的上偏差之和；封闭环的最大极限尺寸等于所有增环的最大极限尺寸之和减去所有减环的最小极限尺寸之和；封闭环的最小极限尺寸等于所有增环的最小极限尺寸之和减去所有减环的最大极限尺寸之和。

（6）组成环的平均公差。

① 极值公差 $T_{av, L}$。 $\quad\quad T_{av, L} = \dfrac{T_0}{\sum\limits_{i=1}^{m} |\xi_i|}$

② 统计公差 $T_{av, S}$。 $\quad\quad T_{av, S} = \dfrac{k_0 T_0}{\sqrt{\sum\limits_{i=1}^{m} \xi_i^2 k_i^2}}$

（7）组成环极限偏差。 $\quad\quad ES_i = \Delta_i + \dfrac{1}{2} T_i$

$$EI_i = \Delta_i - \dfrac{1}{2} T_i$$

（8）组成环的极限尺寸。 $\quad\quad L_{imax} = L_i + ES_i$
$$L_{imin} = L_i + EI_i$$

3.5.3　尺寸链的计算形式

计算尺寸链时，会遇到下列三种形式。

（1）正计算形式。

已知各组成环的基本尺寸、公差及极限偏差，求封闭环的基本尺寸、公差及极限偏差。它的计算结果是唯一的。产品设计的校验工作常遇到此形式。

（2）反计算形式。

已知封闭环的基本尺寸、公差及极限偏差求各组成环的基本尺寸、公差及极限偏差。由于组成环有若干个，所以反计算形式是将封闭环的公差值合理地分配给各组成环，以求得最佳分配方案。产品设计工作常遇到此形式。

（3）中间计算形式。

已知封闭环和部分组成环的基本尺寸、公差及极限偏差，求其余组成环的基本尺寸、公差及极限偏差。工艺尺寸链多属此种计算形式。

3.5.4　工艺尺寸链的应用和解算方法

应用工艺尺寸链解决实际问题的关键是找出工艺尺寸之间的内在联系，确定封闭环及组成环，即建立工艺尺寸链。当确定好尺寸链的封闭环及组成环后，就能运用尺寸链的计算公式进行具体计算。下面通过几种典型的应用实例,分析工艺尺寸链的建立和计算方法。

3.5.4.1　基准不重合时工艺尺寸换算

为简便起见,设工序基准与定位基准或测量基准重合(一般情况下与生产实际相符)。此时,工艺基准与设计基准不重合,就变为测量基准或定位基准与设计基准不重合的两种情况。

1. 测量基准与设计基准不重合时测量尺寸的换算

(1) 测量尺寸的换算。

【例 1】　图 3-10 所示的套筒零件,设计图样上根据装配要求标注尺寸 $50_{-0.2}^{0}$ 和 $10_{-0.4}^{0}$ mm,大孔深度尺寸未注。

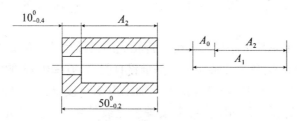

图 3-10　测量尺寸换算

加工时,由于尺寸 $10_{-0.4}^{0}$ mm 测量比较困难,改用深度游标卡测量大孔深度 A_2。因而 $10_{-0.4}^{0}$ mm 就成为如图 3-9 所示的工艺尺寸链的封闭环,组成环为 $A_1 = 50_{-0.2}^{0}$ mm A_2。根据计算公式可得 $A_2 = 40_0^{+0.2}$ mm。比较大孔深度的测量尺寸 $A_2 = 40_0^{+0.2}$ mm 和原设计要求 $A_2 = 40_{-0.2}^{+0.4}$ mm 可知,由于测量基准与设计基准不重合,就要进行尺寸换算。换算的结果明显地提高了对测量尺寸的精度要求。

(2) 假废品的分析。对零件进行测量,当 A_2 的实际尺寸在 $40_0^{+0.2}$ mm 之内,A_1 的实际尺寸在 $50_{-0.2}^{0}$ mm 之内时,则零件 A_0 必在 $10_{-0.4}^{0}$ mm 之内,零件为合格品。

若 A_2 的实际尺寸超出 $40_0^{+0.2}$ mm 范围,工序检验时将认为该零件为不合格品。此时,检验人员将会测量另一组成环 A_1 的实际尺寸,再由 A_1、A_2 的具体值计算出 A_0 值,并判断零件是否合格。

例如,A_2 的实际尺寸超差,做到 39.9mm;如果 A_1 也做到最小,即 49.8mm;此时 A_0 的实际尺寸为 49.8—39.9 = 9.9mm,零件仍为合格品。

由此可见,在实际加工中,由于测量基准与设计基准不重合,因而要换算测量尺寸。如果零件换算后的测量尺寸超差,只要它的超差量小于或等于另一组成环的公差,则该零件有可能是假废品,应对该零件进行复检,逐个测量并计算出零件的实际尺寸,由零件的实际尺寸来判断合格与否。

2. 定位基准与设计基准不重合时,工序尺寸及其公差的换算

如图 3-11 所示,零件以 M 面为定位基准,用调整法加工 B、C、D 各面,需要确定各个工序尺寸。此时,B 面设计基准是 C 面,D 面的设计基准为 M 面。应该怎样确定工序尺寸及其公差,才能保证各个设计尺寸及其公差的要求呢?

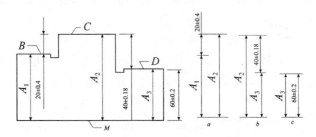

图 3-11　基准不重合时工序尺寸的换算

首先，要建立各个设计尺寸和工序尺寸之间的工艺尺寸链，然后，进行尺寸链计算，确定各个工序尺寸及其公差。如图 3-11 所示，包含 A_1、A_2 和 A_3 的三个尺寸的工艺尺寸链即为所求之尺寸链。

根据尺寸链计算出来的工序尺寸必须符合相应的设计尺寸，例如 A_3 必须在 60 ± 0.2 之内(设计要求)，另外，A_3 在尺寸链 b 中还保证设计尺寸 40 ± 0.18 的要求。

在尺寸链 b 中，40 ± 0.18 是设计要求，加工中未直接得到，是封闭环；需求组成环 A_1、A_2，这是尺寸链的反计算问题，可以按等公差或等精度方法确定 A_2、A_3 的公差，我们取 $TA_2 = \pm 0.10$，$TA_3 = \pm 0.09$。于是可计算出 $A_2 = 100 \pm 0.1$，$A_3 = 60 \pm 0.09$。然后将 A_2 代入尺寸链 a，可求出 $A_1 = 80 \pm 0.3$。

如果在解尺寸链时，先从尺寸链 c 求出 $A_3 = 60 \pm 0.2$，然后代入尺寸链 b 进行计算，这时会以 A_3 的公差已大于封闭环的公差，因此必须压缩 A_3 的公差(必须在设计公差带 ± 0.2 的范围内压缩)以满足尺寸链 b 的要求。

在尺寸链计算中，有的工序尺寸可能参与几个尺寸链(如本例中的 A_2、A_3)。算出的该尺寸必须同时满足各个相关尺寸链的要求。

综上可知，定位基准与设计基准不重合时，工序尺寸及其公差的换算方法，先是找出以设计尺寸为封闭环，以工序尺寸为组成环的工艺尺寸链，再按尺寸链"反计算"形式分配工序尺寸公差。

3.5.4.2　中间工序尺寸及其公差的计算

从待加工的设计基准标注工序尺寸，因为待加工的设计基准与设计基准两者差一个余量，所以它仍然是设计基准与定位基准不重合。现通过两个实例的分析，进一步加深对基准不重合时工艺尺寸链的建立和计算的理解。

【例 2】如图 3-12(a) 所示为齿轮孔的局部简图。孔和键槽的加工顺序是：

(1) 镗孔至 $\phi 49.6^{+0.10}_{0}$ mm。

(2) 插键槽，工序尺寸为 A。

(3) 淬火热处理。

(4) 磨孔至 $\phi 50^{+0.04}_{0}$ mm，同时保证 $53.6^{+0.34}_{0}$ mm。假设热处理后磨孔和镗孔同轴度误差为 $\phi 0.04$，试计算插键槽的工序尺寸 A 及其公差。

【解】为计算中间工序尺寸 A，首先作出图 3-12(b)、(c) 所示尺寸链，同轴度作为尺寸链的一环，标记为 0 ± 0.02。它的位置可能有图中 b、c 两种情况。

设计要求尺寸 $53.6_0^{+0.34}$ mm 不是在某一个工序直接得到的，是封闭环；其余为组成环。在图 3-11（b）中，A、$25_0^{+0.02}$ 是增环，$24.8_0^{+0.05}$、0 ± 0.02 mm 是减环。

建立工艺尺寸链后，就可计算工序尺寸及其公差。本例是已知封闭环和部分组成环，求其余组成环，属于"中间计算"问题，采用极值法计算。

$$A_0 = 53.6 = A + 25 - (24.8 + 0) \qquad A_0 = 53.4$$
$$ES_0 = 0.34 = ES_A + 0.02 - [0 + (-0.02)] \qquad ES_A = 0.30$$
$$EI_0 = 0 = EI_A + 0 - (0.05 + 0.02) \qquad EI_A = 0.07$$

插键槽的工序尺寸及其偏差　　　　　　$53.4_{+0.07}^{+0.30}$

按入体原则标注偏差，则为　　　　　　$53.47_0^{+0.23}$

在本例中同轴度误差就是尺寸链中无向性环，在图（b）尺寸链中，它是减环，而在图（c）尺寸链中，它却是一个增环。但无论它在尺寸链中位置如何，都不影响计算结果。

从待加工的设计基准标注工序尺寸时的工序尺寸换算和定位基准与设计基准不重合时的工序尺寸换算一样，都是先找出以设计尺寸为封闭环和以工序尺寸为组成环的工艺尺寸链，然后，再按尺寸链的计算公式，以"反计算"或"中间计算"形式确定所求工序尺寸及其公差值。

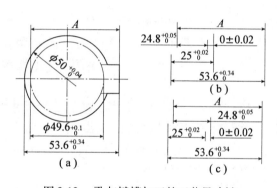

图 3-12　孔与键槽加工的工艺尺寸链

3.5.4.3　精加工余量的校核

当多次加工某一表面时，由于采用的不同因此本工序的余量变动量不仅与本工序的公差及前一工序的公差有关，而且还与其他工序公差有关。以本工序的加工余量为封闭环的工艺尺寸链中，如果组成环的数目较多，由于误差累积的原因，有可能使本工序的余量过大或过小。特别是精加工余量过小可能造成废品，这时应进行余量校核。

【例 3】如图 3-13 所示小轴，与轴向尺寸有关的加工过程是：工序 1，车端面 A；工序 2，车端面 C 及台肩 B；工序 3，热处理；工序 4，磨台肩面 B。试校核磨台肩面 B 的余量。

【解】分析各工序尺寸和 B 面磨削余量可建立如图 3-13 所示尺寸链，这是由三个工序尺寸和加工余量组成的尺寸链，显然工序余量是封闭环。用极值法计算出 B 面磨削余量 $Z = 0.5_{-0.50}^{+0.16}$　显然，此时最小磨削余量 $Z_{min} = 0$。需调整工序尺寸以保证最小磨削余量要求。

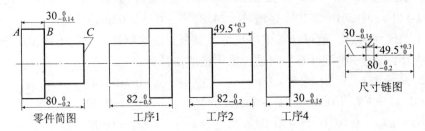

图 3-13　小轴加工工序和尺寸链

影响磨削余量的三个工序尺寸是 $80_{-0.2}$、$30_{-0.14}^{0}$ 和 $49.5_{0}^{+0.3}$，前两个尺寸均等于相应的设计尺寸，因此需要调整 $49.5_{0}^{+0.3}$ 这个尺寸，设调整后尺寸为 A，取最小磨削余量 Z_{min} = 0.1mm，则有 Z_{min} = 0.1 = (80 − 0.2) − 30 − A_{max}，A_{max} = 49.7。

保持原工序尺寸公差不变，则 $A = 49.4_{0}^{+0.3}$，如压缩工序尺寸公差，则 $A = 49.5_{0}^{+0.2}$

由上述计算结果可知，当基准不重合或从待加工的设计基准标注工序尺寸时，需进行工艺尺寸链的换算，换算的结果明显地提高了加工要求。因此，应尽量避免基准不重合或从待加工的设计基准标注工序尺寸。

3.5.4.4 箱体孔系加工工序中，坐标尺寸的计算

图 3-14(a) 所示为箱体零件孔系加工的工序简图，图示两孔中心距为 $L = 120 \pm 0.1$mm，$\alpha = 30°$。此两孔在坐标镗床上加工，为满足两孔中心距要求，需计算此工序坐标尺寸 Lx 及 Ly。

由图 3-14(b) 的尺寸链简图可知，它是由 L、L_x 和 L_y 三个尺寸组成的平面尺寸链，其中 L 是在按 L_x、L_y 坐标尺寸调整加工后才获得的，是封闭环，而 L_x、L_y 则是组成环。对平面尺寸链，需将 L_x、L_y 向 L 尺寸线上投影，这样即可转化为 $L_x\cos\alpha$，$L_y\sin\alpha$ 及 L 组成的线性尺寸链并进行计算。由箱体工序图上几何关系可知：

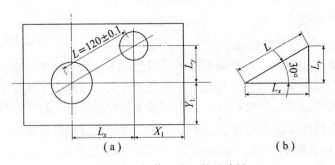

图 3-14　箱体镗孔工艺尺寸链

$Lx = L\cos30° = 103.923$mm

$Ly = L\sin30° = 60$mm

由线性尺寸链关系知　　　　　　$TL = TL_x\cos\alpha + TL_y\sin\alpha$

设　　$TL_x = TL_y$

则　　$TL_x = TL_y = \dfrac{TL}{\cos\alpha + \sin\alpha} = \dfrac{0.2}{\cos30° + \sin30°} = 0.146$

最后得镗孔的工序尺寸为

$$L_x = 86.6 \pm 0.073\text{mm} \qquad L_y = 50 \pm 0.073\text{mm}$$

3.5.4.5　表面处理工序尺寸计算

零件表面有热处理(渗碳、渗氮、氰化等)和电镀两类,从尺寸链计算角度来看,一类是表面处理后不再加工的,另一类表面处理后还需精磨到最终尺寸的,在两种情况下,尺寸链的封闭环是不同的。

【例 4】 渗氮和渗碳工序的工序尺寸及其偏差的换算

图 3-15 所示轴的衬套的内径为 $\phi145_0^{+0.04}$mm,要求表面渗氮层深度为 0.3 ~ 0.5mm。其加工顺序为磨内孔至 $\phi144.76_0^{+0.04}$mm;渗氮,控制渗氮层深度 A(例如用渗氮时间来控制) 磨内孔至 $\phi145_0^{+0.04}$mm。磨后所留的氮化层深度必须在要求的 0.3 ~ 0.5mm 范围内,显然,这是间接保证的尺寸,是封闭环。为了求出渗氮工序的渗氮层深度 A,建立如图 (b) 所示的工艺尺寸链,$72.38_0^{+0.02}\left(\dfrac{144.76_0^{+0.04}}{2}\right)$ 和尺寸 A 是增环,$72.5_0^{+0.02}\left(\dfrac{145_0^{+0.04}}{2}\right)$ 是减环。按照极值法解尺寸链的基本计算公式得

$$0.3 = 72.38 + A - 72.5 \qquad A = 0.42$$
$$0.2 = 0.02 + ES_A - 0 \qquad ES_A = 0.18$$
$$0 = 0 + EI_A - 0.02 \qquad EI_A = 0.02$$

因此 $A = 0.42_{+0.02}^{+0.18} = 0.44 \sim 0.60$mm。即在渗氮工序中,只要把渗氮层深度控制在 0.44 ~ 0.60mm 范围内;就能保证在磨孔后留下的氮化层深度保持在 0.3 ~ 0.5mm 范围内。

也可以按照直径尺寸建立图(d)所示的尺寸链,只是在解尺寸链时把两个单面渗层深度合为一个尺寸(即 $0.6_0^{+0.4}$),求出的也是渗氮工序的双面渗氮层深度($2A = 0.84_{+0.04}^{+0.36}$)

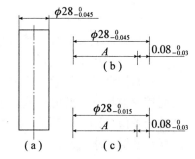

图 3-15　电镀零件工序尺寸计算

有尺寸精度要求的零件表面需要电镀时,为了保证一定的镀层厚度,必须对镀前工序尺寸及其偏差进行换算。生产中常有两种情况:一种是零件表面电镀后不需加工,另一种是电镀后尚需加工,以满足零件的设计要求。两种情况在换算时,封闭环是不同的,必须注意。

【例 5】 图 3-16 所示小轴的外表面镀铬,要求镀层厚度为 0.025 ~ 0.04(双面为 0.05 ~ 0.08)mm。其加工顺序为车削 → 磨削 → 镀铬。由于镀后不再加工,故通过控制镀层厚度来间接保证最终尺寸 $\phi28_{-0.045}^0$mm,故 $\phi28_{-0.045}^0$mm 是封闭环,磨削工序尺寸 A 和镀层厚度尺寸 $0.08_{-0.03}^0$ 是增环,组成如图(b)所示的尺寸链。根据解尺寸链的基本公式可得

$$28 = 0.08 + A \qquad A = 27.92$$
$$0 = 0 + ES_A \qquad ES_A = 0$$
$$-0.045 = -0.03 + EI_A \qquad EI_A = -0.015$$
$$A = 27.92_{-0.015}^0 。$$

镐前按此尺寸控制磨削工序，镀铬过程中用电镀时间控制镀层厚度，就可保证最终尺寸 $\phi28_{-0.045}^{0}$ mm。

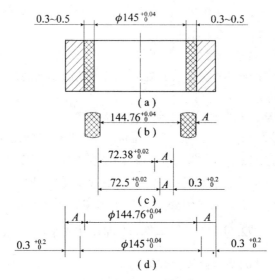

图 3-16 渗氮工序尺寸及其偏差的换算

如果电镀表面的尺寸精度很高，或镀层厚度难以控制时，电镀表面的最终尺寸精度是通过电镀过程中不断测量其尺寸来直接保证的，而镀层厚度是间接获得的尺寸，此时镀层厚度是封闭环。如果镀后还要再进行精加工，则 $\phi28_{-0.045}^{0}$ mm 是直接保证尺寸，镀层厚度是间接保证尺寸，此时镀层厚度也是封闭环。但是，由于封闭环公差值小于其中一个组成环的公差值，因此必须减小该组成环的公差值，把 $\phi28_{-0.045}^{0}$ 改为 $\phi28_{-0.015}^{0}$ 组成图（c）所示的新尺寸链，求得磨削工序尺对及其偏差。由解尺寸链的基本公式可得

$$0.08 = 28 - A \qquad A = 27.92$$
$$0 = 0 - EI_A \qquad EI_A = 0$$
$$-0.03 = -0.015 - EI_A \qquad EI_A = 0.015$$
$$A = 27.92_0^{+0.015}$$

3.5.5 工艺尺寸链图表计算法

在工序较多、工序中的工艺基准与设计基准又不重合，且各工序的工艺基准需多次转换时，工序尺寸及其公差的换算会变得很复杂，难以迅速地建立工艺尺寸链，而且容易出错。采用把全部工序尺寸、工序余量及相关设计尺寸画在一张图表上的图表计算（也有称图解法或跟踪法），可以直观地、简便地建立工艺尺寸链，进而计算工序尺寸及其公差和验算工序余量。图解法还便于利用计算机进行辅助工艺设计。

下面以零件套筒各端面加工时，轴向工序尺寸及其公差的计算为例，具体介绍图表的绘制和建立及计算工艺尺寸链的方法。

1. 图表的绘制

绘制步骤如下：

（1）在图表上方绘出工件简图，（画对称的半个剖面，零件细节可省略）简图中标出与工艺计算有关的轴向设计尺寸。为了便于计算，设计尺寸都按平均尺寸表示，将有关表面向下引出四条直线，并按 A、B、C、D 顺序编好。

（2）自上而下画出表格，依次分栏说明各工序的名称和加工内容。

（3）用图 3-17 所示符号，画出各工序的定位基准、工序基准、加工表面、工序尺寸、工序余量。因总余量通常由查表法确定并相应地确定了毛坯尺寸，故图表中不标出与确定工序尺寸无关的粗加工余量。余量符号画在待加工面的入体侧。

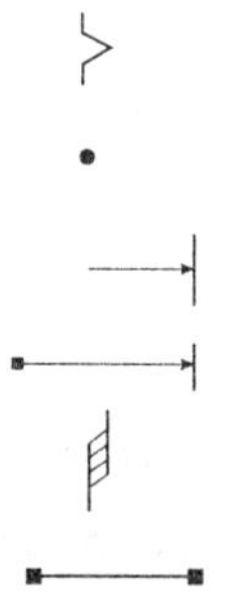

（4）在图表中标明工序号、工序名称、工序平均尺寸称工序偏差、最小余量、余量变动量、平均余量和工序尺寸及其偏差。在图表的最下方，标明设计尺寸、实际获得尺寸。

图表右方的计算项目栏用于使全部计算过程实现表格化，见表3-8。

	定位基准
·	工序基准
⊢	加工表面
■—	工序尺寸
⧄	加工余量
▲	设计尺寸

图 3-17　代表符号的含义

表 3-8　工艺尺寸链计算表

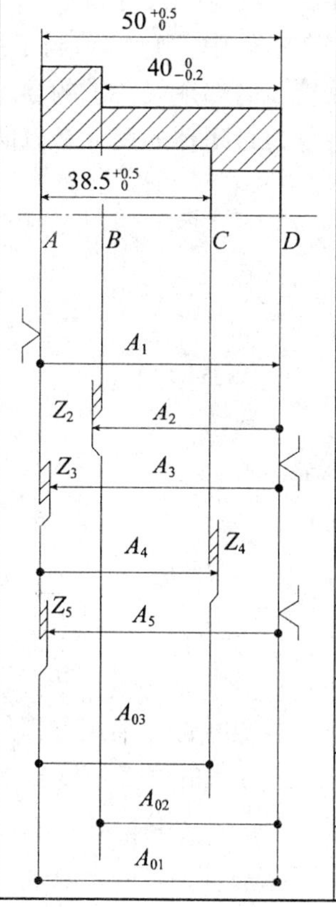

工件简图尺寸：$50^{+0.5}_{0}$，$40^{0}_{-0.2}$，$38.5^{+0.5}_{0}$；基准点 A、B、C、D

工序号	工序内容	尺寸链符号	工序中间尺寸 L_{iM}	工序尺寸对称偏差 $\pm\frac{1}{2}T_i$	工序余量 平均 Z_{iM}	最小 Z_{imin}	变动量 $\pm\frac{1}{2}T_{Zi}$	工序尺寸及偏差 $L_i{}^{ES_i}_{EI_i}$
1	车 D 面		52.75	0.25	3			$53^{0}_{-0.5}$
1	车 B 面	A_1	39.9	0.1	2			$40^{0}_{-0.2}$
2	车 A 面	Z_2 A_2	49.95	0.1	2.8			$50.05^{0}_{-0.2}$
2	镗孔及 C 面	Z_3 A_3	38.45	0.1	6			$38.35^{+0.2}_{0}$
3	磨 A 面	A_4 Z_4	49.75	0.05	0.2	0.05	0.15	$49.8^{0}_{-0.1}$
设计尺寸		Z_5 A_5	加工结果尺寸					
	A_{03} 38.25 ±0.25	A_{03}	38.25 ±0.25					
	A_{02} 39.9 ±0.1	A_{02}	39.9 ±0.1					
	A_{01} 49.75 ±0.25	A_{01}	49.75 ±0.25					

2. 查明工艺尺寸链组成的图解追踪法

加工过程中被间接保证的设计尺寸和工序余量都是工艺尺寸链的封闭环。对每一个封闭环，需查明其各自的工艺尺寸链组成，所用的图解追踪法为：沿封闭环尺寸（或余量）两端所在两根竖线（尺寸界线）同步向上追踪，追踪中遇到加工箭头符号（尺寸线），就拐弯逆箭头横向追踪至代表工序基准的圆点处，然后再沿着此圆点所在竖线、还有原来同步往上追踪时所沿着的另一根竖线，继续同步向上追踪，如此重复下去，直至两支追踪路径"汇交"为止。追踪路径所经过的各个工序尺寸就是尺寸链的组成环。注意在查找过程中，不要漏掉工序余量的环。

3. 工序尺寸及公差的计算步骤和方法

（1）确定各工序尺寸的公差 T_i。工序尺寸公差的计算和确定是整个图表法计算过程的基础。确定工序尺寸的公差必须符合两个原则：

第一，所确定的公差不应超出设计图纸上要求的公差，应能保证最后的加工结果尺寸的公差符合设计要求；

第二，各工序尺寸的公差应符合该工序加工的经济性，有利于降低加工成本。

根据这两个原则，首先逐项初步确定各工序尺寸的公差（可参阅机械加工工艺手册中有关"尺寸偏差的经济精度"来确定），先确定与保证设计尺寸有关的各工序尺寸的公差。图例中为保证封闭环设计尺寸 $A_{01} = 49.75 \pm 0.25$ 及 $A_{02} = 39.9 \pm 0.1$，$A_{03} = 39.25 \pm 0.25$。

（2）解各工艺尺寸链。

用跟踪法可列出图 3-18（a）～（e）各尺寸链，在这些尺寸链中，有一些工序尺寸同时参与了几个尺寸链，而成为尺寸链的公共环。在本例中，A_5 就参与了尺寸链（a）和（c）。在计算时应首先满足设计要求较高、组成环数较多的那个尺寸链的要求，其次解以其他设计要求为封闭环的尺寸链，最后解以精加工余量为封闭环的尺寸链以防余量偏差过大。

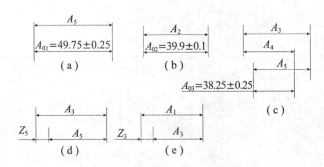

图 3-18　用跟踪法列出的尺寸链

在本例中应先解尺寸链如图 3-18（c）所示，在该尺寸链中，A_{03} 是设计尺寸，且没有在加工中直接得到，为封闭环，其余为组成环。解题时首先确定各工序基本尺寸，然后将公差为 0.5 按等公差或等精度的原则并考虑到加工方法的经济精度和加工难易分配给 A_3、A_4、A_5，这里取 $TA_3 = TA_4 = 0.2$，$TA_5 = 0.1$

解图 3-18（b）尺寸链，直接得到 $A_2 = 39.9 \pm 0.1$。

解图 3-18（d）尺寸链，校核磨削余量 Z_5。

将上述各工序尺寸公差按入体原则标注。

将上述计算过程中的关数据及计算结果填入跟踪图表中。

在本例中，如果首先解尺寸链(a)，得到 A5，将 A5 代入尺寸链(c)则会发现该环的公差已等于封闭环 A03 的公差了，因此必须压缩该环的公差。

(4) 确定各工序平均余量 ZM 其计算公式。

$$ZM = Z_{\min} + T_z = Z_{\min} + \sum T_i$$

式中：T_i—— 影响该工序余量(封闭环)的各组成环工序尺寸公差。

(5) 计算各未知的工序平均尺寸 L_{iM}。计算的顺序自最后一个未知的工序尺寸开始，逐步向前顺序推移。对每一拟求的工序平均尺寸的计算方法是：利用图表查明后面工序与其两端竖线有关的已序平均尺寸(包括可由零件图设计尺寸换算出来的任意两表面之间的平均尺寸)以及需要加、减的工序平均余量，据此直接算得该工序平均尺寸(包括可由零件图设计尺寸换算出来的任意两表面之间的平均尺寸)以及需要加、减的工序平均余量，据此直接算得该工序尺寸。

(6) 将工序平均尺寸和双向对称偏差改注成极限尺寸及"入体"偏差。对某些属于设计尺寸的工序尺寸，可保持原设计尺寸的公差标注法。

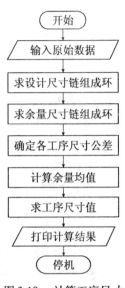

图 3-19　计算工序尺寸的总框图

3.5.6　计算机辅助计算工序尺寸

利用工艺尺寸跟踪表中的各项计算公式，采用计算机计算，特别是对于工序长、基准不重合或多次变换基准的零件工艺尺寸的确定，提供了方便，使工序尺寸和工序余量能迅速计算出来，其计算机计算总框图见图 3-19。

3.6　典型零件加工工艺分析

3.6.1　箱体加工

3.6.1.1　概述

箱体是各类机器中重要的基础件之一。它支撑和包容着各种传动零件，保证其运动和动力进行驱动和分配。彼此按照一定的传动关系进行协调的运动，因此必须使众多的轴、套以及齿轮等零件保持其正确的相互位置关系。所以，箱体的加工质量，直接影响着机器的性能、精度和寿命。

机器的种类很多，所以箱体的种类也很多，按箱体的功用分有主轴箱、变速箱、操纵箱、进给箱和分配箱等。按箱体的结构特点来分，可以分为第一类箱体，即具有主轴支承孔的箱体零件；第二类箱体零件，即没有主轴支承孔的箱体零件。前者如车床床头箱等，这类箱体零件直接影响机床的加工精度，所以它的技术要求高；后者一般不直接影响机床的加工精度，因而其技术要求较前一类箱体零件低。此外，汽车拖拉机的汽缸体、汽缸盖、发动机的壳体、某些带孔的滑鞍类零件等均属于箱体加工的范畴。尽管箱体的结构形状随着机器的结构和箱体在机器中的功用不同而变化，但对于各类箱体都存在着许多共同的特点：结构形状一般都比较复杂，箱壁较薄且厚度不均匀，箱体零件内部筋、隔较多且呈框形；在箱体内、外壁上有各种形状的平面及较多的轴承支承孔和紧固孔等，这些平面和支承孔的精度与表面质量大多有较高的要求。所以对于箱体零件来说，不仅加工的部位较多，而且加工的难度也较大。有资料表明，一般中型机床制造厂箱体类零件的机械加工工时约占整个产品工时的 15% ~ 20%。

箱体零件的毛坯制造方法有两种：一种是采用铸造，另一种是采用焊接。金属切削机床的箱体零件一般都采用铸造，材料为各种牌号灰铸铁：如 HT200、HT250 和 HT300 等，一些精密机床的主轴箱，有采用高磷铸铁或耐磨合金铸铁（如 MPT250、MTCrMoCu-300等）动力机械中的某些箱体及减速器壳体等，除要求结构紧凑、形状复杂外，还要求体积小、重量轻等特点，所以常采用铸铝合金制造。而对于承受重载和冲击的工程机械、锻压机床的一些箱体则多用铸钢或焊接制造而成。

箱体零件的形体结构较复杂，箱壁的厚度比较薄、加工的表面多、要求高，机械加工的工作量大。所以提高毛坯的精度，尽量减少加工余量，特别是减少孔的加工余量，对提高箱体零件的加工质量和劳动生产率有着重要的意义。

根据箱体零件的复杂程度、精度高低和工艺上的要求，对于箱体零件加工来说，一般有两种加工方案：一种是根据粗精分开、先粗后精的原则，对零件的主要孔和平面首先进行预加工，然后进行时效处理，再进行精加工，这种加工工艺方案主要适用于精密、复杂的箱体零件；另一种是按工艺程序进行加工，这种加工工艺方案主要适用于精度较低的箱体零件。

箱体零件的技术精度要求一般有如下几项：

（1）箱体零件上的基准孔一般都是装轴承的，其精度一般为 IT6 ~ IT7，表面粗糙度要求为 $Ra1.6 ~ Ra0.4\mu$mm。机床主轴箱的主轴孔的尺寸公差等级为 IT6，其余孔为 IT6 ~ IT7。孔的几何形状精度未作规定的，一般控制在尺寸公差范围内即可。

（2）箱体零件上用于连接的装配基面，它将直接影响箱体与机床总装时的相对位置、接触刚度及加工中的定位精度，因而要有较高的平面度和表面粗糙度要求，其平面度一般为 0.2 ~ 0.1mm；也有用涂色法检查接触面积或单位面积上的接触点数来衡量平面平直度的高低。表面粗糙度要求为 $Ra1.6 ~ Ra0.4\mu$m。箱体顶面的平面度要求是为了保证箱盖的密封性，防止工作时润滑油泄出。当生产中用顶面作定位基准时，对它的平直度要求还要提高。

（3）与装配基面相关的平行平面须与基面平行，其平行度公差一般为在全长范围内0.02 ~ 0.05mm。

（4）与装配基面相关的垂直面须与基面垂直，其垂直度公差一般为每 300mm 在0.02 ~ 0.05mm。

（5）当箱体上的基准孔有可分离瓦盖时，瓦盖与箱体上的配合止口平面要进行钳工刮削装配，配合须紧密吻合，一般用 0.04mm 塞尺插入法进行检查。

上述技术精度要求仅适用于中型尺寸的典型箱体零件，对于不同的箱体应视具体的结构、精度及工艺要求而定。机床主轴箱除上述精度要求外，还要求同一轴线上各孔的同轴度误差和孔端面对轴线垂直度误差，孔系之间的平行度误差。一般同轴线上各孔的同轴度约为最小孔尺寸公差之半。

3.6.1.2　箱体零件的结构工艺性

箱体零件加工部位很多，加工难度大，箱体结构复杂，设计时应注意考虑箱体零件的结构工艺性。

箱体上的孔分为通孔、阶梯孔、盲孔、交叉孔等。通孔工艺性较好，孔深 L 与孔径 D 之比 $L/D = 1 \sim 1.5$ 的短圆柱通孔工艺性为最好；深孔($L/D > 5$)精度要求较高、表面粗糙度值较小时，加工就很困难；阶梯孔的工艺性较差，孔径相差越大，其中最小孔孔径越小，工艺性越差；相贯通的交叉孔的工艺性也较差，在加工孔，当刀具走到贯通部分时，由于受径向力不等，就会造成孔轴线的偏斜。盲孔的工艺性最差，因为精镗或精铰盲孔时，要用手动送进或采用特殊工具，故应尽量避免。

箱体上同轴线上孔的孔径排列方式有三种，如图 3-20 所示。图(a)为孔径大小向一个方向递减，且相邻两孔直径之差大于孔的毛坯加工余量，这种排列方式便于镗杆和刀具从一端伸入同时加工同轴线上的各孔。单件小批生产，这种结构加工最为方便。图(b)为孔径大小从两边向中间递减，加工时可使刀杆从两边进入，这样不仅缩短了镗杆长度，提高了镗杆的刚性，而且为双面同时加工创造了条件，所以大批量生产的箱体，常采用此种孔径分布形式。图(c)为孔径大小不规则排列，工艺性最差，应尽量避免。

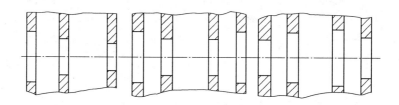

　　(a)孔径大小单向排列　　(b)孔径大小双向排列　　(c)孔径大小无规则排列

图 3-20　同轴线上孔径的排列方式

箱体内端面加工比较困难，结构上必须要加工时，应尽可能使内端面尺寸小于刀具需穿过的孔加工前的直径，如表 3-3 中 5 所示。图 3-20(c)所示结构，加工时镗杆伸进后才能装刀，镗杆退出前又需将刀卸下，加工时很不方便。当内端面尺寸过大时，还需采用专用径向进给装置。箱体的外端面凸台应尽可能在同一平面上以简化加工。

箱体装配基面的尺寸应尽可能大，形状应尽量简单，以利于加工、装配和检验。箱体上的紧固孔的尺寸规格应尽可能一致，以减少加工中换刀的次数。

3.6.1.3　箱体机械加工工艺过程及工艺分析

1. 箱体零件机械加工工艺过程

箱体零件的加工依其批量大小和各厂的实际条件，加工方法有所不同。表 3-9 为某车床主轴箱(见图 3-21)小批生产的工艺过程，表 3-10 为该主轴箱大批量生产工艺过程。

2. 箱体类零件机械加工工艺过程分析

(1)拟定箱体工艺过程的一般性原则。

①加工顺序为先面后孔。箱体类零件的加工顺序均为先加工面，以加工好的平面定位加工孔。因为箱体孔的精度要求高，加工难度大，先以孔为粗基准加工好平面，再以平面为精基准加工孔，这样既能为孔的加工提高稳定可靠的精基准，同时可以使孔的加工余

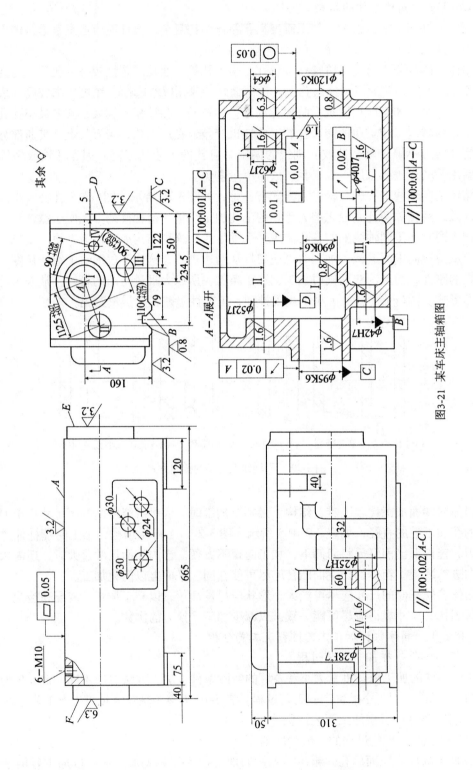

图3-21　某车床主轴箱图

量较为均匀。先加工好平面以后钻孔，钻头不易引偏，扩孔或铰孔时，刀具不易崩刃。

② 加工阶段粗、精分开。箱体的结构复杂，壁厚不均，刚性不好，而加工精度要求又高。故箱体重要加工表面都要划分为粗、精加工两个阶段，这样可以避免粗加工产生的内应力和切削热等对加工精度的影响。粗、精分开也可及时发现毛坯缺陷，避免更大的浪费。粗加工考虑的主要是效率，精加工考虑的主要是精度，这样可以根据粗、精加工的不同要求，合理选择设备。粗加工选择功率大而精度较差的设备。精加工选择精度高的设备，因为精加工余量小，切削力也小，这样就可使得高精度设备的使用寿命延长，提高了经济效益。单件小批生产的箱体或大型箱体的加工，如果工序上安排粗、精分开，则机床、夹具数量要增加，工件转运也费时费力，所以实际生产中是将粗、精加工在一道工序内完成。但是从工步上讲，粗、精还是分开的。如粗加工后将工件松开一点，然后再用较小的夹紧力夹紧工件，使工件因夹紧而产生的弹性变形在精加工之前得以恢复。导轨磨床磨大的床头箱导轨时，粗磨后进行充分冷却，然后再进行精磨。

③ 工序间安排时效处理。箱体结构复杂且壁厚不均匀，铸造残余应力较大。为了消除残余应力，减少加工后的变形，保证精度的稳定，铸件应进行人工时效处理。铸件人工时效的规范为：加热到 500 ~ 550℃，保温 4 ~ 6h，随炉缓慢冷却，冷却速度不大于 30℃/h，温度低于 200℃ 出炉。

普通精度的箱体，一般在铸造之后安排一次人工时效处理。对一些高精度的箱体或形状特别复杂的箱体，在粗加工之后还要安排一次人工时效处理，以消除粗加工所造成的残余应力。精度要求不高的箱体毛坯，有时不安排时效处理，而是利用粗、精加工工序间的停放和运输时间，使之进行自然时效。箱体人工时效的方法，除用加热保温方法外，也可采用振动时效来达到消除残余应力的目的。

④ 箱体类零件的粗基准一般都用它上面的重要孔作粗基准，如机床床头箱都用主轴孔作粗基准。

表 3-9 　　　　　　　　　某车床主轴箱小批生产工艺过程

工序号	工序内容	定位基准
1	铸造	
2	时效	
3	涂底漆	
4	画线，考虑主轴孔加工余量尽量均匀。划 C、A 及 E、D 面加工线	
5	粗、精铣顶面 A	按线找正
6	粗、精铣 B、C 面及侧面 D	顶面 A 并校正主轴线
7	粗、精铣两端面 E、F	B、C 面
8	粗、半精镗各纵向孔	B、C 面
9	精镗各纵向孔	B、C 面
10	粗、精加工横向孔	B、C 面

工序号	工序内容	定位基准
11	加工螺孔及各次要孔	
12	清洗、去毛刺	
13	检验	

2. 不同批量箱体加工的工艺特点

（1）粗基准的选择。虽然箱体类零件一般都选择重要孔（如主轴孔）为粗基准，但不同生产类型工件装夹方式是不同的。中小批生产时，由于毛坯精度较低，一般采用划线装夹，画线时以主轴孔为基础，检查其他各加工面的余量，适当调整主轴中心线位置，保证各面的加工余量，然后画出其他面的加工线。加工箱体平面时，按线找正装夹工件。大批量生产时毛坯精度较高，可直接以毛坯主轴孔定位，采用专用的夹具装夹。

表 3-10　　　　　　　　　　某车床主轴箱大批生产工艺过程

工序号	工序内容	定位基准
1	铸造	
2	时效	
3	涂底漆	
4	铣顶面 A	Ⅰ孔与Ⅱ孔
5	钻、扩、铰 2-ϕ8H7 工艺孔(将 6-MIO 先钻至 ϕ7.8mm，铰 2-ϕ8H7)	顶面 A 及外形
6	铣两端面 E、F 及前面 D	顶面 A 及两工艺孔
7	铣导轨面 B、C	顶面 A 及两工艺孔
8	磨顶面 A	导轨面 B、C
9	粗镗各纵向孔	顶面 A 及两工艺孔
10	精镗各纵向孔	顶面 A 及两工艺孔
11	精镗主轴孔 Ⅰ	顶面 A 及两工艺孔
12	加工横向孔及各面上的次要孔	顶面 A 及两工艺孔
13	磨 B、C 导轨面及前面 D	
14	将 2-ϕ8H7 及 4-ϕ7.8mm 均扩钻至 ϕ8.5mm，攻 6-M10	
15	清洗、去毛刺、倒角	
16	检验	

（2）精基准的选择。箱体加工精基准的选择也与生产批量大小有关。

① 单件小批生产用装配基准作定位基准。图 3-21 车床床头箱单件小批加工孔系时，选择箱体底面导轨 B、C 面作为定位基准，B、C 面既是床头箱的装配基准，又是主轴孔的

设计基准，并与箱体的两端面，侧面以及各主要纵向轴承孔在相互位置上有直接联系，故选择 *B*、*C* 面做定位基准，不仅消除了主轴孔加工时的基准不重合误差，此外，用导轨面 *B*、*C* 测量孔径尺寸。观察加工情况等都很方便。

这种定位方式不足之处是加工箱体中间壁上的孔时，为了提高刀具系统的刚度，需在箱体内部相应的部位设置刀杆的支承、导向支承。由于箱体底部是封闭的，中间支承只能用如图 3-22(a) 所示的吊架从箱体顶面的开口处伸入箱体内，每加工一件需装卸一次，吊架与镗模之间虽有定位销定位，但吊架刚性差，制造安装精度较低，经常装卸也容易产生误差，且使加工的辅助时间增加，因此这种定位方式只适用于单件小批生产。

② 批量大时采用顶面及两个销孔作定位基准。大批量生产的主轴箱常以顶面和两定位销孔为精基准，如图 3-22(b) 所示。这种定位方式，加工时箱体口朝下，中间导向支承架可以紧固在夹具体上，提高了夹具刚度，有利于保证各支承孔加工的相互位置精度，而且工件装卸方便，减少了辅助工时，提高了生产效率。

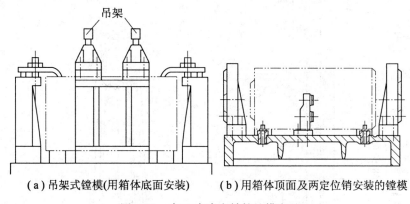

(a) 吊架式镗模(用箱体底面安装)　　(b) 用箱体顶面及两定位销安装的镗模

图 3-22　加工车床主轴箱镗模夹具

这种定位方式也有它的不足之处。由于主轴箱顶面不是设计基准，故定位基准与设计基面不重合，出现基准不重合误差，使得定位误差增加，需进行尺寸链计算并提高工序尺寸精度。另外，由于箱体口朝下，加工时不便于观察、测量和调刀。所以，用箱体顶面及两定位销孔作精基面加工时，必须采用定尺寸刀具。

③ 所用设备依批量不同而异。单件小批生产一般都在通用机床上进行，除个别必须用专用夹具才能保证质量的工序(如孔系加工)外，一般不用专用夹具，而是尽量使用通用夹具和组合夹具；而大批量箱体的加工则广泛采用组合加工机床，如多轴龙门铣床、组合磨床等，各主要孔则采用多工位组合机床、专用镗床等。专用夹具用得也很多。这就大大地提高了生产率。

3.6.2　连杆加工

3.6.2.1　概述

1. 连杆的功用与结构分析

连杆是活塞式发动机(和活塞式压缩机)的重要零件之一，其大头孔和曲轴连接，小头孔通过活塞销和活塞连接，将作用于活塞的气体膨胀压力传给曲轴，又受曲轴驱动而带动活塞压缩汽缸中的气体。连杆承受的是高交变载荷，气体的压力在杆身内产生很大的压缩应力和纵向弯曲应力，由活塞和连杆重量引起的惯性力，使连杆承受拉应力。所以连杆承受的是冲击性质的动载荷。因此要求连杆重量轻、强度要好。

　　图 3-23 是某汽油机连杆总成图。连杆由连杆大头、杆身和连杆小头三部分组成。连杆大头是分开的，一半为连杆盖，另一半与杆身为一体；通过连杆螺栓连起来。连杆大头孔内分别装有轴瓦。由于连杆体与连杆盖的接合面是与大、小头孔的中心联线垂直，故称为直剖式连杆。有些连杆大头结构粗大，为了使连杆在装卸时能从汽缸孔内通过，采用斜剖式结构，即接合面与大、小头孔轴线形成一定的角度。

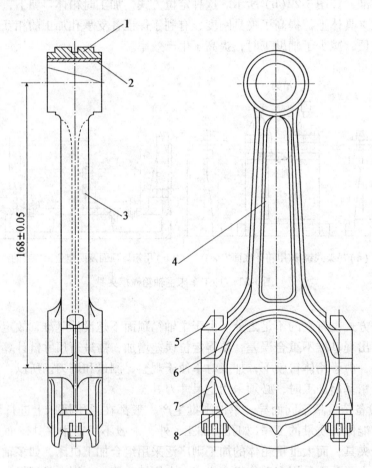

1—连杆小头　2—铜套　3—杆身　4—连杆体　5—连杆螺栓
6—连杆轴承衬套　7—连杆盖　8—连杆大头
图 3-23　某汽油机连杆总成图

　　为方便加工连杆，可以在连杆的大头侧面或小头侧面设置工艺凸台或工艺侧面。

2. 连杆的主要技术要求

连杆的装配精度和主要技术要求如表 3-11 所示：

表 3-11 　　　　　　　　　　　　　　　　连杆的主要技术要求

技术要求项目	具体要求或数值	满足的主要性能
大、小头孔精度	尺寸公差等级 IT6 圆度、圆柱度 0.004 ~ 0.006mm	保证与轴瓦的良好配合
两孔中心距	±0.03 ~ ±0.05mm	汽缸的压缩比
两孔轴线在两个互相垂直方向上的平行度	在连杆轴线平面内的平行度为0.02 ~ 0.04/100mm 在垂直连杆轴线平面内的平行度为0.04 ~ 0.06/100mm	使汽缸壁磨损均匀和曲轴颈边缘减少磨损
大头孔两端面对其轴线的垂直度	100 : 0.1mm	减少曲轴颈边缘的磨损
两螺孔（定位孔）的位置精度	在两个垂直方向上的平行度为： 0.02 ~ 0.04 : 100mm 对结合面的垂直度为： 0.1 ~ 0.2 : 100mm	保证正常承载能力和大头孔轴瓦与曲轴颈的良好配合
连杆组内各连杆的重量差	±2%	保证运转平稳

3. 连杆的材料与毛坯

连杆材料一般采用 45 钢或 40Cr、45Mn2 等优质碳素钢或合金钢，也有采用球墨铸铁的。

钢制连杆都用模锻制造毛坯。连杆毛坯的锻造工艺有两种方案：① 将连杆体和盖分开锻造；② 连杆体和盖整体锻造。

整体锻造或分开锻造的选择决定于锻造设备的能力，整体锻造需要有大的锻造设备。从锻造后材料的组织来看，分开锻造的连杆盖金属纤维是连续的，因此具有较高的强度；而整体锻造的连杆，铣切后，连杆盖的金属纤维是断裂的，因而削弱了强度。整体锻造要增加铣开连杆盖工序，但整体锻造可以提高材料利用率，减少结合面的加工余量，加工时也较方便。整体锻造只需要一副锻模，一次便可锻成，也有利于组织和管理生产，故一般只要不受连盖形状和锻造设备的限制，均尽可能采用连杆的整体锻造工艺。

3.6.2.2　连杆的加工工艺过程

图 3-24 是某柴油机连杆体零件图，图 3-25 是它的连杆盖的零件图，这两个零件用螺钉或螺栓连接，用定位套定位。该连杆的生产属于大批量生产，采用流水线加工，机床按连杆的机械加工工艺过程连续排列，设备多为组合机床或专用机床。

该连杆采用分开锻造工艺，先分别加工连杆体和连杆盖，然后合件加工。其机械加工工艺过程见表 3-12 和表 3-13。

连杆加工工艺过程分析如下：

1. 定位基准的选择

连杆加工工艺过程的大部分工序都采用统一的定位基准，一个端面、小头孔及工艺凸台。这样有利于保证连杆的加工精度，而且端面的面积大，定位也比较稳定。由于连杆的外形不规则，为了定位需要，在连杆体大头处做出工艺凸台作为辅助基准面。

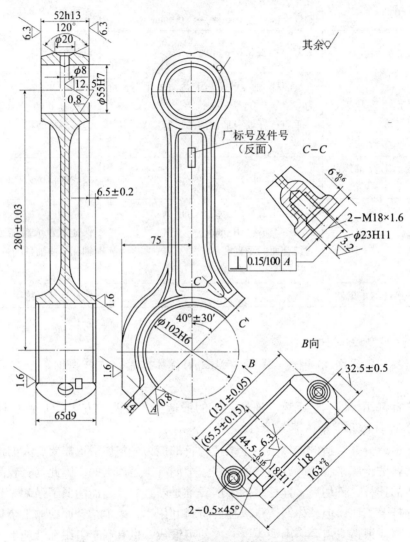

图 3-24　某柴油机连杆体零件图

　　连杆大、小头端面对称分布在杆身的两侧，由于大、小头孔厚度不等，所以大头端面与同侧小头端面不在一个平面上。用这样的不等高面作定位基准，必然会产生定位误差。制订工艺时，可先把大、小头做成一样厚度，这样不但避免了上述缺点，而且由于定位面积加大，使得定位更加可靠，直到加工的最后阶段才铣出这个阶梯面。

　　2. 加工阶段的划分和加工顺序的安排

　　连杆本身的刚度比较低，在外力作用下容易变形，连杆是模锻件，孔的加工余量较大，切削加工时易产生残余应力。有残余应力存在，就会有变形的倾向。因此，在安排工艺过程时，应把各主要表面的粗、精加工工序分开。这样，粗加工产生的变形就可以在半精加工中得到修正；半精加工中产生的变形可以在精加工中得到修正，最后达到零件的技术要求。如大头孔先进行粗镗(工序 8)，连杆合件加工后半精镗大头孔(工序 3)，精镗大头孔(工序 4)。

在工序安排上先加工定位基准，如端面加工的铣、磨工序放在加工过程的前面。

连杆工艺过程可分为以下三个阶段。

(1) 粗加工阶段。粗加工阶段也是连杆体和盖合并前的加工阶段，基准面的加工，包括辅助基准面加工；准备连杆体及盖合并所进行的加工，如两者对口面的铣、磨等。

(2) 半精加工阶段。半精加工阶段也是连杆体和盖合并后的加工，如精磨两平面，半精镗大头孔及孔口倒角等。总之，是为精加工大、小头孔做准备的阶段。

(3) 精加工阶段。精加工阶段主要是最终保证连杆主要表面 —— 大、小头孔全部达到图纸要求的阶段，如珩磨大头孔、精镗小头轴承孔等。

3. 确定合理的夹紧方法

连杆是一个刚性较差的工件，应十分注意夹紧力的大小、方向及着力点位置的选择，以免因受夹紧力的作用而产生变形，使得加工精度降低。在杆身上夹压是不正确的夹紧方法。实际生产中采用的粗铣两端面的夹具，夹紧力的方向与端面平行，在夹紧力作用的方向上，大头端部与小头端部的刚性大，产生变形较小，且在平行于端面的方向上，对端面平行度影响较小。夹紧力通过工件直接作用在定位元件上，可避免工件产生弯曲或扭转变形。

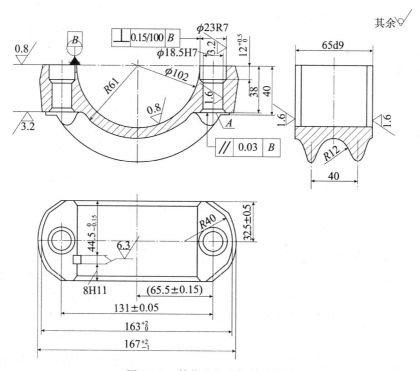

图 3-25 某柴油机连杆盖零件图

4. 主要表面的加工方法

（1）两端面的加工。

连杆的两端面是连杆加工过程中最主要的定位基准面，而且在许多工序中使用。所以应先加工它，且随着工艺过程的进行要逐渐精化其基准，以提高其定位精度。大批大量生产多采用拉削和磨削加工，成批生产多采用铣削和磨削。

铣两端时，为保证两端面对称于杆身轴线，应以杆身定位。铣削时多采用下面两种铣削方法，一种是在专用铣床装两把硬质合金端铣刀盘，工件装夹在回转工作台上作低速回转进给运动，粗、精铣同时进行，只是切深不同，加工完一个面，转过180°再加工另一端面；另一种铣削片法是在专用的四轴龙门铣床上，用四把端铣刀同时铣削大、小头两端面。

两端面的磨削加工，一般在立轴平面磨床上用砂轮端面进行磨削，生产率较高。在大量生产中，可采用双端面磨床进行磨削，以保证两端面的平行度和高的生产率。

（2）大、小头孔的加工。

连杆大、小头孔的加工是连杆加工中的关键工序，尤其大头孔的加工是连杆各部位加工中要求最高的部位，直接影响连杆成品的质量。一般先加工小头孔，后加工大头孔，合装后再同时精加工大、小头孔。小头孔小，锻坯上不锻出预孔，所以小头孔首道工序为钻削加工。加工方案多为：钻 — 扩（拉）— 镗（铰）。

表 3-12　　　　　　　　　连杆体与连杆盖加工工艺过程

连杆体			连杆盖			机床设备
工序号	工序内容	定位基准	工序号	工序内容	定位基准	
1	模锻		1	模锻		
2	调质		2	调质		
3	磁性探伤		3	磁性探伤		
4	粗精铣两平面	大头孔壁、小头外廓端面	4	粗精铣两平面	端面结合面	立式双头回转铣床
5	磨两平面	端面	5	磨两平面	端面	立轴圆台平面磨床
6	钻扩铰小头孔，孔口倒角	大小头端面，小头外廓工艺凸台				立式五工位机床
7	粗精铣工艺凸台及结合面	大小头端面，小头孔，大头孔壁	6	粗精铣结合面	端面肩胛面	立式双头回转铣床
8	连杆体两件组合粗镗大头孔，倒角	大小头端面，小头孔，工艺凸台	7	连杆盖两件组合粗镗孔，倒角	肩胛螺钉孔外侧	卧式三工位机床
9	磨结合面	大小头端面，小头孔，工艺凸台	8	磨结合面	肩胛面	立轴矩台平面磨床

连杆体			连杆盖			机床设备
工序号	工序内容	定位基准	工序号	工序内容	定位基准	
10	钻攻螺纹孔,钻铰定位孔	小头孔及端面工艺凸台	9	钻扩沉头孔,钻铰定位孔	端面大头孔壁	卧式五工位机床
11	精镗定位孔	定位孔结合面	10	精镗定位孔	定位孔结合面	
12	清洗		11	清洗		
13	打印件号		12	打印件号		
14	检验		13	检验		

　　无论采用整体锻还是分开锻,大头孔都会锻出预孔,因此大头孔首道工序都是粗镗(或扩)。大头孔的加工方案多为,(扩)粗镗—半精镗—精镗。

　　在大、小头孔的加工中,镗孔是保证精度的主要方法。因为镗孔能够修正毛坯和上道工序造成孔的歪斜,易于保证孔与其他孔或平面的相互位置精度。虽然镗杆尺寸受孔径大小的限制,但连杆的孔径一般不会太小,且孔深与孔径比皆在 1 左右,这个范围镗孔工艺性最好,镗杆悬伸短,刚性也好。

　　大、小头孔的精镗一般都在专用的双轴镗床同时进行,有的厂采用双面、双轴金刚镗床,对提高加工精度和生产率则效果更好。

　　大、小头孔的光整加工是保证孔的尺寸、形状精度和表面粗糙度不可缺少的加工工序。一般有以下三种方案:珩磨、金刚镗和脉冲式滚压。

表 3-13　　　　　　　　　　　　　连杆合件加工工艺过程

工序号	工序内容	定位基准	机床设备
1	体与盖对号,清洗,装配		
2	磨两平面	大、小头端面	立轴圆台平面磨床
3	半精镗大头孔及孔口倒角	大、小头端面,小头孔工艺凸台	立式镗床
4	精镗大、小头孔	大小头端面,小头孔工艺凸台	金刚镗床
5	钻小头油孔及孔口倒角		立式镗床
6	珩磨大头孔		珩磨机
7	小头孔内压入铜套		油压机
8	铣小头两端面	小、大头端面	立式双头回转铣床
9	精镗小头铜套孔	大、小头孔	金刚镗床
10	拆开连杆盖		
11	铣体与盖大头轴瓦定位槽		卧式铣床

续表

工序号	工序内容	定位基准	机床设备
12	对号，装配		
13	退磁		
14	检验		

连杆加工多属大批量生产。而连杆刚性差，因此工艺路线多为工序分散，大部分工序用高生产率的组合机床和专用机床，并且广泛地使用气动、液动夹具，以提高生产率，满足大批量生产的需要。

习题与思考题

1. 什么是生产过程、工艺过程、工艺规程？工艺规程有何作用？
2. 什么是工序、安装、工位、工步？
3. 何谓生产纲领？它对工艺过程有哪些影响？
4. 制订工艺规程的基本原则是什么？
5. 何谓结构工艺性？如何衡量机械产品的结构工艺性？
6. 指出题图 3-1 中零件结构工艺性存在的问题，并提出改进意见。
7. 机械制造中常用毛坯种类有哪些？选择毛坯时应考虑哪些因素？
8. 何谓设计基准、工艺基准、定位基准、工序基准、测量基准及装配基准？
9. 试分析下列情况的定位基准：
(1) 浮动铰刀铰孔；(2) 珩磨连杆大头孔；(3) 拉孔；
(4) 磨削床身导轨面；(5) 无心磨外圆；(6) 超精加工主轴轴颈；

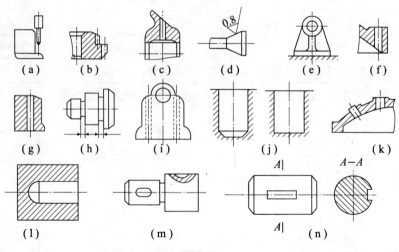

题图 3-1

10. 举例说明粗、精基准的选择原则。

11. 简述选择表面加工方法时应考虑的因素。

12. 机械加工工艺过程为什么通常要划分加工阶段? 各加工阶段的主要作用是什么?

13. 什么是加工余量、工序余量与总余量? 如何确定加工余量?

14. 零件"小轴"外径为 28h7, 材料为普通精度热轧圆钢, 加工工艺过程如下: 下料 → 车端面、打中心孔 → 粗车各面 → 精车各面 → 热处理 → 研磨中心孔 → 磨外圆。试计算外圆加工中各道工序的工序尺寸及公差。

15. 试说明尺寸链中封闭环、组成环、增环与减环的概念及判断方法。

16. 某零件的加工路线如题图 3-2 所示: 工序 1, 粗车小端外圆、台肩面及端面; 工序 2, 大端外圆及端面; 工序 3, 精车小端外圆、台肩面及端面。试校核工序 3 精车小端面的余量是否大于 0.8mm? 若余量不够应如何改进?

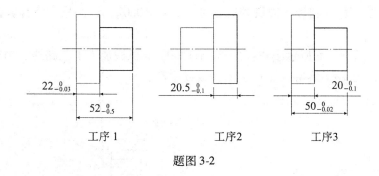

$22_{-0.03}^{0}$　　　　$20.5_{-0.1}^{0}$　　　　$20_{-0.1}^{0}$

$52_{-0.5}^{0}$　　　　　　　　　　　　　　$50_{-0.02}^{0}$

工序 1　　　　　　工序 2　　　　　　工序 3

题图 3-2

17. 题图 3-3 为一轴套零件简图和工序简图, 该零件工序为: 工序 1 车大端端面外圆及镗孔; 工序 2 车小端外圆、端面及台肩; 工序 3 钻孔; 工序 4 热处理; 工序 5 磨小端外圆及台肩面, 试求工序尺寸 A、B 及公差。

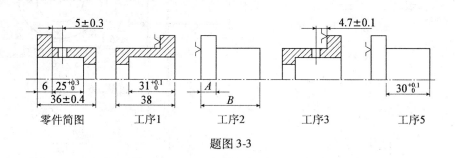

5 ± 0.3　　　　　　　　　　　　　　4.7 ± 0.1

6 $25_{0}^{+0.3}$　　$31_{0}^{+0.1}$　　A　　　　　$30_{0}^{+0.1}$

36 ± 0.4　　　38　　　　B

零件简图　　　工序 1　　　工序 2　　　工序 3　　　工序 5

题图 3-3

18. 某小轴零件外圆需氰化后磨削, 外圆加工顺序如下: (1) 车外圆 $\phi25.4_{-0.13}^{0}$; (2) 氰化, 要求氰化层深度为 t; (3) 磨外圆至 $\phi25_{-0.021}^{0}$mm。要求保证氰化层深度为 0.1 ~ 0.3mm。试计算工序 3 氰化层深度及公差。

19. 在铣床上采用调整法加工如题图 3-4 所示套筒零件的表面 B, 以 C 面定位, 表面 D、E 均已加工完毕要求保证尺寸 $10_{0}^{+0.2}$mm, 试求工序尺寸 A。

20. 加工题图 3-5 所示轴颈时, 要求保证键槽深度尺寸 $t = 45.5_{-0.2}^{0}$ 的有关工艺过程

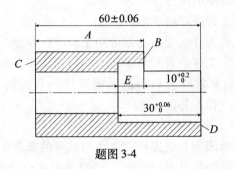

题图 3-4

如下:

（1）车外圆至 $\phi 50.4^{0}_{-0.08}$；（2）在铣床上按尺寸 $H^{0}_{-\delta H}$ 铣键槽；（3）热处理；（4）磨外圆至尺寸 $\phi 50^{-0.024}_{-0.064}$；磨外圆和车外圆的同轴度误差为 $\phi 0.02$，试用概率法计算铣键槽工序尺寸 $H^{0}_{-\delta H}$。

21. 试拟定题图 3-6 所示小连杆（材料 HT200）的机械加工工艺路线，内容有：工序名称、工序简图、工序内容等，生产类型为成批生产。

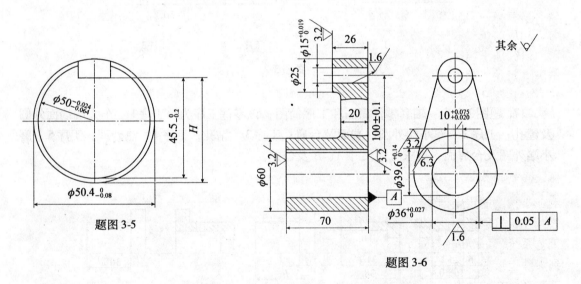

题图 3-5

题图 3-6

第4章　机械加工精度

加工精度(Machining Precision)是指零件加工后的实际几何参数(尺寸、形状和表面间的相互位置)与理想几何参数相符合的程度。符合程度越高,加工精度就越高。在实际加工中,不可能把零件做得绝对准确,总会有一定的偏差(Deviation),实际值与理想值之差,称为加工误差(Error)。加工误差的大小反映了加工精度的高低,所以保证和提高加工精度,实际上就是控制和减少加工误差。研究加工精度,就是通过分析各种因素对加工精度的影响,从而找出减少加工误差的措施,以获得预期的加工精度。

零件的加工精度包括三个方面的内容:尺寸、形状和相互位置精度。这三者既有区别又有联系。例如圆柱表面的圆度和圆柱度会影响其直径尺寸精度,零件的平面度会影响与其他表面之间的平行度、垂直度。一般情况下,当尺寸精度要求高时,相应的形状和位置精度也要求高。通常形状精度高于位置精度,位置精度高于尺寸精度。但形状精度要求高时,相应的位置和尺寸精度不一定高,这应根据零件的功能要求决定。

研究加工精度的方法一般有两种:一是单因素(Single Factor)分析法,只研究某一确定因素对加工精度的影响,通过分析、计算或测试、实验,得出该因素与加工误差的关系。二是统计(Stationary)分析法,通过运用数理统计方法对生产中一批零件的实测结果进行数据处理,从中判断误差的性质和出现的规律,用以控制工艺过程的正常进行。该方法只适用于大批量生产。

在实际生产中,这两种方法常常结合起来应用。一般先用统计方法找出误差出现的规律,初步判断产生误差的可能原因;然后运用单因素分析法进行分析、实验,以便找出影响加工精度的主要因素。

在机械加工中,机床、夹具、刀具和工件构成了一个完整的系统,称之为工艺系统。工艺系统(Machining Complex)的种种误差在各种条件下,会以不同方式、不同程度反映到零件上形成加工误差,因此工艺系统的误差也称之为原始误差。这些原始误差一部分与工艺系统初始状态有关,一部分与切削过程有关。根据这些误差的性质,可以归纳为以下几方面:

(1)工艺系统的几何误差(Geometry Error)。包括加工原理误差,机床、夹具、刀具的制造误差和磨损、安装误差、调整误差等。

(2)工艺系统受力变形(Deformation)所引起的误差。包括工艺系统受外力变形产生的误差,零件中残余应力重新分布引起的误差。

(3)工艺系统热变形所引起的误差。

不同的原始误差对加工精度的影响不同,当原始误差的方向与零件工序尺寸方向一致时,对加工精度的影响最大。对加工精度影响最大的方向称为误差敏感方向。分析原始误差对加工精度的影响主要考虑误差的敏感方向。

以下将分别对各种误差的性质、特点及对加工精度的影响予以分析。

4.1　工艺系统的几何误差

4.1.1　原理误差（Principle Error）

原理误差是由于采用了近似的刀刃轮廓或近似的成形运动进行加工所产生的误差。例如常用齿轮滚刀就存在两种原理误差：一是采用了较易制造的阿基米德基本蜗杆或法向直廓基本蜗杆代替渐开线基本蜗杆；二是由于滚刀刀刃数有限，因而切削不连续，实际加工出来的齿形是一条由微小折线组成的曲线而不是光滑的渐开线。

为了获得理想的加工表面，理论上应采用理想的加工原理，但在实际生产中有时会使机床结构复杂，刀具难以制造，甚至不能保证加工精度。这时如采用近似的刀刃轮廓或近似的成形运动，虽然会带来原理误差，但可以简化机床结构和刀具形状，并能提高生产率，降低加工成本。因此只要把误差限制在规定的范围内，就可以采用近似的加工方法。目前，在数控机床上加工复杂轮廓曲线、曲面，就是利用函数逼近（Function Approach）法进行近似加工，即利用直线或圆弧逼近所要求的曲线或曲面，使机床的运动和结构大为简化。

4.1.2　机床误差（Machine-tool Error）

机床误差是指在无切削负荷下，来自机床本身的制造、安装误差和磨损。这里着重分析对加工精度影响较大的主轴误差、导轨误差和传动链误差。

4.1.2.1　主轴（Principal Axis）误差

机床主轴是决定零件或刀具位置并传递切削运动的重要部件，主轴精度是机床精度的一项重要指标，主轴误差直接影响零件的加工精度和表面粗糙度。

主轴误差主要包括两个方面：一是主轴上决定刀具或零件位置的基准表面几何轴线与主轴实际回转轴线不重合，可称为主轴的几何偏心；二是主轴实际回转轴线的运动误差，称为回转误差。

1. 主轴的几何偏心（geometry eccentric）

主轴的几何偏心是指主轴锥孔、定心外圆、轴肩支承面等工件或刀具的安装基面几何轴线与主轴回转轴线不重合（见图4-1）。产生几何偏心的原因：一是主轴的安装基面与主轴轴颈存在同轴度和垂直度误差；二是滚动轴承内孔与内环滚道存在同轴度误差。

主轴几何偏心对加工精度的影响视机床不同而异，对于车床和磨床会使加工表面相对定位基准产生位置误差。例如，车外圆和端面时，会产生加工表面相对定位基准的同轴度误差和垂直度误差；周铣平面时，会使切削成形面不是理想平面，被加工表面将产生平面度或直线度误差；在镗床上镗孔时，主轴几何偏心将使镗孔尺寸扩大或缩小。

2. 主轴的回转误差（Rotation Error）

理论上机床主轴回转时，回转轴线的空间位置应该固定不变，然而实际上由于主轴系统存在各种误差，主轴瞬时回转轴线在空间的位置往往都是周期变化的，即存在实际回转轴线相对理想回转轴线的漂移，这个漂移量就是回转误差。

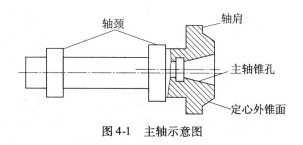

图 4-1　主轴示意图

为了便于分析，常把主轴的回转误差分解为纯径向跳动、纯轴向窜动和纯角度摆动，如图 4-2 所示。

(a)径向圆跳动　　　　**(b)轴向圆跳动**　　　**(c)角度摆动**

图 4-2　主轴回转误差的基本形式

（1）主轴回转误差对加工精度的影响。

不同形式的主轴回转误差对加工精度的影响不同，而同一类型的回转误差在不同的加工方式中影响也不同。

主轴的径向跳动会使零件产生圆度误差（Roundness Error）。图 4-3 为在镗床上镗孔工件不动刀具回转的情况，假设主轴的纯径向跳动使其轴线在 Y 坐标方向上作简谐直线运动，其运动频率与主轴转速相同，振幅为 A。又设主轴中心偏移最大（等于 A）时，镗刀刀尖正好通过水平位置 1，当镗刀转过 φ 角时，刀尖的水平和垂直分量各为

$$\begin{cases} y = A\cos\phi + R\cos\phi = (A+R)\cos\phi \\ z = R\sin\phi \end{cases} \tag{4-1}$$

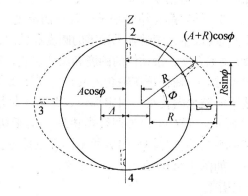

图 4-3　纯径向跳动对镗孔圆度的影响

这是椭圆的参数方程，其长半轴为 $(A+R)$，短半轴为 R，此式说明镗出的孔是椭圆形

的,其圆度误差为 A。

车削时为工件回转刀具不转动,刀具相对主轴平均回转轴线距离为一定值,即使主轴存在同样的简谐直线运动,仍能得到一个半径为刀尖到平均轴线距离的近似圆,但主轴的径向跳动不仅会使加工出的内、外圆与定位基准产生同轴度误差,还会因加工余量不均匀造成切削力大小变化从而产生形状误差。

主轴的纯轴向窜动对圆柱面的加工精度没有影响,但在加工端面时,会使端面与内外圆不垂直,如图4-4(a)所示。如果主轴回转一周来回跳动一次,则加工出的端面近似为螺旋面。加工螺纹时,主轴的端面跳动将使螺纹产生周期性误差,如图4-4(b)所示。

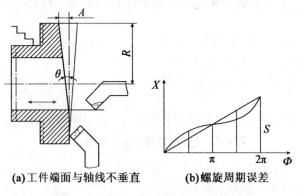

(a)工件端面与轴线不垂直　　　(b)螺旋周期误差

图4-4　主轴端面跳动引起的加工误差

主轴的纯角度摆动表现为主轴瞬时回转轴线与主轴平均回转轴线呈一倾斜角,但其交点位置固定不变。若沿与平均轴线垂直的各个截面来看,相当于瞬时轴线绕平均轴线作偏心运动,只是各截面的偏心量不同而已,其对加工精度的影响与径向跳动基本相同。

必须指出的是,主轴回转误差的三种基本形式实际上是同时存在并综合影响着零件的加工精度。

(2)影响主轴回转误差的主要因素。

主轴的回转误差与主轴部件的制造精度及切削过程中主轴受力、受热变形有关,其中主轴部件的制造精度是主要的。如主轴轴颈与箱体轴承孔各自的圆度、波度和同轴度的误差,止推面或轴肩与回转轴线的垂直度误差,滚动轴承滚道的圆度和波度,滚道与轴承孔的同轴度,止推轴承滚道与回转轴线的垂直度,滚动体的圆度和尺寸误差,轴承的间隙等。

当主轴采用滑动轴承结构时,主轴轴颈在轴套内旋转。对于工件回转类机床,切削力方向大体不变,主轴轴颈被压向轴承内孔某一固定部位,此时主轴轴颈的圆度误差对主轴回转影响较大,如图4-5(a)所示。而对于刀具回转类机床,由于切削力方向随主轴旋转而变化,主轴轴颈总是以某一固定部位与轴承内表面不同部位接触,因此对主轴回转误差影响较大的是轴承孔的圆度,如图4-5(b)所示。

(3)提高主轴回转精度的措施。

提高主轴的回转精度,首先应提高主轴轴承的回转精度,应采用高精度的滚动轴承或多油楔的动压轴承、静压轴承等;其次应提高与轴承配合零件表面的加工精度,还应控制和消除轴承间隙,可采用适当预紧的措施,甚至产生微量过盈来消除间隙,这样既增加了

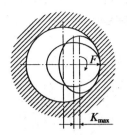 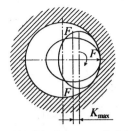

(a)工件回转类机床 **(b)刀具回转类机床** K_{max}—最大跳动量

图 4-5 轴径与轴套孔圆度误差引起的径向跳动

轴承刚度，又起到均化轴承误差的作用。

4.1.2.2 导轨误差(Guide Way Error)

导轨是机床中确定各主要部件相对位置及运动的基准，它的各项误差直接影响加工精度。

导轨误差包括导轨本身误差和导轨移动时对机床其他表面间的相互位置误差，主要有以下几个方面：

(1)导轨在水平面内的直线度误差 Δy(见图 4-6)；

(2)导轨在垂直内的直线度误差 Δz(见图 4-6)；

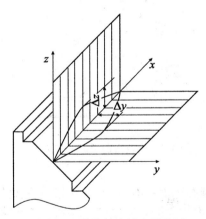

图 4-6 导轨的直线度误差

(3)前后导轨的平行度误差 δ；

(4)导轨对主轴回转轴线的平行度或垂直度误差。

在分析导轨导向误差对加工精度的影响时，主要考虑刀具与工件在误差敏感方向上的相对位移。

以车床导轨为例，误差的敏感方向在水平方向，如果床身导轨在水平面内弯曲 Δy，则在纵向切削过程中，刀尖的运动轨迹将产生相应的误差(见图 4-7(a))，从而使工件在半径上的误差为 $\Delta R_y = \Delta y$。工件表面将产生圆柱度误差。

轨在垂直面内的弯曲同样会使刀尖运动轨迹产生相应的误差(见图 4-7(b))，但由于它发生在被加工表面的切线方向，反映到加工表面的形状误差很小，$\Delta R_z \approx (\Delta z)^2/D$。可以忽略。

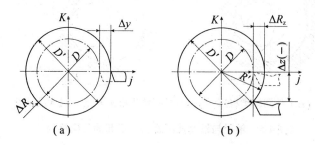

图4-7　导向误差对车削圆柱面的影响

若车床前后导轨不平行（扭曲）（见图4-8），将使刀尖相对于工件在水平和垂直两个方向上产生偏移，设车床中心高为 H，导轨宽度为 B，则导轨扭曲量 δ 引起的工件半径变化量 ΔR 为

$$\Delta R = \alpha \qquad H \approx \delta H/B \tag{4-2}$$

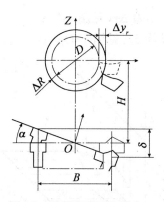

图4-8　导轨扭曲引起的加工

通常车床 $H/B \approx 2/3$，外圆磨床 $H \approx B$，因此导轨扭曲引起的加工误差不可忽略。

若车床床身导轨在水平面内与主轴回转轴线不平行，车出的内外圆柱面会产生锥度，而在垂直平面内的平行度误差，因是误差非敏感方向可以忽略，如果车床的横向导轨与主轴回转轴线不垂直，则加工出的工件端面将与内、外圆有垂直度误差。

平面磨床，龙门刨床误差的敏感方向在垂直平面内，所以导轨在垂直平面内的误差将直接反映到被加工零件上，如图4-9所示。

镗床误差敏感方向是随主轴回转而变化的，故导轨在水平面及垂直面内的直线度均直接影响加工精度。镗孔时，如果镗刀杆进给，那么导轨的不直、扭曲或与镗杆轴线不平行，都会引起所加工孔的轴线不直或与基准的相互位置误差；如果工作台进给，导轨与镗杆回转轴线不平行时，镗出的孔为椭圆形，如图4-10所示。

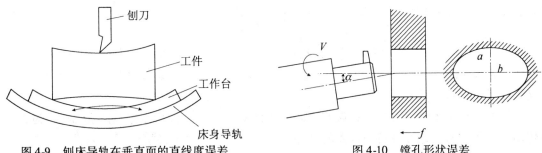

图 4-9 刨床导轨在垂直面的直线度误差   图 4-10 镗孔形状误差

机床导轨的导向精度，除受导轨制造误差的影响外，还与机床安装是否正确，地基是否牢固，导轨的润滑和使用磨损状况及受力、受热变形有关。对于长度较长的龙门刨床、龙门铣床，导轨磨床等，因床身导轨长，刚性较差，在本身自重的作用下就容易变形，机床安装引起的导轨误差远远大于制造误差。因此安装时应有良好的基础，并严格测量校正，在使用期间还应定期复校调整。

4.1.2.3 传动链误差(Transmission Error)

传动链误差是指内联系的传动链中首、末两端传动元件之间相互运动的误差，当加工中有内联系传动时，它是影响加工精度的主要因素。例如，在滚齿机上用单头滚刀加工直齿轮时，滚刀与工件之间具有严格的运动关系，滚刀转一转工件转过一个齿，这种运动关系由刀具与工件间的传动链来保证。如图 4-11 所示的传动系统。

$$\phi_n(\phi_g) = \phi_d \frac{Z_1}{Z_2} \frac{Z_3}{Z_4} \frac{Z_5}{Z_6} \frac{Z_7}{Z_8} i_c i_f \frac{Z_{n-1}}{Z_n}$$

式中：$\phi_n(\phi_g)$——工件转角；

$\quad\quad \phi_d$——滚刀转角；

$\quad\quad I_c$——差动轮系传动比；

$\quad\quad i_f$——分度挂数传动比。

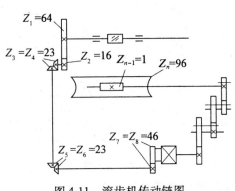

图 4-11 滚齿机传动链图

当传动链中各传动元件有转角误差 $\Delta\phi_j$ 时，就会破坏正确的运动关系，使工件产生误差。传动链误差一般用传动链末端元件的转角误差来衡量。各传动元件在传动链中的位置不同，对末端元件转角误差的影响程度也不同，例如齿轮 Z_1 有转角误差 $\Delta\phi_1$，如不考虑其他传动元件误差，则传到末端元件 Z_n 上所产生的转角误差为

$$\Delta\phi_{1n} = \Delta\phi_1 \frac{Z_1 Z_3 Z_5 Z_7}{Z_2 Z_4 Z_6 Z_8} i_c i_f \frac{Z_{n-1}}{Z_n} = k_1 \Delta\phi_1$$

式中：k_1 为 Z_1 到末端元件的传动比，它反映了 Z_1 转角误差对末端元件传动精度的影响，故又称为误差传递系数。

由于所有传动元件都可能存在误差，因此各传动元件对工件精度影响的和 $\Delta\phi_\Sigma$ 为各种传动元件所引起末端元件转角误差的叠加：

$$\Delta\phi_\Sigma = \sum_{j=1}^{n} \Delta\phi_{in} = \sum_{j=1}^{n} k_j \Delta\phi_j \tag{4-3}$$

式中：k_j——第 j 个传动元件的误差传递系数；

$\Delta\phi_j$——第 j 个传动元件的转角误差。

如果考虑到传动链中各传动元件的转角误差都是独立的随机变量，则传动链末端元件总转角误差可用概率法进行计算

$$\Delta\phi_\Sigma = \sqrt{\sum_{j=1}^{n} k_j^2 \Delta\phi_j^2} \tag{4-4}$$

从式(4-3)或(4-4)中可得出以下结论：

(1)减少传动元件数目，即缩短传动链，可减少误差来源。

(2)当 $k_j>1$，即升速传动，则误差被扩大，反之可缩小误差，因此采用降速传动尤其是减少末端传动元件的传动比，有利于提高传动精度。

(3)提高传动元件精度，尤其是末端传动元件的制造和装配精度，可以减少传动链误差。

4.1.3 夹具(Fixture)的制造误差和磨损

工件在加工中是通过定位和夹紧来保证与刀具之间的正确位置的，因而夹具的误差，特别是定位元件和导向元件的误差，将直接影响工件的加工精度。例如，钻模和镗模导向套的中心距误差，直接影响被加工孔的孔距；导向套中心线与定位平面的平行度或垂直度误差，将影响工件孔中心线与定位基准的平行线或垂直度；车外圆时定位心轴的径向跳动将使工件外圆与定位孔不同轴、铣夹具对刀装置的位置误差，会直接影响工件的加工尺寸。

为了保证工件的加工精度，必须对夹具的制造精度加以规定，一般精加工时，夹具主要尺寸和位置公差应为工件上相应公差的1/2~1/3；粗加工时，因工件公差较大，可取工件相应公差的1/5~1/10。对夹具上的定位、导向等元件，应安排适当的热处理，以提高其耐磨性。

4.1.4 刀具(Cutting-tool)的制造误差和磨损

刀具的种类繁多，它们对加工精度的影响各不相同。

(1)定尺寸刀具，例如钻头、铰刀、丝锥、板牙、拉刀等，刀具的尺寸精度直接影响工件的尺寸精度。

（2）成形刀具，例如成形车刀，成形铣刀、成形砂轮等，刀具的形状决定了被加工表面的形状，因此刀具形状精度直接影响被加工表面的形状精度。

（3）展成刀具，例如齿轮滚刀、花键滚刀、插齿刀等，其刃口形状应是加工表面的共轭曲线，因此刀刃的形状误差也会影响加工表面的形状精度。

（4）对于一般刀具例如车刀、镗刀、刨刀、铣刀和砂轮等，其制造精度对加工精度无直接影响，但任何一种刀具在切削过程中都不可避免地要磨损，从而使工件产生加工误差。例如用调整法加工一批不大的工件时，刀具的磨损会扩大工件尺寸的分散范围，车削一根大直径的长轴，刀具的磨损会使工件产生锥度，铣、刨一个较大的平面，刀具的磨损会影响工件的平面度。

刀具尺寸磨损的过程可分为三个阶段（见图 4-12），在初期磨损阶段（$l<l_0$），磨损较快；正常磨损阶段（$l_0<l<l'$）尺寸磨损与切削路程成正比，在急剧磨损阶段（$l>l'$），刀具已不能正常工作，因此在此之前必须重新磨刀。

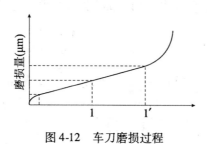

图 4-12　车刀磨损过程

为了减少刀具磨损对加工精度的影响，应根据具体情况合理选择刀具材料，切削用量和冷却润滑液，并保证刀具的刃磨质量。

4.1.5　调整误差

在机械加工中，为了获得规定的加工精度，总要对工艺系统进行这样或那样的调整。例如，在机床上安装夹具，调整刀具位置，试切、检查调整精度等。由于调整工作不可能绝对准确，因而产生调整误差。

由于零件的生产批量和加工精度不同，所采用的调整方法也不相同，在单件小批量生产中多采用试切法加工，这时的调整误差主要来自度量误差，机床微进给机构灵敏度误差以及刀具最小切削厚度极限的影响。而在大批大量生产时，一般采用定程机构（行程挡块、靠模、凸轮等）、样件和样板来调整，这时的调整误差主要来自定程机构的制造误差和与之相配的离合器、电气开关、控制阀等元件中的灵敏度；样件、样板本身的制造误差、安装误差和对刀误差等。

对于自动化程度较高的机床，可使用各种光测和电测仪器提高调整精度。

4.2　工艺系统受力变形引起的加工误差

机械加工中，工艺系统在切削力、夹紧力、重力以及惯性力等的作用下，会产生相应的变形，从而破坏刀具和零件之间的正确位置关系，使零件产生加工误差。工艺系统受力变形不仅取决于外力的大小，而且与工艺系统的刚度(Rigidity)有关。

4.2.1　工艺系统的刚度

工艺系统的刚度指工艺系统抵抗变形的能力。在零件加工过程中，工艺系统在切削力的作用下将在各个受力方向产生相应的变形。但影响最大的是误差敏感方向，所以工艺系统刚度定义为加工表面法向切削分力 F_y 与在切削合力 F 作用下刀具切削刃相对工件法向位移 y 的比值。

$$K_{系统} = F_y / y_{系统} \quad (\text{N/mm}) \tag{4-5}$$

根据系统所受载荷的性质不同，工艺系统刚度可分为动刚度和静刚度。动刚度主要影响工件表面粗糙度，静刚度影响加工表面的几何形状和尺寸精度，这里讨论的是工艺系统的静刚度。

由于工艺系统的各个环节在外力作用下都会产生变形，故工艺系统沿加工表面的法向变形总和 $y_{系统}$ 为

$$y_{系统} = y_{机床} + y_{夹具} + y_{刀具} + y_{工件} \quad (\text{mm}) \tag{4-6}$$

根据刚度定义，$K_{系统} = \dfrac{F_y}{y_{系统}}$；$K_{机床} = \dfrac{F_y}{y_{机床}}$；$K_{夹具} = \dfrac{F_y}{y_{夹具}}$；$K_{刀具} = \dfrac{F_y}{y_{刀具}}$；$K_{工件} = \dfrac{F_y}{y_{工件}}$，可得

$$K_{系统} = \cfrac{1}{\dfrac{1}{K_{系统}} + \dfrac{1}{K_{夹具}} + \dfrac{1}{K_{刀具}} + \dfrac{1}{K_{工件}}} \tag{4-7}$$

1. 工件、刀具的刚度

对于外形规则、简单的工件或刀具，其刚度可按材料力学中有关公式求得。例如，装夹在卡盘中的棒料、悬伸的镗刀杆，可以按悬臂梁公式计算；在两顶尖间加工的棒料，则可以近似看作简支梁。

2. 机床和夹具的刚度

机床和夹具都是由若干零件和部件组成，受力变形情况要复杂得多，很难用理论公式表达，一般采用实验方法测定。图 4-13 为某车床刀架部件的静刚度实测曲线，曲线经反复三次逐渐加载、卸载所得，由图可见测得刚度曲线有下列特点：

(1)力和变形不是线性关系。这表明部件的变形不完全是弹性变形。

(2)加载与卸载曲线不重合。两曲线间包容的面积代表循环中消耗的能量，即消耗于零件间的接触变形、摩擦和塑性变形所做的功等。

(3)载荷去除后曲线不能回到原点。这说明部件存在残余变形。只是在反复加载卸载后，残余变形逐渐减小，加载曲线和卸载曲线的原点才开始重合。

(4)部件的实际刚度远比按实体估计的小，由图 4-13 可知，载荷变形曲线的斜率即表示刚度的大小，一般取第一次加载曲线两点连线的斜率来表示其平均刚度。

影响机床部件刚度的因素除了各组成零件本身的弹性变形，还有下列原因：

(1)连接表面间的接触变形。零件表面总是存在着一定的几何形状误差和表面粗糙度，所以零件之间的实际接触面只是名义接触面的一小部分，而且真正处于接触状态的，又只是这一小部分的一些凸峰。在外力作用下，这些接触点将产生较大的接触应力与接触

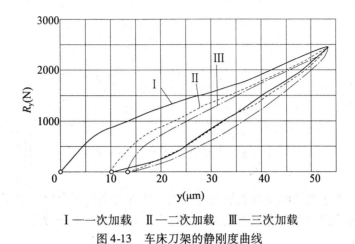

Ⅰ——一次加载　Ⅱ—二次加载　Ⅲ—三次加载

图 4-13　车床刀架的静刚度曲线

变形。这种变形既有表层的弹性变形，又有局部的塑性变形，这就是刚度曲线不是直线以及部件刚度比实体刚度低得多的原因。

（2）薄弱零件本身的变形。在机床部件中，个别薄零件对部件的刚度影响很大。例如刀架和溜板中常用的楔铁，结构薄而长，如与导轨配合不好极易变形（图 4-14（a）），又如轴承衬套，如因圆度误差与壳体孔接触不良，也会大大降低轴承部件的刚度（图 4-14（b））。

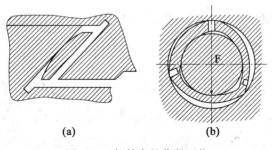

(a)　　　　　　　　(b)

图 4-14　部件中的薄弱环节

（3）间隙的影响。部件中如果零件之间有间隙，只需较小的力就会使零件相互错动，如若载荷是单向的，在第一次加载消除间隙后，对加工精度影响较小；若工作载荷不断改变方向，间隙对加工精度影响较大，而且因间隙引起的位移，载荷去除后不会恢复。如图 4-15 所示。

（4）摩擦的影响。在加载时，零件连接表面间的摩擦力会阻止变形的增加，卸载时摩擦力又会阻止变形的恢复，这也是加载和卸载曲线不重合的原因。

4.2.2　工艺系统受力变形对加工精度的影响

1. 切削力作用位置变化对加工精度的影响

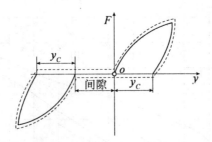

图 4-15 间隙对刚度曲线的影响

切削过程中，工艺系统刚度会随切削力作用点位置的变化而变化，从而使工件产生形状误差。以在车床顶尖间加工光轴为例来说明这个问题，如图 4-16 所示。

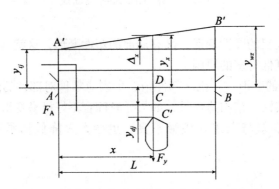

图 4-16 机床受力变形随切削力位置变化而变化

假定工件短而粗，车刀悬伸也很短，其受力变形忽略不计，则工艺系统的变形完全取决于机床的变形，又假定工件的加工余量均匀，加工过程中切削力保持不变，即刀架的变形不变。当车刀进给到图 4-18 所示的 x 位置时，主轴箱受力 F_A，相应的变形 $y_{tj}=\overline{AA'}$；尾座受力 F_B，相应的变形 $y_{wz}=\overline{BB'}$，刀架受力 F_y，相应的变形 $y_{di}=\overline{CC'}$。这时工件轴心线从 AB 位变到 $A'B'$，因而刀具切削点处工件轴线的位移 y_x 为

$$y_x=y_{tj}+\Delta_x=y_{tj}+(y_{wz}-y_{tj})\,x/L \tag{4-8}$$

式中：L——工件长度；

x——车刀至主轴箱的距离。

如果再考虑刀架的变形，则机床总的变形为

$$y_{jc}=y_x+y_{dj} \tag{4-9}$$

由刚度定义有

$$y_{tj}=\frac{F_A}{K_{tj}}=\frac{F_y}{K_{tj}}\left(\frac{L-X}{L}\right);\quad y_{wz}=\frac{F_B}{K_{wz}}=\frac{F_y}{K_{wz}}\frac{X}{L};\quad y_{dj}=\frac{F_y}{K_{dj}}$$

式中：K_{tj}、K_{wz}、K_{dj}——为头等、尾座、刀架的刚度。

代入式(4-9)，最后可得机床总的变形为

$$y_{ic} = F_y \left[\frac{1}{K_{tj}} \left(\frac{L-X}{L} \right)^2 + \frac{1}{K_{wz}} \left(\frac{x}{l} \right)^2 + \frac{1}{K_{dj}} \right] \tag{4-10}$$

上式说明工艺系统的变形随着 x 位置变化而变化，总变形 y_{jc} 是一个二次抛物线方程，车出的工件沿轴线是抛物线状，两端粗，中间细。

若在两顶尖间车削刚性很差的细长轴，忽略机床和刀具的变形，则工艺系统的变形主要是工件的变形，当刀具切削到 x 处时，工件的变形为

$$y_8 = \frac{F_y}{3EI} \frac{(l-x)^2 x^2}{L} \tag{4-11}$$

当 $x=0$ 和 L 时，$y_g=0$，当 $x=L/2$ 时，y_g 最大，加工出的工件呈腰鼓形。

若同时考虑机床和工件的变形，则系统的总变形量为

$$y_{xt} = y_{jc} + y_g = F_y \left[\frac{1}{K_{tj}} \left(\frac{L-x}{L} \right)^2 + \frac{1}{K_{wz}} \left(\frac{x}{c} \right)^2 + \frac{1}{K_{dj}} + \frac{(L-x)^2 x^2}{3EIL} \right] \tag{4-12}$$

工艺系统的刚度为

$$K_{xt} = \frac{F_y}{Y_{xt}} = \frac{1}{K_{tj}} \left(\frac{L-x}{L} \right)^2 + \frac{1}{K_{wz}} \left(\frac{x}{L} \right)^2 + \frac{1}{K_{dj}} + \frac{(L-x)^2 x^2}{3EIL} \tag{4-13}$$

在测得了机床头架、尾座、刀架的平均刚度，并确定了工件材料与尺寸后就可按 x 值估算车削圆轴时工艺系统的刚度。若已知切削力 F_y，就可估算出不同 x 处工件半径的变化。

2. 切削力大小变化对加工精度的影响

在机械加工中，由于工件余量和材料硬度不均匀，会引起切削力大小的变化，工艺系统受力变形也会发生相应变化，从而造成工件尺寸和形状的误差。

如图 4-17 所示，假设毛坯有椭圆误差，加工时把刀具调整到加工要求的尺寸(图中双点画线图的位置)。在工件每一转的过程中，背吃刀量在最大值 a_{p1} 与最小值 a_{p2} 之间变化。假设毛坯材料的硬度是均匀的，那么 a_{p1} 处的切削力 F_{y1} 最大，相应的变形 y_1 也最大；a_{p2} 处的切削力 F_{y2} 最小，相应的变形 y_2 也最小。因此工艺系统的变形在 y_1 和 y_2 之间变化，车出的截面仍是椭圆形，这种由于工艺系统受力变形而使毛坯形状误差复映到加工表面的现象称为"误差复映(Error Mapping)"。

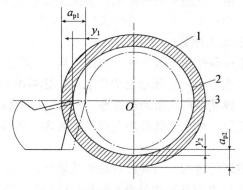

1—毛坯外形　2—工件外形

图 4-17　毛坯的形状误差

如果工艺系统的刚度为 K，则工件的圆度误差为

$$\Delta g = y_1 - y_2 = \frac{1}{K}(F_{y_1} - F_{y_2}) \tag{4-14}$$

由金属切削原理可知 $\qquad\qquad F_y = \lambda C_{Fz} a_p \cdot f^{\prime Fz}$

式中：λ——$\lambda = F_y / F_z$，一般取 $\lambda = 0.4$；

$\quad C_{Fz}$——与刀具几何参数及切削条件有关的系数；

$\quad a_p$——背吃刀量；

$\quad f$——进给量；

$\quad y_{Fz}$——进给量指数。

假设在一次走刀中，切削条件和进给量不变，即 $\lambda C_{Fz} \cdot f^{\prime Fz} = C$ 为常数，则 $F_y = Ca_p$

因此 $F_{y1} = Ca_{p1}$，$F_{y2} = Ca_{p2}$，代入式（4-14）得

$$\Delta g = \frac{C}{K}(a_{p1} - a_{p2}) = \frac{C}{K}\Delta m = \varepsilon \Delta m \tag{4-15}$$

式中：ε——误差复映系数；

$\quad \Delta m$——毛坯误差。

$$\varepsilon = \frac{\Delta g}{\Delta m} = \frac{C}{K} \tag{4-16}$$

误差复映系数 ε 定量地反映了毛坯误差经加工后减少的程度，减少 C 或增大 K 都能使 ε 减小，毛坯复映到工件上的误差也就相应减小。

当一次走刀不能满足精度要求时，可进行多次走刀，相应的复映系数为 ε_1，ε_2，ε_3，$\cdots$，ε_n。则总的复映系数为 $\varepsilon_{总} = \varepsilon_1 \varepsilon_2 \cdots \varepsilon_n$。第 n 次走刀后工件的误差为

$$\Delta g_n = \varepsilon_1 \varepsilon_2 \varepsilon_3 \cdots \varepsilon_n \Delta m \tag{4-17}$$

由于变形量 y 总是小于背吃刀量 a_p，复映系数 $\varepsilon_{总}$ 是小于 1 的正数，多次走刀后 $\varepsilon_{总}$ 更小，因此增加走刀次数可以提高加工精度，但同时也意味着生产率降低，所以应合理选择走刀次数，使加工误差降低到允许的范围即可。

由以上分析可知，当毛坯有形状或位置误差，加工后仍会有同类的加工误差出现。毛坯的硬度不匀，也会造成加工误差。在采用调整法成批生产情况下，当毛坯尺寸不一致或毛坯材料硬度差别很大时，由于误差复映的结果，会使这批零件加工后的尺寸分散范围扩大，甚至超差。

3. 夹紧力和重力引起的加工误差

工件在装夹时，由于工件刚性较差或夹紧力施加不当，会使工件产生变形，造成加工误差。例如，在车床上用三爪卡盘夹持薄壁套筒镗孔（见图 4-18）时，假定夹紧前套筒是正圆形，夹紧后呈三棱形，镗孔后内孔虽为正圆形，但松开卡盘后套筒弹性恢复使孔又变成三棱形。为了减少夹紧变形，可在套筒外加上开口过渡环，或采用专用卡爪使夹紧力均匀分布。

又如磨削薄片时，假定坯件翘曲，当其被电磁台吸紧时，产生弹性变形，磨削后取下工件，由于弹性恢复，磨平的表面又产生翘曲（见图 4-19（a）、（b）、（c））。此时如在工件和工作台之间垫入一层很薄的橡胶皮（0.5mm 以下），当吸紧工件时，橡胶垫受到不均匀压缩，使工件变形减少，翘曲的部分将被磨去，经过正、反面轮番磨削，就可得到较平

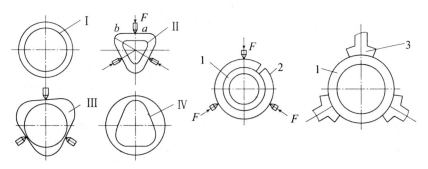

I—毛坯　II—夹紧后　III—镗孔后　IV—松开后
1—工件　2—开口过渡环　3—专用卡爪
图 4-18　套筒夹紧误差

的表面。如图 4-19(d)、(e)、(f)所示。

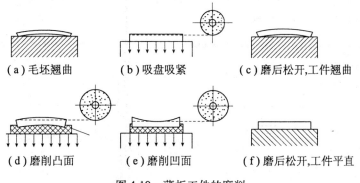

(a)毛坯翘曲　　　(b)吸盘吸紧　　　(c)磨后松开,工件翘曲

(d)磨削凸面　　　(e)磨削凹面　　　(f)磨后松开,工件平直

图 4-19　薄板工件的磨削

　　工艺系统有关零部件的自重所产生的变形,也会造成加工误差,这种情况在大型机床上比较明显,如图 4-20(a)、(b)表示大型立车在刀架自重下引起了横梁变形,从而造成工件端面的平面度误差和外圆的锥度。为此在设计机床时,要应用反变形原理来补偿重力变形的措施。对于大型工件的加工,工件自重引起的变形有时成为形状误差的主要因素。在实际生产中,装夹大型工件时合理地布置支承可以减少自重引起的变形。

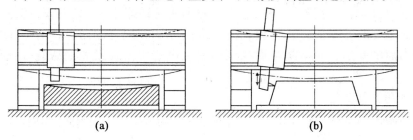

(a)　　　　　　　　　　　(b)

图 4-20　机床部件自重引起的加工误差

4. 惯性力、传动力的影响

在高速切削时，如果工艺系统中有不平衡的高速旋转构件存在，就会产生离心力，它在工件的每一转中不断变更方向，引起工件几何轴线做摆角运动。例如，加工非回转体用的车床夹具(如弯板、花盘等)，如果不对称平衡，极易产生这种惯性力，当离心力大于切削力时，主轴轴颈和轴承内孔的接触点就会不停地变化，轴承孔圆度误差将传给工件回转轴心，周期变化的惯性力还常常引起工艺系统的强迫振动。

当车床上用单爪拨盘带动工件时，传动力在拨盘的每一转中不断改变方向，将引起工件轴线在空间做摆角运动，其影响与主轴的角度摆动情况相同。

4.2.3　减少工艺系统受力变形的措施

减少工艺系统受力变形，根据生产实际，可采取以下一些基本措施：

(1)合理的结构设计。在设计工艺装备时，应尽量减少连接面数目，注意刚度的匹配；设计基础件、支承件时，应合理选择零件结构和截面形状。

(2)提高刀具和工件的刚度，采用合理的装夹和加工方式。如通常采用增加辅助支承提高工件与刀具刚度。加工细长轴时采用中心架或跟刀架以增强工件刚度，用导套、导杆等辅助支承来增强转塔车床刀架的刚度。

在铣削角铁零件时，图 4-21(b)所示的装夹加工方式比图 4-21(a)所示的刚度要好。

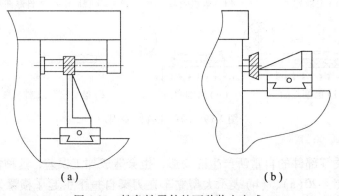

(a)　　　　　　　　　　　　　(b)

图 4-21　铣角铁零件的两种装夹方式

(3)提高接触刚度。提高机床部件中连接表面的加工质量，如提高导轨的刮研质量、顶尖锥体同主轴和尾座套筒锥孔的配合质量、精研中心孔等都是行之有效的工艺措施。

提高接触刚度的另一措施是预加载荷。这样可消除配合的间隙，增加实际接触面积，减少受力后的变形，此措施常用在滚动轴承组合中的预紧和滚珠丝杠螺母副的调整之中。

4. 减少载荷及其变化

采取适当的工艺措施如合理选择刀具几何参数、切削用量，以减少切削力，就可减少受力变形，将毛坯分组使加工余量比较均匀，可减少切削力的变化，从而减少复映误差。

4.2.4 工件残余应力引起的加工误差

残余应力也称内应力(Inner Stress),是指在外部载荷去除以后,仍然残存在工件内部的应力。具有残余应力的零件处于一种不稳定的状态。其内部组织有强烈要恢复到一个稳定的没有应力状态的倾向。因此不断地释放应力,直到其完全消失为止,在这一过程中,零件的形状逐渐变化,从而丧失原有精度。

残余应力是由于在冷、热加工中,金属内部组织发生了不均匀的体积变化而产生的。

1. 毛坯制造和热处理过程中产生的残余应力

在铸、锻、焊、热处理等加工过程中,由于工件各部分热胀冷缩不均匀以及金相组织转变的体积变化,会使毛坯内部产生相当大的残余应力。毛坯的结构越复杂,壁厚越不均匀,散热条件相差越大,则毛坯内部产生的残余应力也越大。具有残余应力的毛坯由于应力暂时处于相对平衡状态,在短期内看不出有什么变化,但当切除某层表面后,就打破了这种平衡,残余应力将重新分布,零件明显地出现变形,甚至造成裂纹。

图 4-22 所示为一内外壁厚不同的铸件,浇铸后由于 A、C 比较薄,冷却速度快。当 A、C 先由塑性状态冷却到弹性状态时,B 还处于高温塑性状态。此时 A、C 的收缩不会受到 B 的阻碍;但当 B 也冷却到弹性状态时,A、C 的温度已降低很多,收缩速度变得很慢,B 的较快收缩受到 A、C 的阻碍,因此在 B 内产生拉应力,A、C 内就产生了压应力,形成相互平衡的状态。如果在 A 上开一缺口,A 上的压应力消失,而 B、C 在残余应力作用下,B 收缩、C 伸长,使铸件产生弯曲变形。

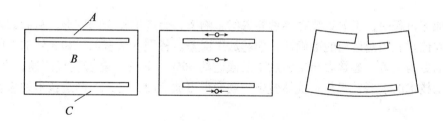

图 4-22 铸铁件残余应力的形成及分布

又如铸造后的机床床身,其导轨面和冷却快的地方都会出现压应力,若在粗加工中切去带有压应力的导轨表面,残余应力就会重新分布,结果使导轨中部下凹。

2. 冷校直(Cold Alignment)带来的残余应力

在机械制造中,对于某些细长的工件常采用冷校直的方法使其达到平直要求。

以轴的冷校直为例,为了纠正轴的弯曲变形,必须使工件产生反向弯曲(见图 4-23(a))并使工件产生一定的塑性变形。当工件外层应力超过屈服强度时,其内层应力还未超过弹性极限,其应力分布情况如图 4-23(b)所示,轴线以上产生压应力,轴线以下产生拉应力。去除外力后,弹性部分(细实线以内)力求恢复原状,而塑性变形部分已无法恢复原状,弹性恢复受到阻碍,形成图 4-23(c)所示残余应力分布状态,即在上部外层产生残余拉应力,上部里层产生残余压应力;下部外层产生残余压应力,下部里层产生残余拉应力,冷校直虽然减少了弯曲变形,但内部组织处于不稳定状态,若再进行一次加工,又会产生新的弯曲。

(a)冷校直方法　　　(b)加载时的应力分布　　(c)卸载后的残余应力分布

图4-23　冷校直引起的残余应力

3. 切削加工中产生的残余应力

切削加工时，工件表层在切削力和切削热的作用下，由于各部分产生程度不同的塑性变形，以及金相组织变化的影响，会使工件表层产生残余应力，这种残余应力，不仅影响加工精度，而且影响加工表面质量，这将在表面质量一章中讨论。

为了减少残余应力，一般可采取下列措施：

(1)合理设计零件结构，尽量结构对称，壁厚均匀。

(2)合理安排时效处理，铸、锻、焊接件都应进行时效处理，重要零件粗加工后也应进行时效处理，特别精密零件(如主轴、丝杠等)，在切削工序间应安排多次时效处理以消除残余内应力。

(3)合理安排工艺过程，如让粗、精加工分开在不同工序中进行，使粗加工后内应力充分释放和变形，以减少对精加工的影响，精密零件严禁采用冷校直工艺。

4.3　工艺系统热变形引起的加工误差

机械加工过程中，工艺系统在各种热源的影响下，会产生复杂的变形，从而破坏刀具与工件相对位置和相对运动的准确性，引起加工误差。特别在精密加工和大件加工中，热变形的影响更为显著，通常占到工件加工总误差的40%～70%，随着现代高速、高精度、自动化加工技术的发展，工艺系统热变形问题变得更加突出，已成为制造技术的重要研究课题。

引起工艺系统变形的主要热源为系统内部的摩擦热、切削热和外部的环境温度、阳光辐射等。在各种热源作用下，工艺系统温度逐渐升高，同时也通过各种传热方式向周围介质散发热量，由于作用于工艺系统各部分的热源，其发热量、位置和作用时间各不相同，各部分的热容量、散热条件也不一样，因此各部分的温升是不同的。在升温初期工艺系统各点温度既是坐标位置的函数，也是时间的函数，温度分布是一种不稳定的温度场。当温升一定时间后(一般机床需要4～6h)，各点温度将不再随时间变化，工艺系统处于热平衡状态，此时的温度场较稳定，变形也相应稳定，引起的加工误差是有规律的。

4.3.1　工件热变形对加工精度的影响

工件主要受切削热影响而产生变形，工件热变形可归纳为两种情况来分析：

1. 工件比较均匀受热

一些形状简单的轴类、套类和盘类零件的内、外圆加工，切削热比较均匀地传入，温度在工件全长或圆周上都比较一致，热变形比较均匀，可根据温升来估算工件的热变形量。

直径上的热变形量　　　　　　　　　$\Delta D = \alpha D \Delta T$　　　　　　　　　　　　(4-18)

长度上的热变形量 $$\Delta L = \alpha L \Delta T \qquad\qquad (4\text{-}19)$$

式中：α——零件材料的热膨胀系数（钢：$\alpha \approx 1.17 \times 10^{-5} K^{-1}$，铸铁：$\alpha \approx 1.05 \times 10^{-5} K^{-1}$，铜：$\alpha \approx 1.7 \times 10^{-5} K^{-1}$）；

$\quad D$、L——工件在热变形方向上的尺寸，mm；

$\quad \Delta T$——工件温升，℃。

加工较短零件时，可忽略轴向变形引起的误差；车削较长工件时，由于沿工件轴向切削时间有先后，开始切削温升较低，随着切削的进行温升逐渐增加，工件直径逐渐胀大，因此工件的背吃力量也随之增大，零件冷却后会产生锥度误差。若工件以两顶尖定位，工件受热伸长时，如果顶尖不能轴向位移，则工件将产生弯曲变形。加工丝杠时，零件受热后轴向伸长成为影响螺距精度的主要因素。

2. 工件不均匀受热

对工件的平面进行铣、刨、磨等加工时，工件单面受热，上下表面的温差将导致工件向上拱起，加工时中间凸起部分被切去，加工完毕冷却后工件表面变成下凹，造成平面度误差。

磨削长 L、厚 S 的板类零件，其热变形挠度 x 可按式(4-20)估算（见图4-24）

$$x \approx \frac{\alpha \Delta t L^3}{8s} \qquad\qquad (4\text{-}20)$$

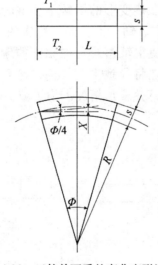

图4-24 工件单面受的弯曲变形计算

对于大型精密零件的加工，如高 600mm，长 2000mm 的机床床身的磨削加工，床身误差为 4.4℃ 时，热变形可达 20μm。这说明工件单面受热引起的误差对加工精度影响很严重，为了减少误差，切削时应使用充分的切削液以减少温升，也可采用误差补偿的办法，在装类工件时使加工表面产生微凹变形，以补偿工件单面受热而拱起的误差。

4.3.2 刀具热变形对加工精度的影响

刀具热变形主要由切削热引起，通常传入刀具的热量并不多，但由于热量集中在切削部分，刀体小、热容量小，故仍会有很高的温升，有时局部温度可达 1000℃ 以上。

连续切削时，刀具的热变形在切削初期的增加很快，随后较为缓慢，趋于热平衡状态。此后热变形变化量就非常小。

断续切削时，刀具有短暂的冷却时间，热变形量要小一些，最后稳定在一定范围内波动。

在刀具未达到热平衡时，加工一批小型工件，会造成工件的尺寸分散，连续加工大而长的表面，会产生几何形状误差。例如，车削长轴时，刀具热变形会使工件产生锥度；加工平面时，会产生平面度误差。

4.3.3 机床热变形对加工精度的影响

由于机床结构的复杂性，在受到内、外热源影响时，机床温度场一般都不均匀，使机床的精度遭到破坏，引起相应的加工误差。其中主轴部件、床身、导轨、立柱、工作台等部件的热变形对加工精度影响最大。机床类型不同，引起机床热变形的热源和变形形式也各异。磨床的热变形对加工程度影响较大，外圆磨床的主要热源是砂轮主轴的摩擦热及液压系统的发热。在热变形的影响下，砂轮轴线与工件轴线距离会发生变化，并可能产生平行度误差。车、钻、铣、镗类机床的主要热源是主轴箱内的齿轮、轴承摩擦发热、润滑油发热，将使主轴箱及与之相连的床身、立柱等温度升高而产生较大变形，例如车床主轴箱的发热将导致主轴抬高，床身凸起，最终导致主轴与导轨的平均度误差。图 4-25 是几种机床热变形情况。为了减少热变形对加工精度的影响，首

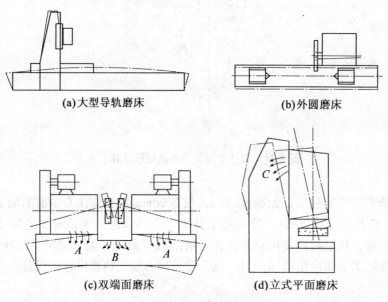

(a)大型导轨磨床　　(b)外圆磨床

(c)双端面磨床　　(d)立式平面磨床

图 4-25　机床的热变形

先应设法减少或隔离热源，热变形对粗加工影响不大，但在精加工时则不能忽视，应合理选择切削用量，充分冷却润滑。零件精度较高时，可粗精加工分开，为了减少机床的热变形，凡能从机床分离出去的热源均应移出，不能分离的热源，应从结构、润滑方面改善其摩擦特性，减少发热，或均衡温度场。对发热量大的热源还可采用强制性的风冷、机冷等散热措施。机床运转一定时间后，各部件达到热平衡状态，变形趋于稳定，因此，精密加工应在热平衡之后进行，一般车床、磨床的热平衡需 4～6h，大型精密机床时间更长，为了缩短时间，可在加工前使机床高速空运转或在适当部位设置控制热源，使机床较快达到热平衡状态，此外改进机床结构，控制环境温度也是控制机床热变形的有效途径。

4.4　加工误差的综合统计分析

前面对影响加工精度的各种主要因素进行了分析，分析方法侧重于单因素分析法，但在生产实际中，影响加工精度的因素往往是错综复杂的，有时仅用单因素分析法很难分析计算某一工序的加工误差，这时需要运用数理统计的方法对加工误差进行综合分析，从中找出误差出现的规律和解决问题的途径。

4.4.1　加工误差的性质

根据加工一批工件时误差出现的规律，可将误差分为两大类：即系统误差和随机误差。

1. 系统误差（Systematic Error）

在连续加工一批工件时，如果加工误差的大小和方向保持不变，或者按一定规律变化，统称为系统误差。前者称常值系统误差，后者称变值系统误差。

原理误差，机床、夹具、刀具、量具的制造误差及调整误差等引起的加工误差均与加工时间无关，其大小和方向在一次调整后也基本不变，因此都属于常值系统误差。工艺系统热平衡前的热变形，刀具的磨损等，随加工时间有规律地变化，因此属于变值系统误差。

2. 随机误差（Random Error）

当连续加工一批工件时，如果加工误差的大小、方向都无规律地变化，则称为随机误差。毛坯的误差复映、定位误差、夹紧误差、残余应力引起的变形等都属于随机误差。

上述两类不同性质的误差，解决的途径是不同的，对于常值系统误差，可在查明其大小和方向后通过相应的调整、补偿或检修来解决。对于变值系统误差，可在找出其变化规律后，通过连续补偿或定期自动补偿的办法来解决。随机误差没有明显的变化规律，事先无法预知其大小和方向，但在一定加工条件下随机误差的数值总是在某一确定范围内波动，可运用随机变量的统计规律分析其变化情况并采取适当措施减小其影响。

4.4.2　加工误差的统计分析方法

4.4.2.1　分布曲线（Distributing Curve）法

1. 实际分布曲线

实际分布曲线是对一批零件实际加工结果的统计曲线。

在用调整法成批加工的某种零件中，随机抽取一定数量的工件（称作样件）进行测量，其件数为样本容量 n，由于各种误差的影响，其尺寸总在一定范围内变动，即为随机变量，用 X 表示。样本尺寸的最大值与最小值之差称为极差 R，即 $R = X_{\max} - X_{\min}$，为尺寸或偏差的分散范围。将样本尺寸或偏差按大小顺序排列并分成若干组 k，则每组的尺寸间隔 $\Delta X = \dfrac{R}{k}$。同一尺寸间隔或同一误差组的零件数量称为频数 m_i，频率与样本容量之比称为频率，即频率 $= \dfrac{m_i}{n}$。频率与组距之比为频率密度，即频率密度 $= \dfrac{频率}{组距} = \dfrac{m_i}{n\Delta x}$。

以工件尺寸或误差为横坐标，以频率或频率密度为纵坐标就可绘出等宽直方图，再连接每一直方宽度中点(组中值)得到一条折线，即为实际分布曲线。如图 4-26 所示。

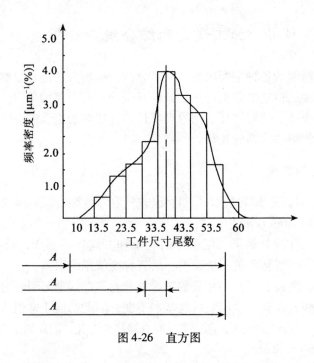

图 4-26　直方图

选择组数 k 和组距 ΔX，对实际分布曲线的显示有很大关系，组数过多，组距太小，分布曲线会被扭曲；组数太少，组距过大，分布特征将被掩盖。一般根据样本容量选择 k 值。见表 4-1。

表 4-1　　　　　　　　　　　　　　　　**分组数 K 的选定**

n	25~40	40~60	60~100	100	100~160	160~250	250~400	400~630	630~1000
k	6	7	8	10	11	12	13	14	15

图 4-26 是某零件加工尺寸的直方图，为统计该工序的加工精度情况，可在直方图上标出该工序的加工公差带位置 T，并算出该样本的平均尺寸 $\bar{X}$ 和样本标准差 S：

$$\bar{X} = \frac{1}{n}\sum_{i=1}^{n} X_i \tag{4-21}$$

$$S = \sqrt{\frac{1}{n-1}\sum_{i=1}^{n}(X_i - \bar{X})^2} \qquad (4\text{-}22)$$

式中：X_i——各工件的尺寸；

      n——样本容量。

    样本的均值 $\bar{X}$ 表示了该样本的尺寸分散中心，它主要取决于调整尺寸的大小和常值系统误差。样本的标准差 S 反映了这批工件的尺寸分散程度。

    由直方图 4-26 可直观地看到工件尺寸或误差的分布情况，该批零件的加工尺寸有一分散范围，大多数居中，分散范围 $6S$ 略大于公差值 T，有少数零件超差，分散范围中心与公差带中心不重合，表明机床有调整误差 Δ。

    2. 理论分布曲线

    (1) 正态分布(Normal Distribution)。

    实践证明，在机械加工中，用调整法加工一批零件，当加工条件正常且不存在任何优势的误差因素时，其加工尺寸近似于正态分布，所以研究加工误差问题时，可用正态分布曲线代替实际分布曲线，这样可使问题的分析大大简化。

    正态分布曲线的形状如图 4-27 所示，其方程式为

$$y = \frac{1}{\sigma\sqrt{2\pi}}e^{-\frac{1}{2}\left(\frac{x-\mu}{\sigma}\right)^2} \qquad (4\text{-}23)$$

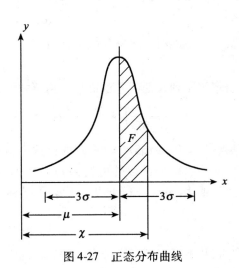

图 4-27　正态分布曲线

式中：y——正态分布的概率密度；

    σ——正态分布随机变量的标准差；

    μ——正态分布随机变量的均值；

    χ——随机变量。

    理论上正态分布曲线是向两边无限延伸的，而在实际生产中产生的特征值却是有限的，因此可用有限的样本平均值 $\bar{X}$ 和样本标准差 S 作为理论均值 μ 与标准偏差 σ 的估计值。

正态分布曲线具有以下特点：

①曲线呈单峰状，具有对称性，说明尺寸靠近分散中心的工件占大多数，而远离尺寸分散中心的是极少数，工件尺寸大于 μ 和小于 μ 的同间距内的概率相同。

②算术平均值 μ 是确定分布曲线位置的参数，σ 不变，改变 μ 值，分布曲线将沿横坐标移动而不改变曲线形状（见图 4-28(a)）。μ 值（即 $\bar{X}$）决定了一批工件尺寸分散中心的位置，其数值受常值系统误差的影响。

③标准差 σ 是确定分布曲线形状的参数，σ 越小，则曲线越陡峭，尺寸越集中，加工精度也就越高（见图 4-28(b)）。σ 值反映了随机误差的影响程度，即尺寸的分散程度。

④正态分布曲线下面所包含的全部面积代表了全部工件，即 100%。

$$\int_{-\infty}^{+\infty} \frac{1}{\sigma\sqrt{2\pi}} e^{-\frac{1}{2}\left(\frac{x-\mu}{\sigma}\right)} \, dx = 1 \tag{4-24}$$

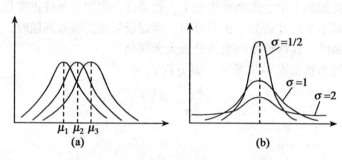

图 4-28　μ、σ 值对正态分布曲线的影响

尺寸 x 到 μ 之间工件的概率为 x 到 μ 曲线下的面积，由下式计算：

$$F(x) = \frac{1}{\sigma\sqrt{2\pi}} \int_{\mu}^{x} e^{-\frac{1}{2}\left(\frac{x-\mu}{\sigma}\right)^2} \, dx \tag{4-25}$$

当 $x-\mu=\pm 3\sigma$ 时，$F=49.865\%$，$2F=0.49865\times 2=99.73\%$，这说明随机变量 x 落在 $\pm 3\sigma$ 范畴内的概率为 99.73%，即工件尺寸在 $\pm 3\sigma$ 以外的概率只占 0.27%，可以忽略不计。因此，一般正态分布曲线的分散范围为 $\pm 3\sigma$。$\pm 3\sigma$ 的大小代表了某种加工方法在一定条件下能达到的加工精度。

（2）非正态分布曲线。

实际生产中，工件尺寸有时并不近似于正态分布。例如将两次调整下加工的工件混在一起，由于每次调整的常值系统误差不同，就会得到双峰曲线（见图 4-29(a)）；当刀具磨损的影响显著时，变值系统误差占突出地位，使分布曲线出现平顶（见图 4-29(b)）；工艺系统热变形显著时，曲线出现不对称分布（见图 4-29(c)）；再如用试切法加工轴成孔时，操作者主观上存在宁可返修也不报废的倾向，加工轴时偏大，加工孔时偏小，往往出现不对称分布。此外端面跳动，经向跳动等位置误差一般不考虑正负，且远离零的误差值较少，其分布也是不对称的瑞利分布（见图 4-29(d)）。

（3）分布曲线法的应用。

①判断加工误差的性质。如果实际分布曲线与正态分布基本相符，说明加工中没有变

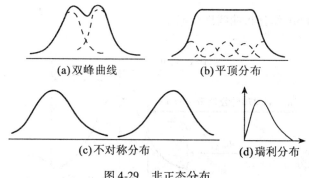

图 4-29　非正态分布

质系统误差，这时就可根据算术平均值 $\overline{X}$ 是否与公差带中心重合判别是否存在常值系统误差。如果实际分布曲线不符合正态分布，可根据实际分布图形初步判断变值系统误差的性质。

②判断工序能力能否满足加工精度要求。工序能力满足加工精度要求的程度称为工序能力系数。当工序处于稳定状态时，工序能力系统 C_p 按式（4-26）计算

$$C_p = \frac{T}{6\sigma} \tag{4-26}$$

式中：T——工件尺寸公差。

根据 C_p 的大小，可将工序能力分为五个等级，见表 4-2。

表 4-2　　　　　　　　　　　　　　　　　　　工序能力等级

C_p	工序能力等级	说　明
$C_p > 1.67$	特级	工艺能力过高，允许有异常波动，不一定经济
$1.67 \geqslant C_p > 1.33$	一级	工艺能力足够，允许有一定的异常波动
$1.33 \geqslant C_p > 0.67$	二级	工艺能力勉强，必须密切注意
$1 \geqslant C_p > 0.67$	三级	工艺能力不足，可能出现少量不合格品
$C_p \leqslant 0.67$	四级	工艺能力很差，必须加以改进

一般情况下 C_p 值应大于 1。C_p 值小于 1，则工序能力差，废品率高。C_p 值愈大，工序能力愈强，产品合格率也愈高，但生产成本也相应增加，故在选择工序时，工序能力应适当。

③估算工件的合格率和废品率，分布曲线与横坐标所包围的面积代表一批工件的总数。如果尺寸分散范围超出工件的公差，将有废品产生。其中公差带以内的面积，代表合格品数量，公差带以外的面积，代表不合格品的数量，包括可返修的和不可返修的工件之和。

例如在无心磨床上磨削一批 $\phi\, 12^{-0.016}_{-0.043}$ mm 的销轴，经抽样实测计算后得 $\overline{X} = 11.974$mm，$\sigma = 0.005$mm，其尺寸分布符合正态分布，试分析该工序加工质量。

解： ①根据 $\bar{X}$ 和 6σ 作分布曲线图(见图4-30)

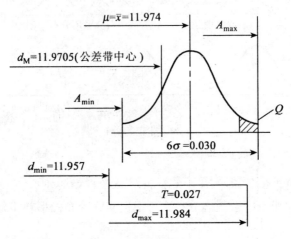

图4-30 销轴直径分布图

②计算工序能力系数

$$C_p = \frac{T}{6\sigma} = \frac{-0.016 - (-0.043)}{6 \times 0.005} = 0.9 < 1$$

$C_p < 1$ 表明该工序工艺能力不足，产生不合格品是不可避免的。

(4)计算不合格品率 Q。

工件可能出现的极限尺寸为

$$A_{min} = \bar{x} - 3\sigma = 11.974 - 0.015 = 11.959(mm) > d_{min}$$

$$A_{max} = \bar{x} + 3\sigma = 11.974 + 0.015 = 11.989(mm) > d_{max}$$

$A_{max} > d_{min}$ 不会产生废品，而 $A_{max} > d_{max}$ 将产生不合格品，但有可能修复。

废品率 $Q = 0.5 - F(z)$

$$Z = \frac{x - \bar{x}}{\sigma} = \frac{11.984 - 11.974}{\sigma} = 2$$

代入式(4-25)或查正态分布积分表可得，$Z = 2$ 时，$F(z) = 0.4772$

$$Q = 0.5 - 0.4772 = 4.28\%$$

从分布图可知，尺寸分散中心 $\bar{X}$ 与公差带中心不重合，可通过调整砂轮磨削深度减少不合格品。调整量 $\Delta = (11.974 - 11.9705) = 0.0035mm$，即磨削深度应增加 $\Delta/2$。

用分布曲线法分析加工误差时，由于没有考虑工件的加工顺序，不能反映误差变化的趋势，只能等到一批工件加工完毕后，才能绘制分布曲线图，因此不能区别变值系统误差与随机误差的影响，故不能在加工过程中及时提供控制加工精度的信息，采用点图法可以弥补上述缺点。

4.4.2.2 点图法

用点图法可以在加工过程中观察误差变化的情况，便于及时调整机床，控制加工质量，点图的种类很多，目前使用最广泛的是 $\bar{X}$-R 图。$\bar{X}$-R 图是平均值 $\bar{X}$ 和极差 R 控制图联合使用时的统称。前者控制工艺过程质量指标的分布中心，后者控制工艺过程质量指标的分散程度。$\bar{X}$-R 图绘制方法如下：

在加工过程中每隔一定时间抽取 $m(m=3\sim10)$ 个工件为一组小样本，求出小样本的平均值 $\bar{X}$ 和极差 $R\left(\bar{X} = \dfrac{1}{m}\sum\limits_{i=1}^{n} x^1,\ R = x_{\max} - x_{\min}\right)$。若干时间后，取得 k 组（通常 $k=25$），以样组序号为横坐标，$\bar{X}$、R 为纵坐标，可以分别作出 $\bar{X}$-R 点图，如图 4-31 所示。

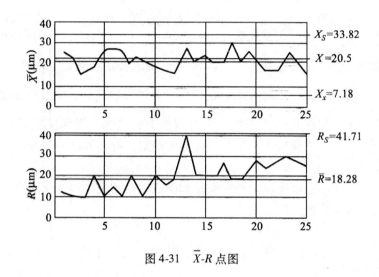

图 4-31 $\bar{X}$-R 点图

为了在点图上取得合理的数据，以判断工序的稳定程度，需要在点图上画出上下控制线和中心线，这样就能清楚地显示在加工过程中，工件平均尺寸和分散范围的变动趋向。

在 $\bar{X}$ 点图中：

中线
$$\bar{\bar{X}} = \frac{1}{k}\sum_{i=1}^{k}\overline{x_i} \tag{4-27}$$

上控制线
$$X_s = \bar{\bar{X}} + A\bar{R} \tag{4-28}$$

下控制线
$$X_x = \bar{\bar{X}} - A\bar{R} \tag{4-29}$$

在 R 点图中：

中线
$$\bar{R} = \frac{1}{k}\sum_{i=1}^{K}R_i \tag{4-30}$$

上控制线
$$R_s = D\bar{R} \tag{4-31}$$

下控制线
$$R_x = 0 \tag{4-32}$$

式中：k———一批工件顺次轴取的样组数；

x_i———第 i 组工件的平均尺寸；

R_i———第 I 组工件的尺寸极差；

A、D——系数（见表 4-3）。

表 4-3 A、D 的数值

每组件数	A	D
4	0.73	4.28
5	0.58	4.11
6	0.48	4.00

在 $X\text{-}R$ 图中，如果没有点子超出控制线，大部分点子在中心线上、下波动，小部分点子在控制线附近或点子没有明显的规律变化（没有上升、下降趋向或周期性波动），则说明生产过程稳定；否则就要查找原因，及时调整机床及加工状态。在图 4-31 中，由 $\bar{x}$ 点图可以看出，$\bar{x}$ 点在中线 $\bar{\bar{x}}$ 附近波动，这说明分布中心稳定，无明显变值系统误差；R 点图上连续 8 个点子出现在 $\bar{R}$ 中线上侧，并有逐渐上升趋势，说明随机误差随加工时间的增加而逐渐增加，因此不能认为本工艺过程非常稳定，有必要进一步查明引起随机性误差逐渐增大的原因。

由此可见，点图法能明显表示出系统误差和随机误差的大小和变化规律，判定加工过程的稳定性并能及时防止废品的发生。

4.5 提高加工精度的工艺措施

生产实践中有着许多减少加工误差的方法和措施，在以上的分析和讨论中已介绍了一些，从技术上可归为以下几方面。

1. 直接减少原始误差（Original Error）

直接减少原始误差是生产中应用较广的一种基本方法，是在查明影响加工精度的主要因素之后，采取针对性措施，将原始误差直接减少或消除。例如加工细长轴时，采用跟刀架加强工件刚度；尾座采用弹性顶尖，反向进给以减少工件受热伸长产生的变曲；采用较大的主偏角车刀以减少径向力 F_y，增加轴向力 F_x，使工件在拉伸作用下抑制振动、切削平稳。

2. 转移原始误差

即把原始误差转移到加工非敏感方向。例如转塔车床的刀架在工作时需经常旋转，因此要长期保持转位精度是非常困难的，所以转塔车床的刀具安装调整一般都采用"立刀"安装法（见图 4-32），把刀刃的切削基面放在垂直平面内，这样转塔车床的回转误差处于误差的非敏感方向。

在磨床上用死顶尖磨削外圆，在镗床上用镗模加工孔系都是转移原始误差的典型实例。

3. 均分原始误差

当毛坯精度太低引起定位误差或复映误差太大时，可将毛坯按误差大小分成 n 组，每

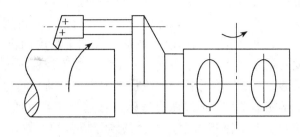

图 4-32　转塔车床的立刀安装方法

组毛坯的误差范围就缩小为原来的 $1/n$，然后再按各组分别调整加工，就可大大缩小整批工件的尺寸分散范围。例如，用心轴定位加工一批齿轮，齿轮孔误差较大，若用同一根心轴定位，配合间隙必然引起齿轮加工几何偏心；若把孔的误差分组，采用多挡尺寸心轴，则可显著提高加工精度。

4. 均化原始误差

均化原始误差的实质是利用有密切联系的表面之间的相互比较，相互修正或者利用互为基准进行加工，使被加工表面原有的误差不断缩小和平均化。例如研磨加工，研具的精度并不很高，但由于研磨时工件与研具之间有复杂的相对运动轨迹，使工件上各点均有机会与研具接触并受到均匀的微量切削，工件与研具相互修整，精度逐步共同提高，误差被均化，因此可获得高于研具原始精度的加工表面。一些配合精度很高的轴和孔如阀套、阀心常采用研磨方法来达到较高精度配合。

5. 就地加工

在加工和装配中有些精度问题涉及很多零部件间的相互关系，如果单纯依靠提高零部件的精度来满足设计要求，有时不仅困难，甚至不可能。若采用"就地加工"（也称"自干自"）的方法，就可能很快解决看起来非常困难的精度问题。

"就地加工"法，就是把各相关零件、部件先行装配，使它们处于工作时要求的相互位置，然后就地进行最终加工，这样可消除机器或部件装配后的累积误差。例如，转塔车床上六个安装刀架的大孔，就是在转塔被装配到车床床身上以后，再在主轴上装镗杆对转塔孔和端面进行最终加工；一些精度较高的专用夹具，为了保证定位和导向精度，也常在其使用机床上就地进行最终加工；在生产现场，还可经常看到在机床上"就地加工"修正花盘平面度、修正卡爪同心度、在刨床上修正工作台面等。

6. 误差补偿，积极控制

误差补偿是指在充分掌握误差变化规律的条件下，人为地造出一种新的误差去抵消已经或将要产生的原始误差。例如，用预加载荷的方法加工机床导轨以抵消它装配后因部件自重产生的变形或因单面受热而拱起的误差；用校正机构补偿机床传动链误差。误差补偿的办法对消除常值系统误差比较容易，但对于变值系统误差，就不能用一固定的补偿量来解决，需要在加工过程中积极控制。现代机械加工中的自动测量和自动补偿就属于这种形式。在数控、加工中心机床上，一般都带有对各个坐标移动量的检测装置（如光栅尺、感应同步器等）。检测信号作为反馈信号输入控制装置，实现闭环适时控制。

本章以研究各种原始误差对加工精度的影响为主线，介绍了分析和控制加工误差，保证加工精度的理论和方法。实际生产中影响加工精度的因素是错综复杂的，其中有不少因素带有随机性，可先采用统计分析法揭示误差的分布及变化规律，再用单因素分析法分析原始误差和寻求解决途径，两者结合能迅速有效地解决加工精度问题。在实际工艺工作中，处理有关加工精度问题可归纳为三个方面：一是制定加工规程时对工艺能力进行总的估计，保证工艺能力足够；二是综合分析与解决加工中出现的质量问题；三是进一步探求提高加工精度的途径。学完本章后，通过做思考题、习题，应着重理解和掌握加工精度，加工误差、工艺系统原始误差等基本概念，学会具体分析各种原始误差对加工精度的影响，并能结合实际分析解决加工精度问题。

习题与思考题

1. 试分析轴承误差对机床主轴回转精度的影响。

2. 在机床上直接装夹工件，当只考虑机床几何精度影响时，试分析下述加工中影响工件位置精度的主要因素：

(1)在车床或内圆磨床上加工与外圆有同轴度要求的套类零件内孔。

(2)在卧式铣床上或牛头刨床上加工与工件表面平行和垂直的平面。

(3)在立式钻床上钻、扩、铰削加工与工件底面垂直的孔。

(4)在卧式镗床上采用主轴进给方式加工与工件底面平行的箱体零件内孔。

3. 在车床上用三爪定心卡盘定位，夹紧精镗一薄壁铜套(外径 $\phi50mm$，内径 $\phi40mm$，长度 $120mm$)，若车床几何精度很高，试分析中加工后内孔的尺寸、形状及与外圆同轴度产生误差的主要因素有哪些？

4. 在车床上加工光轴的外圆，加工后经测量发现工件出现题图 4-1(a)、(b)、(c)、(d)所示几何形状误差，说明产生上述误差的各种因素。

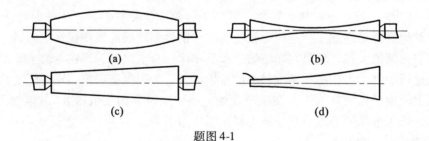

(a)

(b)

(c)

(d)

题图 4-1

5. 设已知一工艺系统的误差复映系数为 0.25。工件在本工序前有椭圆度 0.45mm，若本工序形状精度规定允差 0.01mm，问至少走刀几次才能使形状精度合格？

6. 在车床上加工丝杆，工件总长 2650mm，螺纹部分的长度 $L=2000mm$。工件材料和母丝杆材料都是 45 钢，加工时室温为 20℃，加工后工件温升至 45℃，母丝杆温升至 30℃。试求工件全长上由于热变形引起的螺距误差？

7. 横磨工件时(题图 4-2)设横向磨削力 $F_y=100N$，主轴箱刚度 $K_{tj}=5000N/mm$，尾座刚度 $K_{wz}=4000N/mm$，加工工件尺寸如图示，求加工后工件的锥度？

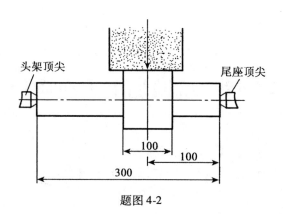

头架顶尖

尾座顶尖

100

100

300

题图 4-2

8. 某机床床身零件，当导轨面在龙门刨床上粗刨之后便立即进行精刨。试分析精刨后导轨面会产生什么样的误差？

9. 举例说明转移原始误差、直接减少误差和误差补偿的应用场合。

10. 在车床上加工一批工件的孔。经测量实际尺寸小于要求的尺寸而必须返修的工件数占 21.2%，大于要求的尺寸而不能返修的工件数占 1.4%。若孔的直径公差 $T=0.2\text{mm}$，整批工件尺寸服从正态分布，试确定该工序的标准差 σ，并判断车刀的调整误差是多少？

11. 如何利用 $\bar{x}\text{-}R$ 图来判别加工工艺是否稳定？

第5章　机械加工表面质量

5.1　机械加工表面质量概述

5.1.1　表面质量的含义

任何机械加工方法所获得的已加工表面实际上都不可能是绝对理想的表面，它总会存在一定程度的微观几何形状误差、划痕、裂纹、表面层的金相组织变化及表面层的残余应力等缺陷，这些均会影响零件的使用性能、寿命、可靠性，进而影响产品的质量。因此，机械加工既要保证零件的尺寸、形状和位置精度，还要保证一定的加工表面质量。

加工表面质量包含两方面的内容：表面几何形状特征；表面层物理、机械性能的变化。

1. 加工表面几何形状特征

加工表面几何形状特征（见图5-1）可按表面纹理相邻两波峰或波谷之间的距离（即波距）的大小，分别用表面粗糙度（Surface Roughness）和表面波度（Surface Waviness）（如图5-2所示）来描述。

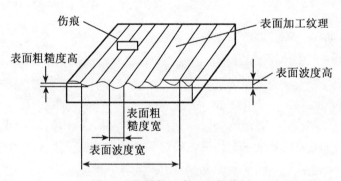

图 5-1　机械加工表面几何特征

（1）表面粗糙度

表面粗糙度指已加工表面纹理波距在 1mm 以下的微观几何形状误差，其大小是以表面轮廓的算术平均偏差 R_a 或微观不平度的平均高度 R_z 表示的，它是由于加工过程中的残留面积、塑性变形、积屑瘤、鳞刺以及工艺系统的高频振动等原因造成的。

（2）表面波度

表面波度指已加工表面纹理波距在 1～10mm 的几何形状误差，它是介于宏观形状误

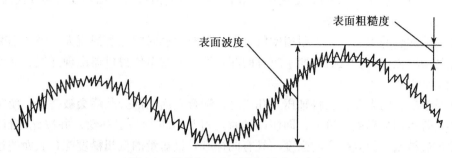

图 5-2　零件加工表面的粗糙度和波度

差与表面粗糙度之间的周期性几何形状误差，其大小以波长 λ 和波高 H_B 表示。它是由于加工过程中工艺系统的低频振动引起的。

2. 加工表面层的物理、机械性能的变化

主要有以下三方面的内容：

（1）表面层因塑性变形产生的加工硬化（亦称冷作硬化）（Cold Work Hardening）；

（2）表面层因切削或磨削热引起的金相组织（Metallographic Organism）变化；

（3）表面层因力或热的作用产生的残余应力（Remanent Stress）。

5.1.2　机械加工表面质量对零件使用性能的影响

如前所述，零件的机械加工表面不可避免地存在微观不平、残余应力等各种缺陷，这些缺陷的严重程度即体现了加工表面质量的优与劣。这些缺陷虽然仅存在于零件极薄的表面层中，却错综复杂地影响着机械零件的精度、耐磨性、配合性质的保持、抗腐蚀性和疲劳强度等使用性能，从而影响产品的使用性能和使用寿命。

1. 表面质量对耐磨性的影响

两个零件的表面相互接触时，由于表面总是存在一定程度的粗糙不平，实际上不是全部表面接触，而只是一些凸峰接触，一个表面的凸峰可能伸入另一表面的凹谷中，形成犬牙交错。由试验知，两车铣加工后的表面实际接触面积为 15%～20%；细磨过的两表面为 30%～50%；经超精加工、珩磨、研磨后的两表面为 90%～97%。

当零件受到正压力时，两表面的实际接触部分产生很大的压强，两表面相对运动时，实际接触的凸峰处产生弹性变形、塑性变性、剪切等现象，产生较大的摩擦阻力，引起表面的磨损，从而在一定程度上使零件原有精度有所丧失。

实践表明，表面粗糙度对磨损的影响极大，适当的表面粗糙度可以有效减轻零件的磨损，但表面粗糙度值过低，也会导致磨损加剧。因为表面如此光滑，存储润滑油的能力很差，金属分子的吸附力增大，难以获得良好的润滑条件，紧密接触的两表面便会发生分子黏合现象而咬合起来，金属表面发热而产生胶合，导致磨损加剧。

表面加工纹理方向对摩擦也有很大影响，当表面纹理与相对运动方向重合时，摩擦阻力最大；当两者间呈一定角度或表面纹理方向无规则时，摩擦阻力最小。

2. 表面质量对零件配合性质的影响

对于相互配合的零件，无论是间隙配合（Clearance Fit）、过渡配合（Transition Fit），还是过盈配合（Interference Fit），如果配合表面的粗糙度值过大，必然会影响到它们的实际配合性质。

对于间隙配合的表面，如果粗糙度值过大，相对运动时摩擦磨损就大，经初期磨损后配合间隙就会增大很多，从而改变了应有的配合性质，甚至使得机器出现漏气、漏油或晃动而不能正常工作。

对于过盈配合的表面，在将轴压入孔内时，配合表面的部分凸峰会被挤平，使实际过盈量减小，若表面粗糙度值过大，即使设计时对过盈量进行一定补偿，并按此进行加工，取得有效的过盈量，但其配合的强度与具有同样有效过盈量的低粗糙度配合表面的过盈配合相比，仍要低得多。

因此，有配合要求的表面一般都要求有适当小的表面粗糙度，配合精度越高，要求配合表面的粗糙度越小。

3. 表面质量对疲劳（Fatigue）性能的影响

在交变载荷作用下，零件表面的微观不平、划痕和裂纹等缺陷会引起应力集中现象，在零件表面的微观低凹处的应力容易超过材料的疲劳极限而出现疲劳裂纹，造成疲劳损坏。

一般说来，表面粗糙度值越高，其疲劳强度（Fatigue Strength）也越低，并且，越是优质钢材，晶粒越细小、组织越致密，则表面粗糙度对疲劳强度的影响也越大。加工表面粗糙度的纹理方向对疲劳强度也有较大影响，当其方向与受力方向垂直时，则疲劳强度将明显下降。实验表明，对于承受交变载荷的零件，减少其容易产生应力集中（Stress Concentration）部位（如圆角、沟槽处）的表面粗糙度可以明显提高零件的疲劳强度。

表面层一定程度的加工硬化能阻碍疲劳裂纹（Fatigue Crack）的产生和已有裂纹的扩展，提高零件的疲劳强度，但加工硬化程度过高时，常产生大量显微裂纹而降低疲劳强度。

表面层的残余应力对疲劳强度也有很大的影响。若表面层的残余应力为压应力，则可部分抵消交变载荷引起的拉应力，延缓疲劳裂纹的产生和扩展，从而提高零件的疲劳强度。若表面层的残余应力为拉应力，则易使零件在交变载荷作用下产生裂纹而降低零件的疲劳强度。实验表明，零件表面层的残余应力不相同时，其疲劳强度可能相差数倍至数十倍。

4. 表面质量对零件抗腐蚀（Corrosion-resisting）性能的影响

当零件在有腐蚀性介质的环境中工作时，腐蚀性介质容易吸附和积聚在粗糙表面的凹谷处，并通过微细裂纹向内渗透。表面粗糙度值越高，凹谷越深、越尖锐，尤其是当表面有裂纹时，对零件的腐蚀作用就越强烈。当表面层存在残余压应力时，有助于表面微细裂纹的封闭，阻碍侵蚀作用的扩展。因此，减少零件表面粗糙度，使表面具有适当的残余应力和加工硬化，均可提高零件的抗腐蚀性能。

5. 其他影响

除以上所述外，零件表面质量对其使用性能还有以下其他方面的影响。

对于滑动零件，恰当的表面粗糙度能提高其运动灵活性，减少发热和功率损失，对于液压油缸和滑阀，较大的表面粗糙度值还会影响其密封性；残余应力可使加工好的零件因应力重新分布而在使用过程中逐渐变形，从而影响其尺寸和形状精度。

对于两相互接触的表面，表面质量对接触刚度(Contact Stiffness)也有影响，表面粗糙度值越大，接触刚度越小。

5.1.3　表面完整性的概念

评价表面质量在国外已开始使用统一的名词——表面完整性(Surface Integrity)，它的定义是：由于受控制的不同制造方法的影响，导致材料表面状态或性质变化的结果。根据表面完整性提出的评价指标已在宇航、汽车、核电等工业部门受到重视并得到应用。机床制造业也正对齿轮副、滚动轴承等的制造工艺提出了要求。表面完整性的评价指标有以下五类：

(1)表面形貌，如粗糙度；

(2)表面缺陷，如表面裂纹；

(3)微观组织与表面层冶金学、化学特性，如金相组织、表层化学性能、微观裂纹；

(4)表层物理机械性能，如显微硬度；

(5)表层的其他工程技术特性，如对光的反射性能。

具体一个零件表面完整性的评价指标是根据其工作要求而变化的，根据零件技术要求不同，表面完整性的评价指标分成三个级别标准进行评定。这三个级别中后一级是前一级的发展。三个级别规定如下：

1. 基本数据组

(1)表面粗糙度和表面纹理组织；

(2)宏观组织(10×或更低倍数)，如宏观裂纹、腐蚀的显示；

(3)微观组织与表面冶金学特性，如微观裂纹、塑性变形、表面层相变、显微结构变化、金相显微组织评价；

(4)显微硬度。

2. 标准数据组

标准数据组是在基本数据组的基础上增加根据零件使用的应力条件、环境介质、温度条件和加工要求提出的物理-力学特性要求，包括：①基本数据组；②疲劳强度；③残余应力和变形；④应力腐蚀试验要求。

3. 扩大数据组

扩大数据组是在标准数据组基础上，扩大了力学性能试验和工程技术专门要求的检测，以满足设计对表面质量的深入要求，它包括：

(1)标准数据组；

(2)扩大的疲劳试验，用于获得设计所需要的信息；

(3)扩大的力学性能，如拉力试验、应力断裂、蠕变；

(4)其他特殊性能，如摩擦特性、表面锈蚀特性、光学特性等。

表面完整性规定的各种数据的测试，包括常规的测量技术和方法与专门的检测技术。

表面完整性研究的基本数据，还应包括一种材料在选定的工艺参数范围内(这些参数应能代表该材料在加工中可能遇到的工艺条件变化范围)的变化。根据加工条件变化范围以确定这种材料对加工条件变化的敏感性。例如一种镍基合金涡轮盘的加工表面完整性数据表明，此种合金就其疲劳强度来讲，对 $Ra0.38 \sim 6.1\mu m$ 范围内的表面粗糙度不敏感。根据这一点就可以放宽对这种零件车削加工的表面粗糙度要求。涡轮盘的表面粗糙度由

Ra 1.6 改为 3.2μm，零件的加工工时大约减少了 10%，从而降低了产品成本。

5.2 影响加工表面粗糙度的主要因素及其控制措施

5.2.1 表面粗糙度的形成、影响因素及控制措施

形成表面的主要加工方法有切削加工(Cutting)和磨削加工(Grinding)，以下针对这两种加工方法分别进行叙述。

5.2.1.1 切削加工

1. 表面粗糙度的形成原因

切削加工(如车、铣、刨等)表面粗糙度的形成主要有几何因素、物理因素，以及机床—刀具—夹具—工件系统的振动三方面的原因。

(1)几何原因。

由于刀具切削刃的几何形状、几何参数、进给运动及切削刃本身的粗糙等原因，未能将被加工表面上的材料层完全干净地去除掉，在已加工表面上遗留下残留面积，残留面积的高度构成了表面粗糙度 Rz。几何原因主要影响横向粗糙度。

刀具切削刃的刃磨质量也是产生粗糙度的原因之一。切削刃刃口表面的粗糙直接"复映"在加工表面上，因此，刀具切削刃的粗糙度 Ra 值，应低于加工表面要求的粗糙度 Ra 值的 1/2～1/4。

(2)物理因素。

已加工表面的实际轮廓与纯几何因素所形成的理论轮廓往往有较大差异，这是由于切削过程中各种不稳定因素造成的，其中主要包括积屑瘤(Built-Up Edge)、鳞刺(Scale Burr)、表层塑性变形(Plastic Deformation)等物理因素。

切削过程中在刀具前刀面上一旦形成积屑瘤，积屑瘤就会代替切削刃进行切削，但由于它形状不规则，沿切削刃方向上高低不等，因而在加工表面上形成犁沟，并且积屑瘤的高度是不稳定的，一会儿增长，一会儿脱落，脱落下来的碎片有可能嵌在已加工表面上。这些都会使表面粗糙度增大。

低速切削塑性材料时，在已加工表面易形成鳞片状的毛刺，即鳞刺，严重影响已加工表面的粗糙度。

切削脆性材料时，材料易于碎裂，形成崩碎切屑，使加工表面粗糙。

(3)切削加工时的振动(Vibration)。

工艺系统的低频振动，一般在已加工表面上产生波度，工艺系统的高频振动则是产生纵向粗糙度的原因之一。关于工艺系统的振动，后面将专门论述。

2. 影响表面粗糙度的工艺因素

以上分析表明，影响表面粗糙度的主要工艺因素有：

(1)刀具的几何参数、材料和刃磨质量。

刀具的几何参数中对表面粗糙度有直接影响的有副偏角、主偏角、刀尖圆弧半径。在一定范围内，减小副偏角、主偏角、增大刀尖圆弧半径都可使表面粗糙度值减少。

刀具前角对积屑瘤和鳞刺的产生有影响，在中低速切削时，增大前角可抑制积屑瘤和

鳞刺，减少已加工表面粗糙度值。

热硬性高的材料耐磨性好，易保持刃口的锋利；摩擦系数小的材料，有利于排屑；与被加工材料亲和力小的材料，不易产生积屑瘤和鳞刺。因此在同样条件下，硬质合金刀具加工的表面粗糙度值低于高速钢，而金刚石、立方氮化硼刀具，又优于硬质合金，但由于金刚石与铁族材料亲和力大，故不宜因用来加工铁族材料。

由于刀具前后刀面、切削刃本身的粗糙度直接影响被加工表面的粗糙度，因此，应提高刀具刃磨质量，使刀具前后刀面、切削刃的粗糙度值低于工件要求的粗糙度值。

（2）切削条件。

包括切削速度（Cutting Speed）、进给量（Feed）、切削深度（Cutting Depth）和冷却润滑（Cooling and Lubrication）情况等。

如图 5-3 所示，在中、低切削速度下，加工塑性材料时容易产生积屑瘤和鳞刺，提高切削速度可以使积屑瘤和鳞刺减少甚至消失，减少被加工材料的塑性变形，从而减少零件已加工表面粗糙度。对于脆性材料，因一般不会形成积屑瘤和鳞刺，因此，切削速度对表面粗糙度基本上无影响。

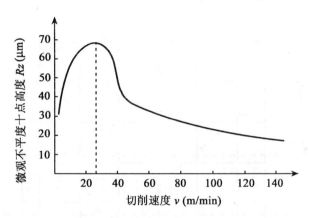

图 5-3　切削速度对粗糙度的影响（加工塑性材料时）

由几何因素分析可知，减少进给量，可使粗糙度值下降，但进给量减小到一定值时，粗糙度值不会明显下降。

在正常切削条件下，切削深度对表面粗糙度无明显的影响。

合理选用冷却润滑液可减少被加工材料的变形和摩擦，降低切削温度，抑制积屑瘤和鳞刺的生成，是减少表面粗糙度值的有效措施。

（3）工件材料。

一般来说，塑性大的材料，如低碳钢、合金钢等，加工时易生成积屑瘤和鳞刺，表面粗糙度值较大。对于相同成分的材料，晶粒组织越粗大，加工后的表面粗糙度值也越大。因此，常在切削加工前对工件进行调质处理，以提高材料的硬度，降低塑性，使晶粒组织细密均匀，以有利于降低加工后的表面粗糙度值。

（4）工艺系统的精度和刚度。

要获得低粗糙度的零件表面，除以上所述因素外，还要保证加工工艺系统有足够高的运动精度和刚度。

5.2.1.2　磨削加工

1. 磨削加工的特点

磨削加工是利用砂轮（Grinding Wheel）表面的大量磨粒作为刀具的一种"切削"加工。磨粒在砂轮表面上的分布是随机的、高低不一，因而磨粒与被加工表面的作用是滑擦、刻划、切削相伴发生的。由于通过工件表面单位面积上的磨粒数量可以很多，因此，磨削加工容易获得较低的表面粗糙度值。

磨削速度高，磨粒大多数为负前角，单位切削力很大，所以切削温度很高，可达1500~1600℃，超过了材料的熔点，产生火花。工件表面层的温度也能高达900℃，超过了材料的相变温度。

2. 影响磨削表面粗糙度的工艺因素

（1）砂轮的粒度。

磨粒越细，单位时间通过单位磨削面积的磨粒越多，因而粗糙度越低。但磨粒不能过细，否则易堵塞砂轮，使加工表面塑性变形增加，反而使粗糙度值增加。图5-4示出了砂轮的粒度与表面粗糙度的关系。

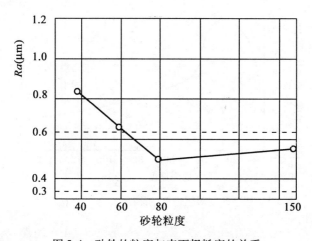

图5-4　砂轮的粒度与表面粗糙度的关系

（2）砂轮的修整。

砂轮磨钝后，必须进行仔细的修整，目的是使砂轮具有正确的几何形状和锐利的微刃。多采用单颗粒金刚石笔进行修整，相当于用它在砂轮表面上车出一螺纹。修整导程和修整深度越小，修整质量越好，磨粒微刃等高性越好，磨出的工件表面粗糙度值也越小。

（3）磨削用量与光磨次数。

从几何角度分析易知，增加砂轮速度 V_s、减少工件速度 V_w、减小轴向进给量 f_a（以纵磨外圆为例），都可使单位时间内通过单位磨削面积上的磨粒数增多，因而磨削后工件表面粗糙度值降低，并且，当砂轮速度高于工件材料塑性变形的传播速度时，材料来不及产生塑性变形，这也使得磨削后工件表面粗糙度值减小。

减小磨削深度 a_p 将减轻工件材料的塑性变形，从而减少磨削后工件表面的粗糙度值，但这样同时降低了磨削生产率。为提高生产率并保证获得足够低的表面粗糙度，通常先采用较大的磨削深度，然后采用较小的磨削深度，最后进行数次名义磨削深度为零的"光磨"。光磨次数越多，表面粗糙度越低。

（4）砂轮的硬度。

砂轮的硬度（指磨削时磨粒受力后从砂轮上自行脱落的难易程度）必须适中。若太软，则磨粒太易脱落，不易保证砂轮修整的形状精度，使粗糙度增加。若太硬，磨钝了的磨粒又不易脱落，堵塞砂轮，增加工件材料的塑性变形，也会使粗糙度增加。

（5）其他。

砂轮组织的紧密程度、磨粒材料和工件材料的性质、冷却润滑液的选用等对磨削表面粗糙度也有明显的影响。

5.2.2　减小表面粗糙度的加工方法

减小表面粗糙度的加工方法很多，这里简要介绍超精密切削、超精加工、研磨、珩磨、抛光等。

1. 超精密切削（Superprecision Cutting）

超精密切削是指加工精度高于亚微米（$0.1\mu m$）级、表面粗糙度值 Ra 在 $0.025\mu m$ 以下的切削加工方法。欲达到 $0.1\mu m$ 数量级的加工精度，在最后一道加工工序中，就必须能切除厚度小于 $0.1\mu m$ 的表面层，因此，超精密切削最关键的问题是如何均匀、稳定地切除如此微薄的金属层。

刀具切削刃口钝圆半径 r_{β} 的大小直接影响着刀具的切薄能力，刀具的 r_{β} 越小，可以稳定切削的金属层就越薄，因此，用于超精密切削的刀具材料必须能刃磨得极其锋利（即得到极小的 r_{β} 值），并在切削过程中能保证其锋利程度。单晶金刚石是目前最为广泛应用的超精密切削刀具材料。单晶金刚石车刀的刃口圆角半径 r_{β} 可以达到 $0.02\mu m$，金刚石与有色金属的亲合力极低，摩擦系数小，切削有色金属时不产生刀瘤。因此，单晶金刚石刀具常用来加工铜、铝或其他有色金属材料，获得超精密表面。

金刚石车刀实现超精密切削的条件有：

（1）金刚石车刀特殊的结构和几何角度。图 5-5 是切削铜和铝时，金刚石车刀的典型结构和几何角度。

（2）刀具的刃磨质量。金刚石车刀不仅应保证前、后刀面有极小的表面粗糙度，而且要求刀刃的微观不平度极小，一般要求对刀具的精细研磨，在 400 倍显微镜下检查，刃口平直、无裂纹、无崩口、毛刺等缺陷。

（3）切削用量的选择。超精密切削时，通常选用很小的切削深度、进给量和很高的切削速度。切削铜和铝时常选择：切削速度 $V_{w} = 200 \sim 500 m/min$，切削深度 $a_{p} = 0.002 \sim 0.003 mm$，进给量 $f = 0.01 \sim 0.04 mm/r$。刀具的高度和位置通过 60 倍光学显微镜来检查和调整，为使工件的夹压变形量小，常采用真空吸盘或薄膜夹具。

（4）工件材质。由于金刚石超精密切削的切削深度很小，甚至是在晶粒内部切削，因此工件材料的均匀性和微观缺陷在加工后可能会暴露在工件表面上，形成凹坑，使表面粗糙度值加大。因此，进行超精密切削的工件材料必须均匀、致密无缺陷。

此外，超精密切削过程中，必须防止切屑擦伤已加工表面。为此，常采用吸尘器及时

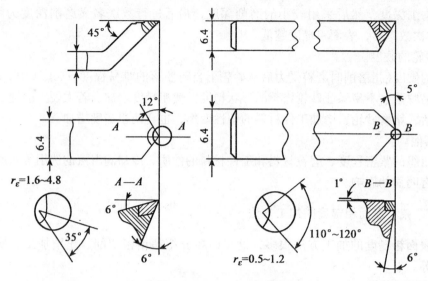

图5-5　金刚石车刀的结构

吸走切屑，用煤油或橄榄油对切削区进行润滑和冲洗，或采用净化的压缩空气喷射经过雾化的润滑剂，使刀具冷却、润滑并消除切屑。

超精密切削对机床精度和加工环境有极高的要求。机床主轴的径向和轴向跳动量应小于 $0.12 \sim 0.15\mu m$，进给部件的运动应平稳、均匀、无爬行现象，还应具备位移精度高达 $0.1\mu m$ 的精密位移机构。超精密机床必须安装在恒温室内，并置于隔振地基上。

2. 超精加工(Superfinishing)

超精加工是一种由切削过程过渡到摩擦抛光过程的加工方法，能获得表面粗糙度 Ra 值为 $0.01 \sim 0.1\mu m$ 的加工表面。

超精加工的工作原理如图 1-13 所示。超精加工时，用细粒度油石，以较低的压力和切削速度对工件表面进行精密加工。加工时有三种运动，即工件低速回转运动、磨头轴向进给运动、油石高速往复振动。有时为增加切削效果，又增加径向运动。这三种运动的合成使磨粒在工件表面上形成不重复的轨迹。如果暂不考虑磨头的轴向进给运动，则磨粒在工件表面形成的轨迹是正弦曲线，如图 1-14 所示。

超精加工的切削过程与磨削、研磨不同，当工件粗糙表面磨去之后，油石能自动停止切削。由于油石与工件之间无刚性运动联系，油石切除金属的能力较弱，加工余量很小（一般为 $3 \sim 10\mu m$），所以，超精加工修正尺寸误差和形状误差的作用较差，因此，一般要求前道工序保证必要的加工精度。

目前，超精加工广泛应用于加工精密曲轴、凸轮轴、刀具、轧辊、轴承、精密量仪及电子仪器等精密零件，工件材料范围广，可以对钢、铸铁、铜合金、铝、陶瓷、玻璃、花岗石等进行加工。能加工外圆、内孔、平面及特殊轮廓表面等。

3. 珩磨(Honing)

珩磨是利用珩磨工具对工件表面施加一定压力，珩磨工具同时作相对旋转和往复直线运动，切削工件上极小余量的精加工方法，目前广泛应用于成批以至小批生产中孔的精加工。这种加工方法孔的尺寸范围很大，直径从几毫米到 1m，长度从 10mm 到 20m，珩磨后孔的表面粗糙度 Ra 值可控制在 0.025 ~ 0.2μm 之间，圆度和圆柱度在 0.003 ~ 0.005mm 之间，尺寸精度一般为 IT5 ~ IT6。

珩磨的工作原理如图 1-25、1-26 所示，它是利用安装在珩磨头圆周上的若干条细粒度油石或砂条，由涨开机构将油石或砂条沿径向涨开，使其压向工件孔壁，使接触面产生一定的压强，同时磨头作回转和轴向往复运动，实现对孔的低速磨削。

珩磨加工的切削速度一般为 100 ~ 300m/min，径向压强约为 0.4 ~ 2MPa，均比普通磨削加工低很多，因此，工件发热少，工件表面无烧伤和变质层。油石或砂条上的磨粒在已加工表面上留下的切削痕迹呈交叉而不重复的网纹，有利于润滑油的贮存和油膜的保持。

为使油石或砂条能与加工表面均匀接触，以保证均匀地去除很小的加工余量，珩磨头相对于安装工件的夹具是浮动的，因此，珩磨加工不能修正相对位置误差（如孔的位置偏差、孔的轴线的直线度误差），必须在珩磨前的工序中保证要求的相对位置精度。

珩磨过程中，由于上道工序所得到的加工表面还留有一定的几何形状误差，其表面高出部分总是与砂条先接触，使得接触部位径向压强较大，很快被磨去，直至油石或砂条与工件表面完全接触。因此，珩磨能对前道工序所遗留的形状误差，如圆柱度、圆度、表面波度等，进行一定程度的修正。

正确选择油石或砂条对珩磨加工的效率和质量有明显的影响；珩磨时必须用充足的冷却润滑液冲洗珩磨部位，以提高珩磨的表面质量。

4. 研磨（Lapping）

研磨是用研磨工具和研磨剂从工件表面上研去一层极薄金属的精加工方法，其目的是获得很高的表面质量和很高的加工精度。研磨时，研磨剂涂敷在研具或工件表面上，研具和工件在一定的压力下作复杂的相对运动，磨粒则从工件表面除去极薄的一层金属。研磨余量通常很小，为 10 ~ 20μm。

研磨加工按机械化程度可分为手工研磨和机械研磨；根据磨料是否嵌入研具又可分为嵌砂研磨和无嵌砂研磨。嵌砂研磨又可分为自由嵌砂（加工时将磨料直接注入工作区，磨粒受挤压而自行嵌入研具）与强行嵌砂（加工前将磨料压嵌在研具表面）。无嵌砂研磨使用较软的磨料（如氧化铬）和较硬材料的研具（如淬硬钢研具），研磨过程中磨粒不嵌入研具表面，而是处于自由状态。

研具大多用硬度为 120 ~ 160HBS 的铁素体铸铁或硬度为 160 ~ 200HBS 的珠光体铸铁制造，有时也使用铸钢、铜合金、铅等材料。

磨料常制成研磨剂或研磨膏。研磨钢、铸铁、有色金属时一般用氧化铝或碳化硅磨料，此外，碳化硼磨料主要用于研磨硬质合金和淬硬钢，氧化铬主要用于研磨钢和铜合金（可获得很高的表面质量）。

研磨可以在研具精度不太高的情况下修正工件的尺寸和形状误差，达到很高的加工精度。如果要通过研磨来修正工件的尺寸和形状误差，则应分几个工步进行，即从粗研逐步过渡到精研，此时研磨余量应稍大，但通常不超过 0.1mm。

研磨后工件表面的尺寸和形状误差可以小到 0.1 ~ 0.3μm，表面粗糙度值可以达到 Ra0.01 ~ 0.04μm。

5. 抛光（Buffing）

抛光加工是用涂敷有抛光膏的布轮、皮轮等软性器具，利用机械、化学或电化学的作用，去除工件表面微观凹凸不平处的峰顶，以获得光亮、平整表面的加工方法。抛光加工去除的余量通常小到可以忽略不计，因此，抛光加工一般不能提高工件的形状精度和尺寸精度，多用于要求很低表面粗糙度值，而对尺寸精度没有严格要求的场合。

5.3　影响表面层物理、机械性能的主要因素

机械加工过程中，在切削力和切削热的作用下，工件表面一定深度内的表面层材料沿晶向产生剪切滑移，晶格严重扭曲、晶粒拉长并纤维化，或者金相组织发生变化，导致这层材料的物理、机械性能不同于基体材料，形成变质层。变质层的特征通常有加工硬化、金相组织变化、残余应力等。

5.3.1　表面层加工硬化

1. 概述

在切削或磨削加工过程中，工件表面层在切削力作用下产生强烈的塑性变形，使晶格扭曲，晶体间产生剪切滑移，晶粒被拉长、纤维化甚至破碎，引起表面层硬度增加的现象，就是加工硬化现象(又称冷作硬化)。

另一方面，机械加工时产生的切削热提高了工件表面层的温度，当温度达到一定值时，已强化的金属会软化而回复到正常状态。回复作用的大小取决于温度的高低、温度持续的时间及硬化程度的大小。因此，表面层金属加工硬化实际上是硬化作用与回复作用综合作用的结果。

衡量表面层加工硬化的指标主要有：①表面层的显微硬度 HV；②硬化程度 N；（是指增加的硬度值和原硬度的比值，用百分数表示）③硬化层深度 h。一般来说，硬化程度越大，硬化层的深度也越大。

表面层的硬化程度取决于产生塑性变形的力、变形速度及变形时的温度。力越大，塑性变形越大，产生的硬化程度也越大。变形速度越大，塑性变形越不充分，产生的硬化程度也就相应减小。变形时的温度不仅影响塑性变形程度，还会影响变形后的金相组织的恢复程度。

各种机械加工方法加工钢件时表层加工硬化情况如表5-1所示。

表5-1　　　　　　　　各种机械加工方法加工钢件时表面层加工硬化情况

加工方法	材料	硬化层深度 h, μm		硬化程度 N,%	
		平均值	最大值	平均值	最大值
车削	低碳钢 未淬硬中碳钢	30~50	200	20~50	100
精细车削		20~60	—	40~80	120
端铣		40~100	200	40~60	100
周铣		40~80	110	20~40	80
钻孔，扩孔		180~200	250	60~70	—

2. 表面层加工硬化的影响因素

(1)刀具。刀具的刃口圆角和后刀面的磨损对加工硬化有显著影响，刃口圆角和后刀面磨损量越大，加工硬化层的硬度和深度也越大。

(2)切削用量。在中低速切削时，随着切削速度的增加，刀具与工件接触时间减短，工件表面层使塑性变形程度减小，并且切削速度增大会使切削温度提高，有利于加工硬化的回复；但当速度很高时，即高速切削阶段，切削热作用时间缩短，回复来不及进行，硬化程度反而增加。进给量 f 增加时，塑性变形增加，硬化程度增加，故减少进给量 f 有利于减轻硬化程度；但当 f 很小时，刀具与工件的挤压作用增加，塑性变形程度增加，即加工硬化程度反而增加。切削深度 a_p 增加时，切削力增大，塑性变形加大，加工硬化程度增加。

(3)工件材料。工件材料的硬度越低，塑性越大，切削加工后表面层加工硬化现象越严重。

3. 减小表面层加工硬化的措施

(1)合理选择刀具的几何形状，采用较大的前角和后角，并在刃磨时尽量减小其切削刃口半径；刀具使用过程中合理控制其后刀面的磨损限度。

(2)合理选择切削用量，采用较高的切削速度、较小的进给量和切削深度。

(3)加工时采用有效的冷却润滑液。

5.3.2　表面层的金相组织变化与磨削烧伤

5.3.2.1　表面层的金相组织变化

机械加工过程中，在加工区由于加工时所消耗的能量绝大部分被转化为热能而使加工表面温度升高，当温度升高到金相组织变化的临界点时，就会产生金相组织的变化。

磨削加工时，磨粒在很高速度下以较大的负前角切削较薄的金属层，产生很大的塑性变形和摩擦，其单位切削力、单位切削面积所消耗的功率非常大，远远大于一般切削加工，这些消耗的功率绝大部分转化为热能。由于切屑非常少，砂轮导热能力差，因此磨削热大部分(80% 以上)传递给工件，使工件表面层的温度经常达到 900℃ 以上，超过了钢铁材料的相变温度，使得其金相组织发生变化，同时表面层呈现黄、褐、紫、青等不同颜色的氧化膜(因氧化膜厚度不同而呈现不同颜色)，这种现象称为磨削烧伤。

不同的烧伤色表示烧伤程度不同，较深的烧伤层，虽然可在加工后期采用无进给光磨磨去工件表面的烧伤色，但烧伤层并未完全除掉，成为将来使用中的隐患。

5.3.2.2　影响磨削烧伤的因素

由于磨削烧伤是由于磨削时工件表面层的高温及高温度梯度引起的，而磨削温度取决于磨削热源强度和热作用时间，因此影响磨削温度的因素对磨削烧伤均有一定程度的影响。

1. 磨削用量

当磨削深度增大时，工件表面一定深度的金属层的温度将显著增加，容易造成烧伤或使烧伤加剧，故磨削深度不能选得太大。

当工件速度增大时，工件磨削区表面温度将升高，但此时热源作用时间减少，因而可减轻烧伤。但提高工件速度会导致表面粗糙度值增大，为弥补此不足，可提高砂轮速度。实践证明，同时提高工件速度和砂轮速度可减轻工件表面烧伤。

当工件纵向进给量 f_a 增加时，工件表层和表层以下各深度层温度均下降，故可减轻烧伤。但 f_a 增大，会导致表面粗糙度增大，因而可采用较宽的砂轮来弥补。

2. 砂轮参数

砂轮磨料的种类、砂轮的粒度、结合剂种类、硬度以及组织等，均对烧伤有影响。

硬度高而锋利的磨料，如立方氮化硼、人造金刚石等，不易产生烧伤。磨粒太细易堵塞砂轮产生烧伤。硬度高的砂轮，磨钝的磨粒不易脱落下来，易产生烧伤，采用较软的砂轮可避免烧伤。用有弹性的结合剂（如橡胶、树脂等）的砂轮磨削时，磨削力增大时能有退让，使实际的磨削深度有所减少，可减轻烧伤。组织疏松的砂轮，既不堵塞又易存储切削液，不易产生烧伤。另外，在砂轮上开槽变连续磨削为间断磨削，工件和砂轮间断接触，改善了散热条件，工件受热时间短，可以减轻烧伤。

3. 冷却方法

采用适当的冷却润滑方法，可有效避免或减小烧伤，降低表面粗糙度。由于砂轮的高速回转，表面产生强大的气流，使冷却润滑液很难进入磨削区。如何将冷却润滑液送到磨削区内，是提高磨削冷却润滑的关键。

常用的冷却润滑液有：切削油、乳化油、乳化液（肥皂水）和苏打水，前者润滑效果好，可使表面粗糙度减小，后者冷却效果好，乳化液既能冷却冲洗，又有一定的润滑作用，故用得较多。常用的冷却方法有：

（1）采用内冷却砂轮。如图 5-6 所示，将冷却润滑液通到砂轮轴孔，在离心力作用下，冷却润滑液通过砂轮内部的孔隙从砂轮四周的边缘甩出，使其直接进入磨削区，发挥冷却润滑作用。

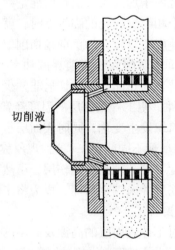

切削液

图 5-6　内冷却砂轮

（2）高压大流量冷却法。采用 $(8 \sim 12) \times 10^5 \mathrm{Pa}$，220L/min 的高压大流量冷却润滑液，既增强了冷却效果，又有利于冲掉砂轮表面上的磨屑，防止砂轮堵塞。

（3）喷雾冷却润滑法。用 $(3 \sim 6) \times 10^5 \mathrm{Pa}$ 的压缩空气使冷却润滑液雾化并高速喷入磨削区。

（4）采用浸油砂轮。把砂轮放在溶化的硬脂酸溶液中浸透，取出冷却后即成为含油砂轮。磨削时，磨削区的热源使砂轮边缘部分硬脂酸熔化直接进入磨削区。

（5）采用带空气挡板的喷嘴。如图 5-7 所示，可减轻砂轮圆周表面附着的高压气流的作用，使冷却润滑液易于进入磨削区。

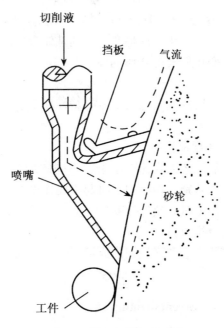

图 5-7　带空气挡板的喷嘴

4. 工件材料

工件材料对磨削区温度的影响主要取决于它的硬度、强度、韧性和热导率。工件材料硬度高、强度高或韧性大都会使磨削区温度升高，因而容易产生磨削烧伤。导热性能比较差的材料，如耐热钢、轴承钢、不锈钢等，在磨削时也易产生烧伤。

5.3.3　表面层的残余应力

残余应力是指在没有外力作用的情况下零件上存留的应力。这里仅讨论零件加工表面层的残余应力。

1. 表面层残余应力的产生

机械加工过程中，工件表面层残余应力产生的主要原因有：

（1）冷态塑性变形。

在切削或磨削过程中，工件加工表面受到刀具或砂轮磨粒后刀面的挤压和摩擦，产生拉伸塑性变形，此时里层金属处于弹性变形状态；切削或磨削过后，里层金属趋于弹性恢复，但受到已产生塑性变形的表层金属的牵制，在表层产生残余压应力，里层产生残余拉应力。

（2）表层金属的热态塑性变形。

切削或磨削过程中，工件表层的温度比里层高，表层的热膨胀较大，但受到里层金属的阻碍，使得表层金属产生压缩塑性变形。加工后零件冷却至室温时，表层金属体积的收缩又受到里层金属的牵制，因而使表层金属产生残余拉应力，里层产生残余压应力。

（3）表层金属金相组织的变化。

切削或磨削过程中，若工件表层温度高于材料的相变温度，则会引起金相组织的变化。由于不同的金相组织具有不同的密度，例如，马氏体密度 $\rho_{马}=7.75\mathrm{g/cm^3}$，奥氏体密度 $\rho_{奥}=7.96\mathrm{g/cm^3}$，珠光体密度 $\rho_{珠}=7.78\mathrm{g/cm^3}$，铁素体 $\rho_{铁}=7.88\mathrm{g/cm^3}$。因此，表层金属金相组织的变化造成了其体积的变化，这种变化受到基体金属的限制，从而在工件表层产生残余应力。当金相组织的变化使表层金属的体积膨胀时，表层产生残余压应力，反之，则产生残余拉应力。

必须指出，实际加工后表层的残余应力是冷态塑性变形、热态塑性变形和金相组织变化三者综合作用的结果。

2. 影响表层残余应力的主要因素

影响零件表面残余应力的工艺因素比较复杂。不同的加工条件下，残余应力的大小、符号及分布规律可能有明显的差别。切削加工时起主要作用的往往是冷态塑性变形，表面层常产生残余压应力；磨削加工时，热塑性变形或金相组织的变化通常是产生残余应力的主要因素，表面层常存有残余拉应力。

总的来说，凡能减小塑性变形和降低切削或磨削温度的因素都可使零件表面残余应力减小。

5.3.4　表面强化(Surface Strengthening)工艺

为了获得良好的表面质量，有时需要采用表面强化工艺，改善表面层的物理机械性能，如进一步提高表层强度、硬度，使表层产生残余压应力；同时进一步降低表面粗糙度。

表面强化工艺方法很多，主要有化学强化、射线强化和机械强化等，这里仅介绍表面机械强化工艺。

表面机械强化工艺是指通过对表面的冷挤压，使之产生冷态塑性变形，以提零件表面质量的工艺方法，表5-2列出了一些常用的机械强化加工方法，下面分别加以叙述。

表5-2　　　　　　　　　　　　　表面机械强化加工方法

序号	加工方法	加工简图	加工结果			
			精度 μm	表面粗糙度 $Ra/\mu m$	硬化深度 mm	硬化程度 %
1	单滚柱 多滚柱 滚压		6~8	0.08~0.63	0.2~1.5	10~40

续表

序号	加工方法	加工简图	加工结果			
			精度 μm	表面粗糙度 Ra/μm	硬化深度 mm	硬化程度 %
2	离心式滚柱滚压	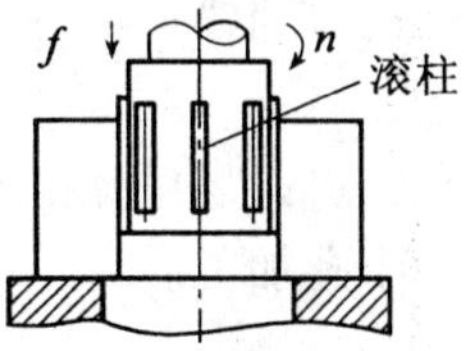	5~7	0.08~0.32		可达40
3	挤孔（胀孔）	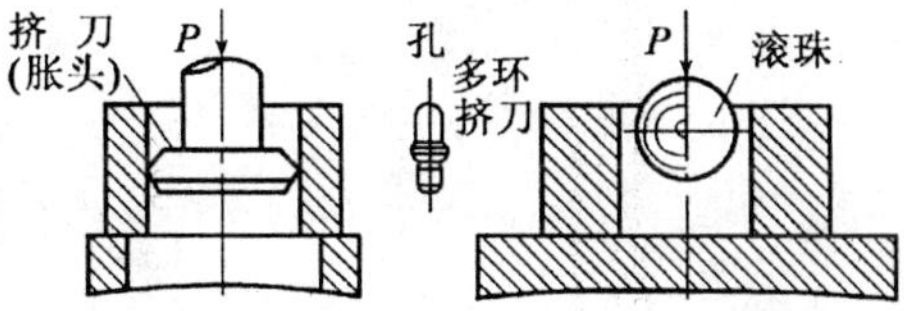	5~7	0.08~0.32		可达40
4	拉刀挤孔推刀（胀孔）	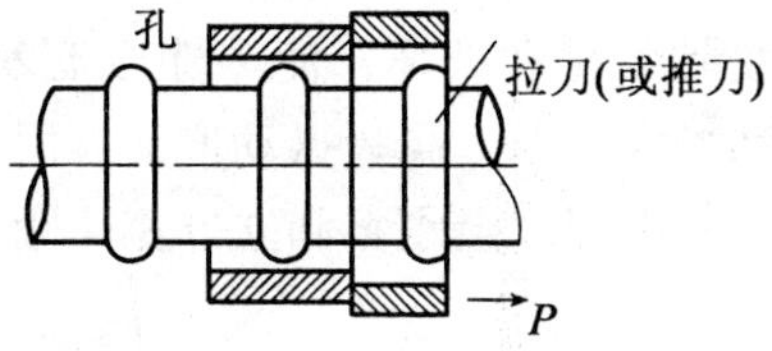	5~7	0.04~0.16		20~40
5	喷丸强化	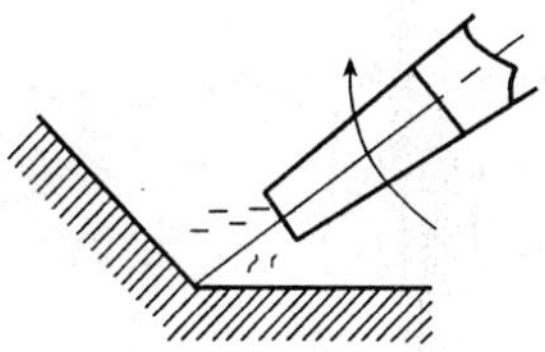		1.25~20	可达0.7	

1. 滚压加工

此方法是通过淬火钢滚柱或滚珠在零件表面上进行滚压，使零件表面硬度、强度提高并产生残余压应力，从而提高零件的承载能力和疲劳强度。

滚柱滚压，可以是单滚柱，也可是多滚柱（2~3个），单滚柱压力大，工艺系统变形大，多滚柱则较好；滚珠滚压，可以是单滚珠，也可是多滚珠，由于接触面积小，压强大，且滚珠后面有弹簧，压力比较均匀，可用于刚度低的工件的滚压加工。

离心转子滚压，滚压力是滚珠或滚柱回转所产生的离心力，其大小由滚珠或滚柱的质量、转子的转速和直径大小来决定。

2. 喷丸强化

利用压缩空气或机械离心力将珠丸高速（35~50m/s）喷出，打击工件表面，使之形成冷硬层和残余压应力，有利于提高零件的疲劳强度和使用寿命。主要用于强化形状比较复杂不宜用其他方法强化的零件，如板弹簧、螺旋弹簧、连杆、齿轮、曲轴等。

珠丸一般是钢丸，也可是铸铁丸或石丸，其直径约为 $0.4 \sim 2mm$。对小零件和表面粗糙度低的，需用较细小的珠丸。当零件是铝制品时，为了避免喷丸加工后在表面残留铁质微粒而引起电化学腐蚀，应使用铝丸或玻璃丸。若在零件上有凹槽、凸起等应力集中的部位，珠丸一般应小于其过渡圆弧半径，以使这些部位也得到强化。

3. 挤孔

挤孔可用挤刀挤孔，也可用滚珠挤孔。挤刀挤孔，可以是单环挤刀挤孔和多环挤刀挤孔，多环挤刀加工效果好、质量高。滚珠挤孔多用于小孔加工。

5.4 机械加工中的振动

5.4.1 概述

1. 机械加工中的振动现象及其影响

机械加工过程中，工件—夹具—刀具—机床这一工艺系统经常会发生振动，给加工过程带来很大的不利影响。

发生振动时，工艺系统的正常切削过程受到干扰和破坏，使零件加工表面产生振纹，降低了零件的加工精度和表面质量，低频振动增大波度，高频振动增加表面粗糙度。

振动可能使刀刃崩碎，特别是对硬质合金、陶瓷、金刚石和立方氮化硼等韧性差的刀具，从而影响刀具的寿命。

振动会导致机床、夹具的零件连接松动，增大间隙，降低刚度和精度，并缩短其使用寿命。

强烈的振动及伴随而来的噪音，污染环境，危害操作者的身心健康。

由于振动，限制了切削用量的进一步提高，影响了生产效率，严重时甚至不能正常切削。因此，研究机械加工过程中的振动，探索抑制、消除振动的措施，是十分必要的。

2. 机械加工中振动的类型

机械加工中的振动，按其产生的原因，可分为以下三种类型：

（1）自由振动（Free Running Vibration）。当振动系统受到初始干扰力（又称激励）的作用而破坏了其平衡状态后，去掉激励或约束之后所发生的振动，叫做自由振动。由于系统总是存在着阻尼，故自由振动总是衰减的，因此，一般来说自由振动对加工过程的影响不大。

自由振动的特性取决于系统本身，即其固有频率、振型取决于振动系统的质量、刚度。

（2）强迫振动（Forced Vibration）。在外界周期干扰力作用下，系统受迫产生的振动称为强迫振动。由于有外界周期性干扰力作能量补充，所以振动能够持续进行。只要外界周期干扰力存在，振动就不会被阻尼衰减掉。强迫振动的频率等于外界周期干扰力的频率。

（3）自激振动（Self Excited Vibration）。由振动系统本身产生的交变力激发和维持的一种周期性振动称为自激振动。切削过程中产生的自激振动也称为颤振。

工艺系统的强迫振动和自激振动，是持续的振动，严重地影响加工质量。

5.4.2 强迫振动及其控制

1. 切削加工过程中强迫振动产生的原因

切削加工过程中产生强迫振动的原因可以分为两大类：

（1）系统外部的周期性干扰力。如其他机床、设备的振动通过地基传入系统。

（2）工艺系统内部原因。①机床运动零件的惯性力，如电机皮带轮、齿轮、传动轴、砂轮等的质量偏心在高速回转时产生的离心力，往复运动部件换向时的冲击等；

②机床传动件的缺陷，如齿轮啮合时的冲击、带接头、滚动轴承的误差、液压气动系统中的冲击等；

③切削断续表面，切削过程的不连续，或者余量、硬度不均匀等，引起切削力的周期性改变，如铣削、拉削、滚齿等加工。

2. 强迫振动的描述

一般的机械加工工艺系统，其结构都是一些具有分布质量、分布弹性和阻尼的振动系统，严格来说，这些振动系统具有无穷多个自由度。这里所指的自由度，是指用以确定振动系统在任意瞬时其位置的独立坐标数。要精确地描述和求解无穷多个自由度的振动系统是十分困难的，因此通常将它们简化为多自由度系统。由于单自由度系统是最简单的振动系统，且是多自由度系统的基本单元，因此由单自由度振动系统引出的许多概念和分析方法也适用于多自由度系统。作为简化分析，这里只讨论单自由度系统的振动。

图 5-8 所示为内圆磨削工艺系统简图。由于工件系统与悬伸的磨杆和砂轮相比，刚度要大得多，因此，该工艺系统的振动可以用图(b)所示的简化单自由度系统来描述。磨杆和砂轮的等效质量为 m，等效刚度为 k，等效阻尼为 c，作用在 m 上的简谐激振力为 $F\sin\omega t$。设质量块处于平衡位置时为坐标原点，瞬时位移向下为正。

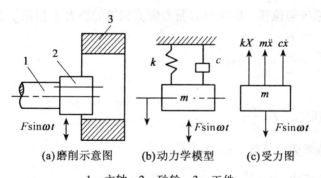

(a)磨削示意图 (b)动力学模型 (c)受力图

1—主轴 2—砂轮 3—工件

图 5-8 内圆磨削工艺振动系统简图

由理论力学已知，该单自由度振动系统的运动方程式可写为

$$m\ddot{x}+c\dot{x}+kx=F\sin\omega t \tag{5-1}$$

式中：x——等效质量块 m 离开其平衡位置的瞬时位移，m；

F——简谐激振力的幅值，N；

ω——简谐激振动的圆频率，rad/s。

方程(5-1)可写成：

$$\ddot{x}+2a\,\dot{x}+\omega_0^2x=f\sin\omega t \tag{5-2}$$

式中：a——衰减系数，$a=c/2m$；

ω_0——系统无阻尼时的固有频率，$\omega_0^2=k/m$；

$f=F/m$。

求解微分方程(5-2)，得

$$x=A_1e^{-at}\sin(\omega_d+\phi_d)+A_2\sin(\omega t-\phi) \tag{5-3}$$

上式第一项表示有阻尼的自由振动，经过一段时间后，这部分振动将衰减为零；第二项表示由激振力引起的强迫振动，这部分不会衰减。因此，系统经过一段时间的过渡过程后，自由振动很快就衰减掉了，而强迫振动则持续下去，形成系统的稳态振动过程。

一般我们感兴趣的是系统的稳态振动，其位移为

$$x=A_2\sin(\omega t-\phi) \tag{5-4}$$

式中：A_1——自由振动的初始振幅，m；

A_2——强迫振动的振幅，m；

$\omega_d=\sqrt{\omega_0^2-a^2}$；

ϕ_d——自由振动的初始相位角，rad；

ϕ——振动体位移 x 与激振力的相位差，rad。

将式(5-4)求导代入方程(5-2)化简后可得

$$A_2=\frac{f}{\sqrt{(\omega_0^2-\omega^2)^2+4a^2\omega^2}}=\frac{A_0}{\sqrt{(1-\lambda^2)^2+(2\xi\lambda)^2}} \tag{5-5}$$

$$\tan\phi=\frac{2\xi\omega}{\omega_0^2-\omega^2} \tag{5-6}$$

式中：A_0——系统静位移，即在与激振力幅值相等的静力 F 作用下系统的位移，$A_0=$

$$\frac{F}{k}=\frac{\dfrac{F}{m}}{\dfrac{k}{m}}=\frac{f}{\omega_0^2}，\text{m}；$$

ξ——阻尼比，$\xi=\dfrac{c}{c_c}$；

c_c——临界阻尼系数，$c_c=2\sqrt{km}$；

λ——频率比，$\lambda=\dfrac{\omega}{\omega_0}$。

根据上面的推导结果，可以分析强迫振动有如下特点：

(1)如果作用在系统上的干扰力是简谐激振力 $F\sin\omega t$，则强迫振动的稳态过程也是简谐振动，而且只要激振力存在，这一振动就不会被阻尼衰减掉。振动本身并不能引起干扰力的变化。

(2)强迫振动的频率总是与外界激振力的频率相同，与系统的固有频率无关。

(3)强迫振动的振幅大小主要取决于激振力 F 的大小及频率比 λ 和阻尼比 ξ，而与初

始条件无关。激振力越大，刚度及阻尼系数越小，则振幅越大。

（4）强迫振动的振幅在很大程度上取决于干扰力（激振力）的频率与系统固有频率的比值 λ。当 λ 等于或接近于 1 时，即干扰力的频率等于或十分接近于固有频率时，振幅将达到最大值，这种现象通常称为共振。

3. 强迫振动振源查找的方法

在机械加工过程中出现的持续振动有可能是强迫振动，也有可能是自激激动。要区别强迫振动与自激振动，最简便的方法就是找出振动频率。一般情况下可从工件上振纹出现的频率推算出振动频率，再与振源频率相比较，如果两者一致或相近，则此振源可能就是引起振纹的主要原因。

工件表面振动波纹频率可用下式计算：

对回转零件
$$f=\frac{nm}{60}, \ \text{Hz},$$

式中：n——工件转速，r/min；

m——工件一转中切出的波纹数。

对平面加工
$$f=\frac{1000v}{60l}, \ \text{Hz}$$

式中：v——工件的进给速度，m/min；

l——波纹长度，mm。

可取一段工件长度 $L(\text{mm})$，数出该长度上的波纹数 m，用 $l=\dfrac{L}{m}$ 算出波纹长度。L 取得越长，包含的波纹数越多，l 的取值误差应越小。当波纹不易用肉眼观察时，可用圆度仪、粗糙度仪表来测量加工表面，有时把工件表面研磨一下，波纹就变得清晰可数了。

较准确的方法是采用测振仪器来测量机械加工过程中的振动频率和振幅。例如在靠近刀具或工件的地方，用测振传感器拾取振动信号，通过频谱分析确定强迫振动的频率成分。

测量振动频率后，就要对整个工艺系统可能产生的强迫振动频率进行估算，并把频率数列表备查，凡是与测得的频率相近的可能振源，都要做仔细的检查和进一步的试验。

4. 减小强迫振动的措施和途径

一般来说，可从以下几方面来考虑。

（1）减小或消除振源的激振力。例如精确平衡各回转零部件，对电机转子、砂轮等高速回转件，主要的是要进行动平衡。这样就能减小回转件所引起的离心惯性力。轴承的制造精度及装配调试精度常常对减小强迫振动有较大影响。

对齿轮转动，应提高齿轮制造及安装的几何精度，以减小传动过程中的冲击。对带传动，应采用较完善的带接头，使其连接后的刚度和厚度变化最小。

（2）提高工艺系统的刚度及阻尼。可以有效地抑制振幅，吸收和消耗振动能量。

（3）隔振。在振动的传递路线中安放具有弹性性能的隔振装置，使振源所产生的大部分振动由隔振装置来吸收，以减少振源对加工过程的干扰。如将机床安置在地基上及在振源与刀具和工件之间设置弹簧或橡皮垫片等。

（4）调节振源频率。在选择工作转速时，尽可能使旋转件的频率远离机床有关元件的固有频率，避开共振区。

(5)减小冲击切削振动的常用途径还有：

按照需要，改变刀具转速或改变机床结构，以保证刀具冲击频率远离机床共振频率及其倍数；增加刀具齿数；减小切削用量，以便减小切削力的大小；设计不等齿距的端铣刀，可以明显减小冲击切削时引起的强迫振动。

5.4.3 自激振动及其控制

5.4.3.1 自激振动的特征

(1)自激振动与强迫振动相比，虽然都是稳定的等幅振动，但维持自激振动的不是外加的激振力作用，而是由系统本身引起的交变力作用而产生的振动，系统若停止运动，交变力也随之消失，自激振动也就停止。

(2)自激振动与自由振动相比，虽然都是在没有外界周期性干扰力作用下产生的，但自由振动在系统阻尼作用下会逐渐衰减下去，而自激振动则能在振动过程中吸取能量，补偿阻尼的消耗，使振动得以维持而不衰减。

(3)自激振动的频率和振幅是由系统本身的参数决定的。一般来说，振动的频率接近于系统中主振部件的固有频率，振幅的大小则取决于系统在一个振动周期内所获得的能量与阻尼所消耗能量的对比情况。

5.4.3.2 产生自激振动的几种学说

产生自激振动的机理，虽然人们进行了大量的研究，提出很多学说，但至今尚没有一套成熟的理论来解释各种状态下产生自激振动的原因。这里介绍几种比较完善的解释自激振动产生机理的学说。

1. 再生颤振学说

在切削、磨削外圆表面时，为了减小加工表面的粗糙度，车刀平刃宽度或砂轮的宽度 B 都要大于工件每转进给量 f，因此，工件转动一周后在切削第二周时还会切削到前一周的表面，这种现象称为重叠。

在重叠切削的情况下，当切削第一周时，由于某种偶然原因(如材料不均匀有硬质点、加工余量不均匀或冲击等)，使刀具与工件产生相对振动，在加工面上形成振纹。这个振动本来是一个自由振动，理应随着偶然因素的消失而衰减。但是在切削第二周时，由于有重叠，当切到第一周的振纹时，就会使切削截面不断发生变化，造成动态切削力的变化，使工艺系统产生振动，这个振动又会影响下一转的切削，从而引起持续的振动，即产生自激振动，又称再生颤振。

维持再生自激振动(即再生颤振)的能量是如何输入振动系统的，可用图5-9表示的切削过程示意图进行说明。从图可见，当后一转切削加工的工件表面 y(虚线)滞后于前一转切削的工件表面 y_0(实线)时，由于在切入工件的半个周期中的平均切削厚度比切出时的平均切削厚度小，切削力也小，则在一个振动周期中，切削做的正功大于负功，有多余能量输入到振动系统中去，维持系统的再生颤振。如改变加工中某项工艺参数(如工件转速)，使 y 与 y_0 同相或超前一个相位角，则可消除再生颤振。

2. 振型耦合颤振学说

上面讨论的再生颤振是刀具在有振纹的表面上重叠切削引起的。可是在加工方牙螺纹

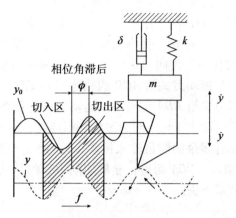

图 5-9　再生颤振示意图

时(见图 5-10)，工件前后两转并未产生重叠切削，若按再生颤振学说，理应不产生自激振动，但在实际加工中，当背吃刀量增加到一定程度，切削过程仍有自激振动产生，其原因可用振型耦合学说来解释，如图 5-11 所示。

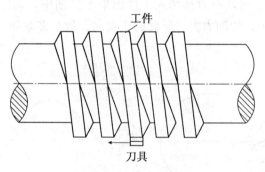

图 5-10　加工方牙螺纹

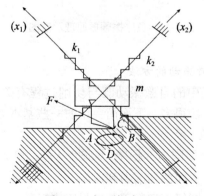

图 5-11　振型耦合原理

为简化分析，设工艺系统的振动只作平面运动，仅有 y、z 两个自由度。如图 5-11 所示，设刀具系统由一个质量为 m，两个刚度为 k_1、k_2 的弹簧组成，主振模态方向为 x_1、x_2，与工件表面法线方向成 α_1、α_2 角，称为刚度主轴。假如在切削中由于偶然原因，刀具 m 产生了振动，它将同时在两个方向 x_1、x_2 以不同的振幅和相位进行振动，刀尖运动轨迹为一椭圆。由图可见，若振动刀尖沿 ACB 的轨迹切入工件，这时运动方向与切削力方向相反，刀具做负功。当刀尖沿 BDA 切出时，运动方向与切削力方向相同，刀具做正功。由于切出时的平均切削厚度大于切入时的平均切削厚度，在一个振动周期内，切削力所做的正功大于负功，因此有多余的能量输入振动系统（在一个振动周期内），振动得以维持。如果刀尖沿着 ADB 切入，BCA 切出，显然切削力作的负功大于正功，振动就不能维持，原有的振动会不断衰减下去。

3. 负摩擦颤振

图 5-12 把车削系统简化为单自由度系统，刀具只作 y 方向的运动。在车削塑性材料时，切削力 F_y 与切屑和前刀面相对滑动速度 v 的关系如图 5-12 所示。设稳定切削时切削速度为 v_0，则刀具和切屑之间的相对滑动速度为 $v_1 = v_0/\xi$（ξ—切屑收缩系数）。当刀具产生振动时，刀具前刀面与切屑间的相对滑动速度要附加一个振动速度 y'。刀具切入工件时，相对滑动速度为 v_1+y'，此时的切削力为 F_{y1}，刀具退离工件时，相对滑动速度为 v_1-y'，对应的切削力为 F_{y2}。所以在刀具切入工件的半个周期中，切削力小，负功小；在刀具退离工件的半个周期中，切削力大，所做的正功大，故有多余能量输入振动系统，使自激振动得以维持下去。

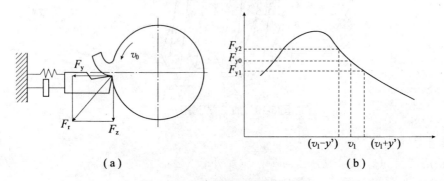

图 5-12 负摩擦颤振原理示意图

5.4.3.3 减小或消除自激振动的方法

以上分析说明，机械加工中的自激振动既与切削过程有关，又与工艺系统的结构有关，减小或消除自激振动的方法很多，下面简要说明一些基本方法。

1. 合理选择刀具几何参数

加大前角 γ_o，有利于减小切削力和振幅（见图 5-13）；增大主偏角，可以减小切削重叠系数，减小垂直于工件轴向方向的切削力和振幅。

适当加大副偏角，有利于减轻副切削刃与已加工表面的摩擦，减轻振动；适当减小刀具后角 α_o，保证后刀面与工件间有一定的摩擦阻尼，有利于系统稳定；但后角不能太小

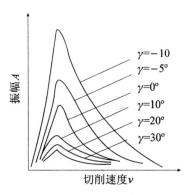

图 5-13　前角对振幅的影响

（如 $\alpha_o \leqslant 2° \sim 3°$ 时），反而会引起摩擦自振。

刀尖半径 r_ε、前刀面倒棱 b_r 都应尽量小。

增加消振棱（即在刀具后刀面上磨出一段宽为 h、后角为 α_{01} 的一段直线，叫消振棱，如图 5-14 所示）后，对抑制低频振动很有利，这可能是由于增加了阻尼的原因。

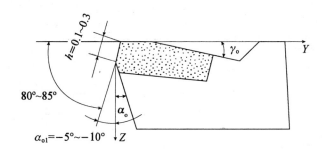

图 5-14　带消振棱的刀具

2. 改革刀具结构

（1）采用弹簧刀具。如图 5-15 所示，它减小了工艺系统在 y 方向上的刚度，改善了系统的振型耦合。由于 y 方向的系统刚度减小了，当切削力增加时，刀具变形，减小了切削力的变化，使振动减小。

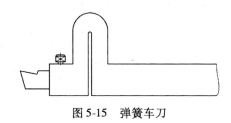

图 5-15　弹簧车刀

（2）采用弯头刨刀。如图 5-16 所示，这种具有减振功能的弯头刨刀的安装面与刃口在同一平面上，切削时如果由于材料硬度不匀，或加工余量不匀使切削力增加，由于此时刀杆可变形，使得实际切削程度减小而使切削力减小，因而减小振动。而图(a)和图(b)所示的情形，刀杆变形会使实际切深增加，使振动加剧。

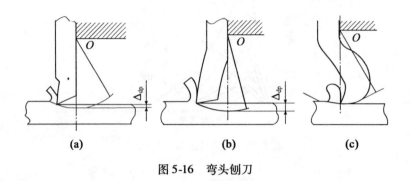

图 5-16 弯头刨刀

(3)削扁镗刀杆，即将圆柱形刀杆削扁如图 5-17 所示。镗刀头在镗杆圆周方向的位置可以任意调整，得到不同的振型耦合，调到能使振动显著减小的位置后，用螺钉固定。

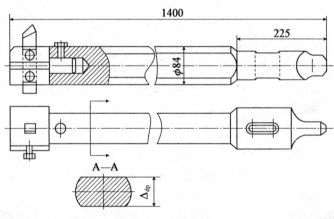

图 5-17 削扁镗刀杆

(4)选择刀具安装方式。例如反装车刀，改变了切削力与刚度主轴的位置，使振型耦合变化，达到减振的目的。因为一般车床刀架在向上($+Z$)方向上的刚度低，车刀反装时，当切削力增大时，刀架产生变形，使切削力变化减小，切削稳定，振动减小。

3. 选用合理的切削用量

(1)切削速度 v(见图 5-18(a))。表示在一定的条件下，车削时切削速度 $v = 20 \sim 60 \text{m/min}$ 范围内易产生自激振动。故可选择低于或高于此范围的速度进行切削以避免产生自激振动。

(2)进给量 f(见图 5-18(b))。表示在一定条件下，车削时进给量与振幅的关系曲线。图中显示，当 f 较小时振幅较大，随着 f 的增加振幅减小。故在加工表面粗糙度的允许的情况下应适当加大进给量以减小自激振动。

（3）背吃刀量 a_p（见图 5-18（c））。表示在一定的条件下，车削时背吃刀量 a_p 与振幅的关系曲线。由图可见，随着切削深度 a_p 的增加，振幅也增大。因此，减小 a_p 可减小自振。但 a_p 减小会降低生产率，因此，通常采用调整切削速度 v 和进给量 f 来抑制切削自激振动。

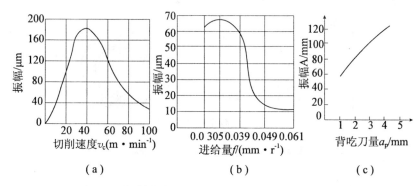

图 5-18 切削速度、进给量、背吃刀量与振幅的关系

4. 提高工艺系统的抗振能力

（1）提高工艺系统的刚度，如减小主轴系统、进给系统的间隙，减小接触面的粗糙度；在加工细长轴、薄壁套筒等刚度低的工件或使用低刚度刀具时，可用增加辅助支承的方法，提高工艺系统的刚度等。

（2）增加振动系统的阻尼，如选用吸振能力强的材料（如铸铁等），增加结合面的摩擦，采用吸振能力强的润滑油层。

（3）合理设计工艺系统中各部件的固有频率，使其远离干扰力的频率。

（4）减小或消除振动干扰。加固机床地基、隔绝振源，采用防振地基和隔振垫等；对高速回转零部件进行精密动平衡，对零件加工余量和材质均匀性提出较高的要求等。

5. 采用各种减振、消振装置（也称减振器）

（1）阻尼式减振器。利用固体或液体的摩擦阻尼来消耗振动能量从而达到减振目的。图 5-19 是车床用固体摩擦阻尼减振器，当产生振动时，工件与支架一起移动，从而使推杆在壳体内移动，由推杆与皮圈间的摩擦力来减振消振。

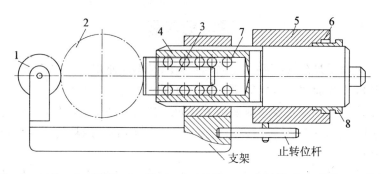

1—滚轮 2—工件 3—触杆 4—推杆 5—壳体 6—密封圈 7—弹簧 8—调整螺母

图 5-19 车床用阻尼减振器

（2）动力式减振器。用弹性元件把一个附加质量块连接到系统中，利用附加质量的动力作用，使弹性元件加在系统上的力与系统的激振力相抵消。图 5-20 所示为用于镗刀杆的动力减振器，微孔橡皮衬垫即为其弹性元件，并有附加阻尼作用，可获得较好的减振效果。

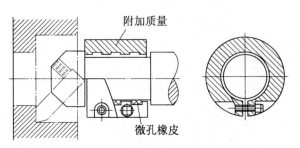

附加质量

微孔橡皮

图 5-20　用于镗刀杆的动力减振器

（3）冲击式减振器。它是由一个与振动系统刚性连接的壳体和一个在壳体内自由冲击的质量块所组成。当系统振动时，由于自由质量的往复运动，产生冲击消耗了振动的能量，因而可减小振动。图 5-21 是一个冲击式减振镗刀杆。冲击减振虽有因碰撞而产生噪音的缺点，但由于其结构简单，重量轻，体积小，在某些条件下减振效果好，能适用于较大的频率范围，因而应用较广，特别适用于高频振动的减振。

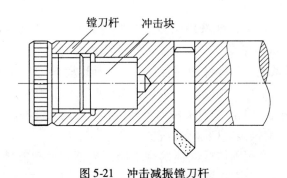

镗刀杆　　冲击块

图 5-21　冲击减振镗刀杆

习题与思考题

1. 机械加工表面质量包含哪些主要内容？它们对零件使用性能有什么影响？

2. 表面粗糙度与表面波度有何区别？它们分别是如何度量的？

3. 影响磨削表面粗糙度主要有哪些因素？如何解释下列实验结果（实验条件从略）？

（1）用粒度 36# 的砂轮磨削后，表面粗糙度为 $Ra1.6\mu m$，用粒度 60# 的砂轮可使表面粗糙度减小到 $Ra0.2\mu m$。

（2）当砂轮速度 v_s 从 30m/s 提高到 60m/s 时，表面粗糙度从 $Ra1\mu m$ 减小到 $Ra0.2\mu m$。

（3）当工件速度 v_w 从 0.5m/s 提高到 1m/s 时，表面粗糙度从 $Ra0.5\mu m$ 增大到

$Ra0.9\mu m$。

（4）当磨削深度从 0.01mm 增加到 0.03mm 时，表面粗糙度从 $Ra0.27\mu m$ 增大到 $Ra0.55\mu m$。

4. 什么是加工硬化现象？产生加工硬化的主要原因是什么？

5. 试分析超精加工、珩磨、研磨的工艺特点及使用场合。

6. 试列举 2 种生产中常用的改善表面物理、机械性能的加工方法，并说明其改善表面质量的原理。

7. 机械加工中的振动对加工过程有何影响？

8. 强迫振动和自激振动的根本区别是什么？机械加工过程中引起强迫振动的原因有哪些？如何设法防止或减弱强迫振动？

9. 试述再生颤振原理，消除或减弱再生颤振的主要办法有哪些？再生颤振条件下的极限切削宽度是怎样确定的？

10. 为什么切除宽而薄的切屑（即在大切削深度和小走刀量的切屑）的加工情况极易引起切削自振？如何妥善解决之？

11. 简述振型耦合原理，为什么削扁镗刀杆能增强抗振性？削边的部位与切削力方向的关系是怎样的？

12. 试述冲击消振器的特点。

第6章 机器装配工艺基础

6.1 装配工作的基本内容

装配是生产中按规定的技术要求和精度，将构成机器的零件结合成组件、部件和产品的过程。装配是机械制造中的后期工作，是决定产品质量的关键环节，任何机器产品都是由零件装配而成的。如何从零件装配成机器，产品精度和零件精度的关系以及达到装配精度的方法，这些都是装配工艺所要解决的基本问题。机器装配工艺的基本任务就是在一定的生产条件下，既装配出质量合格的产品，又具有高生产率和经济性。一台机器总是从设计开始，经过零件的加工最后装配而成。装配是机器生产中的最后一个阶段，包括装配、调试、精度及性能检验、试车等工作。机器的质量最终是通过装配保证的，装配质量在很大程度上决定机器的最终质量。另外，通过机器的装配过程，可以发现机器设计和零件加工质量等所存在的问题，并加以改进，以保证机器的质量。研究装配工艺过程和装配精度，采用有效的装配方法，制订出合理的装配工艺规程，对保证产品的质量有着十分重要的意义，对提高产品设计的质量有很大的影响。

装配的质量对于机械产品的使用性能和使用寿命影响很大。如果装配不当，即使所有加工的零件都合格也难以获得符合质量要求的机械产品。同时，由于装配所花费的劳动量很大、占用的时间很多，所以，对于机械产品生产任务的完成、工厂的劳动生产率、机械产品的成本和资金周转都有直接影响。特别是近年来，在毛坯制造和机械加工等方面实现了高度的机械化和自动化，机械产品成本不断降低，使得装配工作在整个机械产品制造中所占劳动量的比重和占机械产品成本的比重越来越大，其影响就更加突出。因此，只有迅速提高装配工作的技术水平和劳动生产率，才能适应整个机械工业的发展形势。

机械产品的质量要求，必须由正确的设计，零件的制造精度、材质和处理的质量，以及装配精度等来保证。对装配工艺的基本要求是：装配质量符合规定的技术要求，生产周期短、劳动生产率高、成本低、装配劳动量小，装配操作方便。

6.1.1 装配工作的主要内容

1. 清洗

进入装配的零件必须先进行清洗，以除去在制造、贮存、运输过程中所黏附的切屑、油污、灰尘等。部件、总成在运转磨合后也要清洗。清洗对于保证和提高装配质量，延长产品的使用寿命有着重要意义。

机械产品装配中常用的清洗方法除擦洗和浸洗外，还有喷淋清洗、高压清洗、气相清洗和超声波清洗等。擦洗主要用于较大工件的局部清洗，浸洗用于形状较复杂的工件轻度黏附油垢的清洗,一般零件大多用喷淋清洗法,高压清洗是利用高压清洗液将杂质冲走,在发动机装配中用于气缸体、曲轴和高压油管等零件的油道清洗。中、小型较精密的零件常用超声波清洗。超声波清洗是在清洗液中引入强烈的超声波振动,由于空化作用产生强大冲击力,将工件表面污垢剥落。此外,由于超声振动使清洗液的乳化、增溶作用增强,对带盲孔、深孔、凹槽等形状复杂工件清洗有较好效果。气相清洗是利用沸腾溶剂的蒸汽在被清洗工件表面冷凝,冷凝的溶剂使油脂溶解,污物随溶剂流下。溶剂表面张力小,能迅速润湿工件表面并渗入微孔和缝隙,从而达到清洗目的。气相清洗主要用于清洁度要求高的和多步清洗中的最后工序。

清洗中常用的清洗液有水剂清洗剂、油性清洗剂(柴油、煤油和汽油)和化学清洗剂(三氯乙烯、三氯乙烷、三氟三氯乙烷等)。应根据工件的清洗要求、污物性质及黏附情况正确选用。零件在清洗后,应具有一定的防锈能力。

零件清洗后的烘干要比用压缩空气吹干的办法好,这不仅可以减轻噪声的影响,而且对保持车间的清洁度大有好处。车间清洁度对装配质量影响也很大,国外许多装配车间采用封闭式结构,并使车间内的气压略高于室外大气压,防止灰尘进入车间。

2. 平衡

旋转零部件的平衡是装配过程中一项重要工作。特别是对于转速高,运转平稳性要求高的机器,对其零、部件的平衡要求更为严格,平衡工作更为重要。

旋转件的平衡有静平衡和动平衡两种方法。对于盘状旋转体零件,如皮带轮、飞轮等,一般只进行静平衡;对于长度大的零件,如曲轴,传动轴等,必须进行动平衡。

对于旋转件内的不平衡质量,可用加工去除法进行平衡,如钻、铣、磨、锉、刮等;也可用加配质量法进行平衡,如螺纹连接、铆接、补焊、胶接,喷涂等方法。

在汽车、拖拉机的发动机装配中,曲轴的动平衡尤为重要,曲轴因其自身的结构相对于旋转中心不对称以及材料本身质量不均匀和加工尺寸精度等的影响,使曲轴在高速旋转时产生不平衡的惯性力,影响发动机的平稳运转,产生振动和噪声,增加磨损,从而影响到发动机的工作性能和寿命。在大批生产中曲轴的平衡已普遍自动化,一般曲轴平衡自动化包括:自动上下料、自动测量不平衡量及自动修正等。

对于运转平衡性要求高的机器,如精密磨床、高速风机、高速内燃机组和几台设备联接成的汽轮发电机组等,为提高整机工作平稳性和性能,应在整机装配后作一次平衡,因为机器内各回转零件虽然进行了平衡,但各零件装配后,由于装配误差、不平衡量的综合误差,仍可能产生较大的旋转惯性力从而引起机器的振动,因此有必要进行整机平衡。但目前发动机整机动平衡尚未普遍采用。

3. 过盈连接

机器中的轴孔配合,有很多采用过盈连接。对于过盈连接件,在装配前应保持配合表面的清洁。常用的过盈连接装配方法有压入法、热胀(或冷缩)法和液压套装法。

压入法是在常温情况下将轴以一定压力压入孔内,这样会把配合表面微观不平度挤平,影响实际过盈量。压入法适用于过盈量不大和要求不高的情况。

重要的、精密的机械以及过盈量较大的连接处常用热胀(或冷缩)法。即采用加热包容件或冷却被包容件的办法,使得过盈量缩小达到有间隙后进行装配。

发动机装配时过盈连接处很多,如活塞销与销孔的配合、气门座与汽缸盖座孔的配合、飞轮齿圈和飞轮的配合、正时齿轮与曲轴的配合等。特别是气门座与座孔的配合，由于气门座位于气缸盖的热三角区，这就要求气门座和座孔间有良好的配合，才能将热量迅速地传导出去。因其过盈量较大，气门座又属薄壁件，若在常温下以压入法装配，不仅很难保证配合质量，而且常使气门座发生变形，严重时甚至损坏零件。对于这种薄壁零件的过盈配合，大多采用深冷技术或者采用冷却轴件和加热孔件配合运用，在有间隙的状态下进行装配，保证在常温下有良好的配合质量。

液压套装是利用高压油(压力可达 275MPa)注入配合面间，使包容面胀大后将被包容件压入。配合面常有小的锥度，加工要求高，它具有可拆性，适用于过盈量较大的大中型联接件。

4. 螺纹连接

在机械产品结构中，广泛采用螺纹连接，对螺纹连接的要求是：

(1)螺栓杆部不产生弯曲变形，螺栓头部、螺母底面与被连接件接触良好；

(2)被连接件应均匀受压，互相紧密贴合，连接牢固；

(3)根据被连接件形状、螺栓的分布情况，按一定顺序逐次(一般为 2~3 次)拧紧螺栓或螺母。

螺纹连接的质量，除受有关零件的加工精度影响外，与装配技术有很大关系。如拧紧的次序不对，施力不均，零件将产生变形，降低装配精度，造成漏油、漏气、漏水等。运动部件上的螺纹连接，若拧紧力矩达不到规定数值，连接件达不到要求的连接强度，运动中将会松动，影响装配质量，严重时会造成事故。因此，对于重要的螺纹连接，必须规定拧紧力矩的大小。螺纹连接中控制拧紧力的方法按原理可以分为以下几种：

(1)控制扭矩法。用电动机驱动的工具、扳手或用一个限制扭矩或测量扭矩装置的手动工具来控制扭矩。

(2)控制旋转角法。先按某个初始扭矩预紧，使工件相互贴紧后，再从此扭矩值开始旋转一个预先确定的角度。

(3)控制屈服点法。由电动机驱动的螺纹拧紧工具输出测量值，由这些值构成旋转角——扭矩曲线，当达到螺栓屈服点时，即发出信号使螺栓扳手停止。国外有的使用由计算机控制扭矩的系统，可同时控制和显示多轴扳手的扭矩值，较好地控制了螺纹连接的拧紧力。

5. 校正

所谓校正，是指各零部件本身或相互之间位置的找正及相应的调整工作，主要是形位误差，如直线度、平面度校正，同轴度、垂直度的校正等。这也是装配时要做的工作。

除上述装配工作的基本内容外，部件或总成以至整个产品装配中和装配后的检验，机器试运转等都是装配工作的内容。油漆、包装与装配工作密切相关，也应结合装配工作进行。

6.1.2 装配工作的组织形式

生产类型是决定装配工艺特征的重要因素。生产类型不同，装配方法、工艺过程，所用设备及工艺装备，生产组织形式等也不同。装配工作的组织形式一般分为两种，即固定式装配和移动式装配。装配组织形式主要取决于生产类型，装配劳动量和产品的结构特点等。

6.1.2.1　固定式装配

固定式装配可直接在地面上或在装配台架上进行，比较先进的是有些产品在装配机上完成装配工作。

固定式装配是把所需装配的零件、部件或总成全部运送至固定的装配地点，并在该地点完成装配过程。根据装配的密集程度，固定式装配又分为两种：

1. 集中固定式装配

产品的所有装配工作都集中在一个工作地点完成。这种装配需要完成多种不同的工作，因此对工人的技术水平要求高，需要较大的生产面积，装配周期也较长。因为在工作地点需要供应全部零件，所以运输也比较复杂。仅适用于单件小批生产和新产品试制的装配。

2. 分散固定式装配

将装配过程分为部件装配和总成装配，分别由几组装配工人在各自的工作地点同时装配各自的部件或总成，然后送到总装配地点，由另一组工人完成汽车的总装配。这种装配多使用专用装配工具，装配专业化程度较高，可有效地利用生产面积，装配周期较短。

对于批量比较大的情况，工人可在装配台上进行装配，所需的零件和部件不断的送至各装配合，工人在一个装配台完成装配后带着工具箱转移到另一个装配台，装配时工人沿着各装配合移动。若各装配台排在一条线上，则构成固定装配台的装配流水线，这是分散固定式装配的高级形式，其中装配台的数目取决于装配工艺过程的工序数目。

6.1.2.2　移动式装配

移动式装配是把所需装配产品的基础件不断地从一个工作地点移至另一个工作地点，将装配过程所需的零件及部件送到相应的工作地点，在每个工作地点有一组工人采用专用的工艺装备重复地进行固定的装配工作。移动式装配又分为自由移动式装配和强制移动式装配。

1. 自由移动式装配

这种装配是在装配时由工人根据具体情况决定移动基础件的时间，产品放在小车上或在辊道上沿工作地点由工人移动，也可用输送带或吊车等机械设备运送，各个工作地点所占的装配时间不固定，但应尽量保持均衡。

2. 强制移动式装配

这种装配是产品放在小车上或输送带上由链条强制拖动，装配过程按预定的节拍进行。强制移动式装配又分为间歇移动式装配和连续移动式装配。

间歇移动式装配是输送小车或输送带以等于装配节拍的时间间歇移动。连续移动式装配是产品装在连续移动的输送带上，边移动边进行装配，由于装配过程和运输过程重合，所以装配生产率很高。

6.2　装配精度与装配尺寸链的建立

制造机器，不仅要保证每个零件的加工精度，还要使零件能正确地进行装配，达到规定的装配精度。保证装配精度以合格的零件为先决条件。机器的装配精度包括：有关零件或部件间的尺寸精度，如间隙或过盈量等；位置精度，如平行度，垂直度和同轴度等；相对运动精度，即在相对运动过程中保证有关零件或部件间相对位置的准确度；接触精度，即连接或配合表面的接触面积和接触点分布等。

6.2.1 机器的装配精度

1. 尺寸和相对位置精度

尺寸精度和相对位置精度。尺寸精度反映了装配中各有关零件的尺寸和装配精度的关系。相对位置精度反映了装配中各有关零件的相对位置精度和装配相对位置精度的关系。

图 6-1 所示为一台普通卧式车床简图，它要求后顶尖的中心比前顶尖的中心高 0.06mm。这是装配尺寸精度的一项要求，粗略分析，它同主轴箱前顶尖的高度 A_1，尾架底板的高度 A_2 及尾架后顶尖高度 A_3 有关。

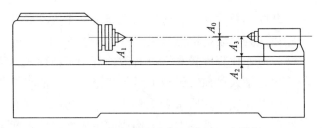

图 6-1　普通卧式车床的装配尺寸精度

图 6-2 所示为一单缸发动机的结构简图，装配相对位置精度要求活塞外圆的中心线与缸体孔中心线平行，这是一项装配相对位置精度要求，它同活塞外圆中心线与其销孔中心线的垂直度 a_1、连杆小头孔中心线与其大头孔中心线的平行度 a_2、曲轴的连杆轴颈中心线与其主轴颈中心线的平行度 a_3 及缸体孔中心线与其主轴孔中心线的垂直度 a_0 有关。

2. 相对运动精度

相对运动精度是指回转精度、直线移动精度和传动精度。

回转精度是指机器回转部件的径向跳动和轴向窜动，例如机床主轴、回转工作台的回转精度，通常都是重要的装配精度。回转精度主要和轴类零件轴颈处的精度、轴承的精度、箱体轴承孔的精度等有关。直线移动精度和机器的导向元件(导轨、导柱等)的精度和运动副的配合质量有关。

传动精度是指机器传动件之间的运动关系。例如转台的分度精度、滚齿机滚刀与工作台的传动比、车削螺纹时主轴与大拖板间的运动关系都反映了传动精度。影响传动精度的主要因素是传动元件本身的制造精度及它们之间的配合精度。传动元件越多，传动链愈长，影响也就愈大，因此，传动元件应力求最少。典型的传动元件有齿轮、丝杠螺母及蜗轮蜗杆等。对于要求传动精度很高的机器，可采用缩短传动链长度及校正装置来提高传动精度。

实际上机器在工作时由于有力和热的作用，使传动链元件产生变形，因此传动精度不仅有静态精度，而且有动态精度。有的机器，如机床还提出工作精度(即加工工件精度)的要求。机器的装配精度是根据使用功能要求提出的。

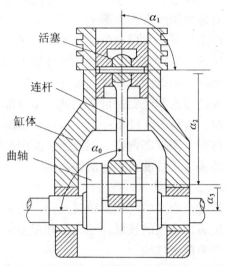

图 6-2　单缸发动机装配相对位置精度

3. 接触精度

零件之间的接触精度也是根据设计图纸的要求提出的，它包括接触面积大小和接触位置两方面。例如锥度心轴与锥孔相配就有接触面积的要求，对精密导轨的配合面也有接触面积的要求，一般用涂色法检查。对于刮研表面，其接触面的大小可通过涂色检验接触点的数量来判断。

6.2.2　零件精度和装配精度的关系

零件的精度和机器的装配精度有着密切的关系。机器中有些装配精度往往只和一个零件有关，要保证该项装配精度只要保证该零件的精度即可，俗称"单件自保"，这种情况比较简单。而多数装配精度则和几个零件有关，要保证该项装配精度则必须同时保证这些零件的相关精度，这种情况比较复杂，涉及尺寸链问题，要用装配尺寸链来解决。

机器装配精度的要求提出了相关零件相关精度的要求，而相关零件的相关精度的确定又与生产批量和装配方法有关。装配方法不同，对相关零件的精度要求也不同。大量生产时，装配多采用完全互换法，零件的互换性要求较高，从而零件的精度要求较高，这样才能达到装配精度及生产节拍。单件小批生产时，多用修配法进行装配，零件的精度可以低些，靠装配时的修配来达到装配精度。至于各相关零件的精度等级，不一定是相同的，可根据零件结构和加工难易程度来决定。

6.2.3　影响装配精度的因素

1. 零件的加工精度

机器的精度最终是在装配时达到的，保证零件的加工精度，其目的在于保证机器的装配精度，因此零件的精度和机器的装配精度有着密切的关系。一般来说，零件的精度愈高装配精度愈容易保证，但并不是零件精度愈高愈好，因为这样会增加产品的成本，并且造成一定的浪费，应该根据装配精度来分析、控制有关零件的精度。

零件加工精度的一致性对装配精度有很大影响，零件加工精度一致性不好，装配精度就不易保证，同时增加了装配工作量。大批大量生产中由于多用专用工艺装备，零件加工精度受工人技术水平和主观因素的影响较小，因此，零件加工精度的一致性较好；在数控机床上加工，受计算机程序控制，不论产量多少，零件加工精度一致性很好。单件小批生产，零件加工精度主要靠工人的技术和经验保证，因此，零件加工精度一致性不好，装配工作的劳动量大大增加。有时，合格的零件不一定能装出合格的产品，这主要是装配技术问题。因为装配工作中包括修配、调整等内容，因此当装配出的产品不符合要求时，应分析是由于零件精度造成的，还是由于装配技术造成的。

2. 零件之间的配合要求和接触质量

零件之间的配合要求是指配合面间的间隙量或过盈量，它决定了配合性质。零件之间的接触质量是指配合面或连接表面之间的接触面积大小和接触位置的要求，它主要影响接触刚度即接触变形，同时也影响配合性质。

零件之间的配合是根据设计图纸的要求而提出的，间隙量或过盈量决定于相配零件的尺寸及其精度，但对相配表面粗糙度应有相应要求，表面粗糙度值大时，会因接触变形而影响过盈量或间隙量，从而改变配合性质的要求。例如，基本偏差 H/h 组成的配合，其间隙很小，最小间隙为零，多用于轴孔之间要求有相对滑动的场合，但如果接触质量不高，产生接触变形，间隙量就会改变，配合性质也就不能保证。

现代机器装配中，提高配合质量和接触质量是一个非常重要的问题。特别是提高配合面的接触刚度，对提高整个机器的精度、刚度、抗振性和寿命等都有极其重要的作用。提高接触刚度的主要措施是减少相连零件数，使接触面的数量尽量少；另一方面是增加实际接触面积，减少单位面积上所承受的压力，从而减少接触变形。实际接触面积的大小与表面形状精度、相对位置精度及接触面的表面粗糙度等有关。

3. 力、热、内应力等所引起的零件变形

零件在机械加工和装配过程中，由于受力、热、内应力等作用所产生的变形，对装配精度有很大的影响。

零件产生变形的原因很多，有些零件在机械加工后是合格的，但由于装配不当，如运输和装配过程中的碰撞、压配合所产生的变形就会影响装配精度。有些产品在装配时，由于零件本身自重产生变形，如机床装配中，龙门铣床的横梁、摇臂钻床的摇臂都会因自重及其上所装的主轴箱重量产生变形，从而影响装配精度。有些产品在装配时精度是合格的，但由于零件加工时存在的残余内应力影响，装配后经过一段时间或外界条件有变化时可能产生内应力变形，影响装配精度。有些产品在静态下装配精度是合格的，但在运动过程中由于摩擦生热，使某些运动件产生热变形，影响装配精度。某些精密仪器、精密机床等是在恒温条件下装配的，使用也必须在同一恒温条件下，否则零件也会产生热变形而不能保证原来的装配精度。

4. 旋转零部件的不平衡

旋转部零件的平衡在高速旋转的机器中已经愈来愈受到重视，作为必要工序在工艺中进行安排。如发动机的曲轴和离合器、电机的转子及一些高速旋转的机床主轴等都要进行动平衡，以便在装配时能保证装配精度，使机器能正常工作，同时还能降低振动和噪音。

现在，对一些中速旋转的机器，也开始重视动平衡问题，这主要是从工作平稳性、降低机器振动、提高工作质量和寿命等来考虑的。可见，现代机器中，装配精度与旋转零部件动平衡有密切关系。

6.2.4　装配尺寸链

6.2.4.1　装配尺寸链的概念和形式

在机器的装配关系中，由相关零件的尺寸或相互位置关系所组成的尺寸链，称为**装配尺寸链**。

装配尺寸链与工艺尺寸链有所不同。工艺尺寸链中所有尺寸都分布在同一个零件上，计算主要解决零件加工精度问题；而装配尺寸链中每一个尺寸都分布在不同零件上，每个零件的尺寸是一个组成环，有时两个零件之间的间隙等也构成组成环。

在产品设计时，为保证装配精度，需要应用装配尺寸链的分析与计算，合理地确定相关零件的尺寸和形位公差。而在制订装配工艺过程时，选择装配方法，解决生产中的装配质量问题，也需要应用装配尺寸链进行分析与计算。

装配尺寸链按照各个组成环和封闭环的相互位置分布情况可以分为直线尺寸链、平面尺寸链和空间尺寸链。前二者分别见图 6-3、图 6-4 所示。平面尺寸链可分解为两个直线尺寸链来求解，如图 6-5 所示。装配尺寸链又可分为长度尺寸链（见图 6-3、图 6-4、图 6-5）和角度尺寸链，如图 6-6 所示为一分度机构的角度尺寸链。

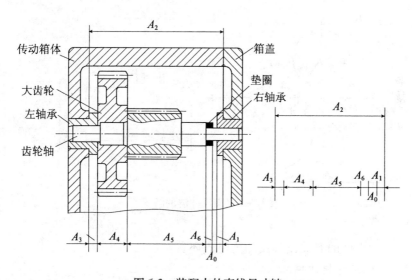

图 6-3　装配中的直线尺寸链

装配尺寸链中的并联、串联、混联尺寸链如图 6-7 所示。图中尺寸链 α 和 γ 构成并联尺寸链；尺寸链 α 和 β 构成串联尺寸链；尺寸链 α、β 和 γ 则形成混联尺寸链。在精度项目要求较多的机器中，如机床等，并联尺寸链、串联尺寸链和混链尺寸链就比较多。因此在解一个装配尺寸链时必须要注意其相邻的并联和串联尺寸链，特别是并联尺寸链中的公共环。装配尺寸链表示了装配精度要求与有关零件尺寸之间的关系。装配精度要求为尺寸

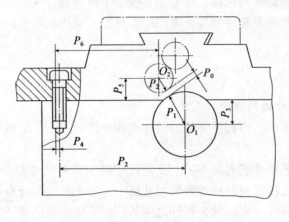

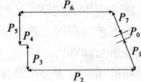

图 6-4 装配中的平面尺寸链

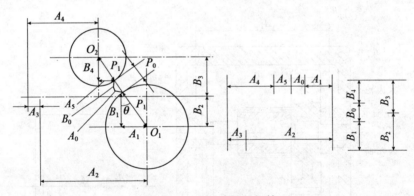

图 6-5 平面尺寸链的解算

链的封闭环，不同零件的有关设计尺寸为组成环。

6.2.4.2 装配尺寸链的建立

装配尺寸链的建立就是在装配图上，根据装配精度的要求，找出与该项精度有关的零件及其有关的尺寸，最后画出相应的尺寸链图。建立装配尺寸链是解决装配精度问题的第一步，只有建立的尺寸链正确，求解尺寸链才有意义，因此在装配尺寸链中，如何正确地建立尺寸链，是一个十分重要的问题。

下面以长度尺寸链为例来阐述装配尺寸链的建立。

装配尺寸链的建立可以分三个步骤，即确定封闭环、查找组成环和画出尺寸链图。现以图 6-3 所示的传动箱中传动轴的轴向装配尺寸链为例来进行说明。

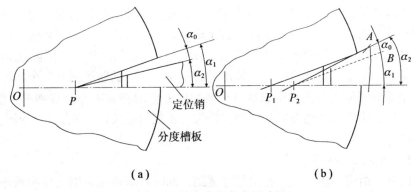

（a）　　　　　　　　　　　　　　　（b）

图 6-6　装配中的角度尺寸链

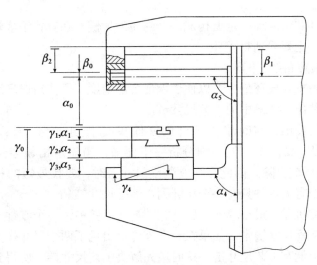

图 6-7　装配中的并联、串联、混联尺寸链

1. 确定封闭环

图 6-3 所示的传动轴在两个滑动轴承中转动，为避免轴端与滑动轴承端面的摩擦，在轴向要有适当的间隙 A_0。从图中可以看出间隙 A_0 的大小与大齿轮、齿轮轴、垫圈等零件有关，它是由这些相关零件的相关尺寸来决定的，所以间隙 A_0 为封闭环。在装配尺寸链中，由于一般装配精度所要求的项目大多与许多零件有关，不是由一个零件决定的，因此，这些精度项目多为封闭环。所以在装配尺寸链中确定封闭环还是比较容易的。但不能由此得出结论，认为凡是装配精度项目都是封闭环，因为装配精度不一定都有尺寸链的问题。装配尺寸链的封闭环应该定义如下：装配尺寸链中的封闭环是装配过程最后形成的一环，也就是说它的尺寸是由其他环的尺寸来决定的。

由于在装配精度中，有些精度是两个零件之间的尺寸精度或位置精度，所以封闭环也是对两个零件之间的精度要求，这一点有助于判别装配尺寸链的封闭环。

2. 查找组成环

查找组成环就是要找出与封闭环相关零件及其相关尺寸。其方法是从封闭环出发，按逆时针或顺时针方向依次寻找相邻零件，直至返回到封闭环，形成封闭环链。但并不是所有相邻零件都是组成环，因此还要进行判别。如图 6-3 所示的结构，从间隙 A_0 向右，其相邻零件是右轴承、箱盖、传动箱体、左轴承、大齿轮、齿轮轴和垫圈共 7 个零件，但仔细分析一下，箱盖对间隙 A_0 并无影响，故这个装配尺寸链的相关零件为右轴承、传动箱体、左轴承、大齿轮、齿轮轴和垫圈 6 个零件。再进一步找出相关尺寸 A_1，A_2，A_3，A_4，A_5 和 A_6，即可形成尺寸链。

6.2.4.3 画出尺寸链图

找出封闭环、组成环后，便可画出尺寸链图，同时可清楚地判别增环和减环。根据所建立的尺寸链，就可以求解。

在建立尺寸链的过程中，应注意以下一些基本原则。

1. 封闭的原则

尺寸链的封闭环和组成环一定要构成一个封闭的环链，在查找组成环时，从封闭环出发寻找相关零件，一定要回到封闭环。

2. 环数最少（最短路线）原则

装配尺寸链应力求组成环最少，以便于保证装配精度。要使组成环数最少，就要注意相关零件的判别和装配尺寸链中的工艺尺寸链。

从图 6-8 中可以看出，与间隙 A_0 相邻的零件和尺寸（组成环）有：A_1，A_7'，A_7''，A_2'，A_2''，A_2'''，A_3，A_4，A_5'，A_5'' 和 A_6，但仔细分析一下便知，箱盖是相邻零件，却不是相关零件，因此 A_7' 和 A_7'' 两环应去除。因此在建立装配尺寸链时，要找最短的相邻零件，使组成环数最少。即每一个有关零件只有一个尺寸列入装配尺寸链。

由于零件是组成机器的最小单元，因此在装配尺寸链中，一个零件上应只有一个尺寸作为组成环加入到装配尺寸链中。如果在一个零件上出现了两个尺寸作为装配尺寸链中的组成环，则该零件上就有工艺尺寸链，这时应先解决工艺尺寸链，所得到的封闭环尺寸再进入装配尺寸链。图 6-8 所示装配尺寸链中的 A_2，A_5 环就都有工艺尺寸链。

在装配尺寸链中，有时会同时出现尺寸、形位误差和配合间隙等组成环，这时可以把形位误差和配合间隙看做基本尺寸为零的组成环。由于一个零件上可能同时存在尺寸、形位误差和配合间隙，因此在考虑形位误差和配合间隙时一个零件上可能同时有两个组成环参加装配尺寸链，否则一个零件上只能有一个尺寸作为组成环参加装配尺寸链。如图 6-3 所示的轴向尺寸装配尺寸链中，只考虑了相关零件的相关尺寸，实际上大齿轮、左轴承、右轴承等的孔与端面的垂直度，都会对间隙 A_0 产生影响，如果考虑这些，则尺寸链的环数将增多，求解也将复杂得多，因此一般都进行简化。当这些形位误差和间隙相对于尺寸误差很小时，可以不考虑。

3. 精确原则

当装配尺寸链要求较高时，组成环除了有长度尺寸环外，还有形位公差环。图 6-9 所示是普通车床的一项重要精度要求，即装配时要求前后顶尖等高，只允许后顶尖比前顶尖高。这是一个装配尺寸链，其简化的尺寸链如图 6-9（a）所示，是一个 4 环尺寸链。进一步分析，考虑零件形位误差，建立的尺寸链图如图 6-9（b）所示，整个尺寸链是一个复杂

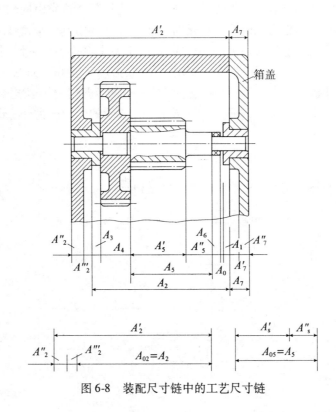

图 6-8 装配尺寸链中的工艺尺寸链

的并联尺寸链。

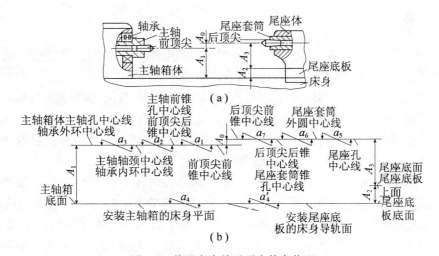

图 6-9 普通车床前后顶尖等高装配

对于形位误差组成环，由于其基本尺寸为零，其增减环的判定则应根据该装配尺寸链封闭环的要求及装配工艺来定。上述图 6-9（b）所示的装配尺寸链中，a_1 是前顶尖前后锥面的同轴度，当其前顶尖高于后顶尖时，其误差值增加将使封闭环减小，为减环；当其前顶尖低于后顶尖时，其误差值增加将使封闭环增加，为增环。这类由同轴度、垂直度、对称度等构成的环，我们称之为无向性环。无向性环在尺寸链中具体是增环或减环，取决于画尺寸链图时的位置。考虑到这项装配精度要求后顶尖比前顶尖高，同时当封闭环 A_0 增大时可以方便地用减小尾架底板厚度 A_2 来修配，故取为增环较好。如图 6-10 所示蜗轮蜗杆啮合对称度的尺寸链分析中，我们可以建立(b)(c)两个尺寸链，考虑到这项精度采用修配蜗杆支架底面减小 A_1 尺寸来保证，用图 6-10(b)所示的尺寸链为好，即 A_1 为增环。

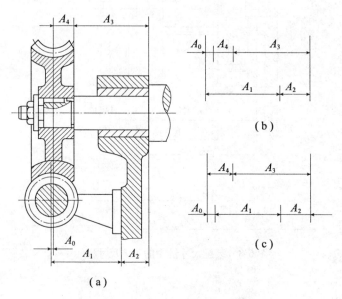

图 6-10　蜗轮蜗杆的对称啮合装配尺

下面以实例说明装配尺寸链的查找方法。

图 6-11 所示为汽车主减速器主动锥齿轮轴承座的装配图。装配技术要求中规定轴承要有一定的预紧度。下面我们查找与轴承预紧度有关的装配尺寸链。

轴承预紧度要求不是具体的尺寸数值，不能直接作为封闭环，该预紧度反映在尺寸关系上，就是轴承内环与外环的轴向位置关系。为保证预紧力要求，内环与外环在轴向应有一定的过盈量，如图 6-12 所示，图中实线表示内环与外环处于无间隙和无过盈状态，虚线表示预紧状态，即内外环轴向之间有过盈。

假定轴向过盈量都集中在轴承的一个环上，如都在内环上。图 6-11 所示轴承的位置是处在没有间隙也没有过盈的位置，当轴承预紧后，即轴承 1 的内环右端面的位置 H 向右移动到 G(见图 6-11)，轴向预紧量 HG 就是尺寸链的封闭环。从 H 面向右查找组成环，依次为轴承 1 内环右端面在原位时到外环右端面距离 A_1、轴承座 2 两个支承端面的距离 A_2、轴承 3 的宽度 A_3、主动锥齿轮 4 两个支承端面距离 A_4，调整垫片 5 厚度 A_K，与垫片左端接触的是预紧后轴承内环右端面，即 G 面，至此找到了封闭环的另一边。该尺寸链方程式为

$$HG = A_0 = A_1 + A_2 + A_3 - A_4 - A_K$$

综上所述，将查找装配尺寸链的步骤及建立装配尺寸链必须注意的一些问题归纳如下：

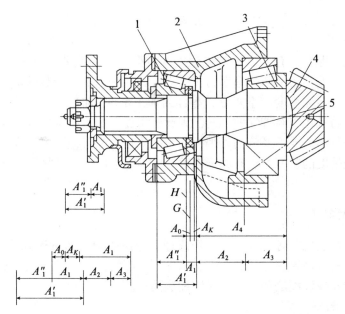

1—左轴承　2—轴承座　3—右轴承　4—主动锥齿轮　5—调整垫片

图 6-11　汽车主减速器主动锥齿轮轴承座的装配图

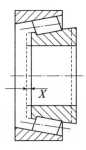

图 6-12　轴承内环与外环的轴向预紧

（1）装配尺寸链要在装配图上查找。

（2）产品的装配精度要求就是装配尺寸链的封闭环。如零件或部件之间的尺寸和位置精度都可以是封闭环，它是装配后自然形成的。

（3）根据封闭环查找各组成环。

（4）根据封闭环和找出的各组成环画出尺寸链图。

（5）满足尺寸链最短路线原则。即每一个有关零件只有一个尺寸列入尺寸链。

（6）列出尺寸链方程式。

（7）找出所有装配尺寸链及它们之间的联系形式。因为机器各部件、总成中有许多装配精度要求，必须逐个找出所有的装配尺寸链及它们之间的联系形式。

6.3 保证装配精度的装配方法

零件都有公差, 即允许有一定的加工误差, 装配时零件误差的累积就会影响装配精度。如果这种累积误差不超出装配精度指标所规定的允许范围, 则装配工作只是简单的连接过程, 很容易保证装配精度。事实上, 零件的加工精度(加工误差)不仅受到现实制造技术水平的限制, 而且还受经济性的制约。因此, 用提高加工精度以降低累积误差来保证装配精度, 有时是行不通或不经济的, 因而还必须依赖装配工艺技术。在目前, 机器制造中常用的保证装配精度的装配方法有以下四种, 即互换装配法、选择装配法、调整装配法和修配装配法。

6.3.1 互换装配法

互换装配法为在装配时各配合零件不经修理、选择或调整即可达到装配精度的方法。互换装配法的实质就是用控制零件加工误差来保证装配精度的一种方法。根据互换程度的不同, 可分为完全互换装配法和大数互换装配法两种。

1. 完全互换装配法

采用完全互换装配法时, 装配尺寸链采用极值法计算, 计算出的封闭环极值公差 T_{0L} 应不大于装配技术要求的封闭环公差值 T_0, 即 $T_{0L} \leqslant T_0$, 可得

$$\sum_{i=1}^{m} |\xi_i| T_i \leqslant T_0 \quad 和 \quad T_{avL} = \frac{T_0}{\sum_{i=1}^{m} |\xi_i|} \qquad (6\text{-}1(a), (b))$$

式中: ξ_i——第 i 个组成环的传递系数;
　　　T_i——第 i 个组成环的公差;
　　　T_0——要求的封闭环公差值;
　　　T_{avL}——各组成环的平均公差。

正计算时, 尺寸链满足(6-1(a))式, 则可采用完全互换装配法; 反计算时, 用(6-1(b))式计算组成环的平均公差, 然后根据尺寸大小和加工难易进行调整, 调整后仍需满足(6-1(a))式。

完全互换装配法的优点是: 可保证零、部件的互换性, 便于组织专业化生产, 备件供应方便, 装配工作简单、经济, 生产率高, 便于组织流水装配及自动化装配, 对装配工人的技术水平要求不高, 易于扩大再生产。由于有这些优点, 完全互换法成为保证装配精度的先进的装配方法, 被广泛用于汽车、拖拉机、自行车、缝纫机等大量生产产品的装配。在选择装配方法时, 只要技术经济上可行, 应优先考虑采用完全互换装配法。

2. 大数互换装配法(不完全互换法)

大数互换装配法是指在绝大多数产品中能够实现互换装配。在计算装配尺寸链封闭环公差时采用统计公式, 计算出的封闭环统计公差 T_{0S} 应不大于装配技术要求给定的封闭环公差值 T_0, 即 $T_{0S} \leqslant T_0$, 可得

$$\frac{1}{k_0} \sqrt{\sum_{i=1}^{m} \xi_i^2 k_i^2 T_i^2} \leqslant T_0 \quad 和 \quad T_{avS} = \frac{k_0 T_0}{\sqrt{\sum_{i=1}^{m} \xi_i^2 k_i^2}} \qquad (6\text{-}2(a), (b))$$

式中：k_0——封闭环的相对分布系数，正态分布时，装配合格率取 99.73% 时 $k_0=1$；

　　　k_i——第 i 个组成环的相对分布系数，各种不同分布的 k 值见表 3-7；

　　　T_{avS}——组成环的平均统计公差。

（6-2(a)）式用于正计算，（6-2(b)）式用于反计算问题，算出组成环平均公差后进行适当调整。

采用大数互换装配法，有关零件的公差可以比完全互换装配法放大一些，从而使加工变得容易而经济，同时仍能保证装配精度。特别是组成环数较多时，放大组成环公差效果明显。根据选取的置信水平（装配合格率）不同，可能会有少数产品超差，因此需要有适当的工艺措施来保证。

大数互换装配法多用于生产节拍不是很严的成批生产中，如机床、仪表等生产中。大数互换装配法在多环尺寸链中应用效果较明显。

6.3.2　选择装配法

选择装配法是在成批或大量生产中，将产品配合副经过选择进行装配以达到装配精度的方法。在成批或大量生产条件下，若组成零件不多而装配精度很高时，如果采用完全互换法，将会使零件的公差值过小，不仅会造成加工困难，甚至会超过加工的现实可能性。在这种情况下，就不能只依靠零件的加工精度来保证装配精度。这时可以采用选择装配法，将配合副中各零件的公差放大，然后通过选择合适的零件进行装配，以保证规定的装配精度。

选择装配法按其形式不同可分为三种：直接选配法、分组装配法和复合选配法。

1. 直接选配法

直接选配法即在装配时，由装配工人直接从待装配的零件中选择合适的零件进行装配，以满足装配精度的方法。例如，为了避免在发动机工作时，活塞环在环槽中卡死，装配工人凭经验直接挑选合适的活塞环进行装配，完全是凭经验判定活塞环和环槽的间隙来保证装配精度。

这种装配方法的优点是简单，但装配质量在很大程度上取决于装配工人的技术水平，而且工时也不稳定，不适宜用于节拍要求严格的流水装配线。

2. 分组装配法

分组装配法为在成批或大量生产中，将产品各配合副的零件按实测尺寸分组，装配时按组进行互换装配以达到装配精度的方法。

对于装配精度要求很高的情况，各组成零件的加工精度也很高，使得加工很不经济或很困难，甚至无法满足要求。例如，发动机活塞销和销孔的配合，技术要求规定，在冷态装配时应有 0.0005～0.0055mm 的过盈量。若用完全互换法装配，则活塞销和销孔的公差分别为 0.0025mm，将给机械加工造成极大困难，也不经济。在实际生产中采用分组装配法，即把活塞销和销孔的公差放大到 0.01mm，然后对这些零件进行测量分组，按分组顺序，对应组的零件进行装配，保证装配精度的要求。某发动机活塞销和活塞销孔（基本尺寸为 $\phi25$）分组情况和公差带分布如表 6-1 和图 6-13 所示。

分组装配法的优点是：降低了零件加工精度的要求，仍能获得很高的装配精度，同组内的零件可以互换，具有完全互换法的优点。它的缺点是：增加了零件的测量、分组工

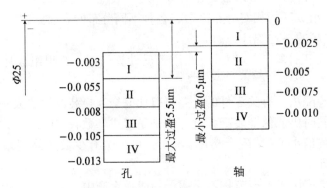

图 6-13　活塞销与活塞销孔的配合

作，增加了零件存贮量，并使零件的贮存、运输工作复杂化。

分组装配法只适用于大批大量生产中，组成件数少而装配精度要求高的场合。柴油机中的精密偶件都采用分组装配法。大量生产滚动轴承的工厂也采用此种装配法。

表 6-1 活塞销与活塞销孔的分组尺寸

组别	活塞销直径 $\phi 25^{0}_{-0.010}$	活塞销孔直径 $\phi 25^{-0.003}_{-0.013}$	涂色
I	$\phi 25^{-0.003}_{-0.0055}$	$\phi 25^{-0.003}_{-0.013}$	蓝
II	$\phi 25^{-0.0055}_{-0.0008}$	$\phi 25^{-0.003}_{-0.013}$	绿
III	$\phi 25^{-0.008}_{-0.0105}$	$\phi 25^{-0.003}_{-0.013}$	白
IV	$\phi 25^{-0.0105}_{-0.013}$	$\phi 25^{-0.003}_{-0.013}$	黑

采用分组装配法时应注意如下事项：

(1)配合件的公差应相等，公差应同一方向增大，增大的倍数就是分组组数。

(2)配合件的表面粗糙度，形位公差必须保持原设计要求，不应随着配合件公差的放大而降低要求。

(3)保证零件分组装配中都能配套。若产生某一组零件过多或过少而无法配套时，必须采取措施，避免造成积压或浪费。

(4)所分组数不宜过多，以免管理复杂。

3. 复合选配法

该种方法是上述两种方法的复合，即先把零件测量分组，装配时再在对应组零件中直接选择装配。它吸取了前述两种选择装配法的优点，既能较快地选择合适的零件进行装配，又能达到理想的装配质量。发动机汽缸孔与活塞的装配大都采用这种装配方法。

6.3.3　调整装配法

调整装配法是用改变可调整零件的相对位置或选用合适的调整件来达到装配精度的方

法。根据调整件的不同，调整装配法又分为可动调整装配法和固定调整装配法。对于组成件数比较多，而装配精度要求又高的场合，宜采用调整装配法。

调整装配法的优点是：能获得很高的装配精度，在采用可动调整时，可达到理想的精度，而且可以随时调整由于磨损，热变形或弹性变形等原因所引起的误差，零件可按加工经济精度确定公差。它的缺点是：应用可动调整装配法时，往往要增大机构体积，当机构复杂时，计算繁琐，不易准确，应用固定调整装配法时，调整件需要准备几挡不同的规格，增加了零件的数量，增加了制造费用，调整工作繁杂费工费时，装配精度在一定程度上依赖工人的技术水平。

1. 可动调整装配法

可动调整装配法是通过改变预先选定的可调整零件(一般为螺纹连接的零件)在产品中的相对位置来达到装配精度的要求。

图 6-14 是用螺钉调节滚动轴承间隙或过盈的结构，图 6-15 是用楔块调整丝杠螺母副间隙的结构。通过调节螺钉 2 带动楔块 5 上下移动，使螺母 1、5 产生相对轴向移动，从而消除丝杠螺母间隙。

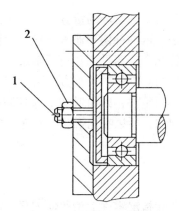

图 6-14　调整轴承间隙装置
1—调节螺钉　2—螺母

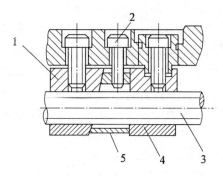

图 6-15　调整丝杠螺母间隙装置
1，4—螺母　2—调节螺钉　3—丝杠　4—楔块

2. 固定调整装配法

固定调整装配法预先设置几挡定尺寸调整件，在装配时根据需要选择相应尺寸的调整件装入，以达到所要求的装配精度。汽车主减速器中主动锥齿轮轴承预紧度的调整（图6-12），就是通过选用不同厚度的调整垫片来保证要求。

现以图6-3所示的齿轮箱装配为例说明固定调整装配法的主要计算过程，设要求保证轴向装配间隙 $A_0 = 0.05 \sim 0.20$。

在图中的尺寸链中，A_2 为增环，其余 A_1、A_1、A_3、A_4、A_5、A_6 均为减环组成环 A_5 为垫圈，形状简单、制造容易、装拆方便，故选择 A_5 为补偿环。

根据各组成环采用的加工方法的经济精度，确定 $T_2 = 0.12\text{mm}$，$T_5 = 0.03\text{mm}$，$T_1 = T_3 = T_4 = T_6 = 0.1\text{mm}$，

补偿量 $F = T_{0L} - T_0 = (0.1 + 0.12 + 0.1 + 0.1 + 0.1) - 0.15 = 0.37\text{mm}$

补偿环的补偿能力 $S = 0.15 - 0.03 = 0.12$

补偿环的组数 $Z = F/S + 1 = 0.37/0.12 + 1 = 4.08 \approx 4$

然后根据上述计算结果各组补偿件的尺寸及公差。（从略）

3. 误差抵消调整装配法

误差抵消调整法是通过调整几个补偿环的位置，使其加工误差抵消一部分，从而使封闭环的公差达到设计要求的方法。这种补偿环通常是矢量，如零部件的跳动、偏心、同轴度等。例如，在机床主轴部件装配中，通过调整前后轴承和主轴轴颈跳动的方向和相对位置，达到提高主轴回转精度的目的。具体的调整方法可参考有关资料介绍。

调整装配法虽然多用了一个调整件，因而增加了部分调整工作量和一些机械加工工作量，但就整个生产来说经济合理的，所以在内燃机、汽车、拖拉机、机床等装配中被广泛采用。

6.3.4 修配装配法

修配装配法是指在装配时去除指定零件上预留修配量以改变该组成环的实际尺寸，从而达到装配精度的方法。

修配装配法和调整装配法在原理上是相似的，都是用改变补偿环（调整环或修配环）来补偿累积误差，仅仅是改变补偿环的具体方法不同。

修配装配法一般适用于产品产量较小的场合，如单件小批生产或产品的试制。当组成件数不多但装配精度要求很高或组成件数多而装配精度要求也很高，各组成件按该生产条件下加工经济精度制造，装配时去除指定零件上预留修配量或就地配制，从而保证装配精度。

现以图6-2为例说明修配尺寸链的计算：卧式车床装配时保证床头和尾座两顶尖等高误差不超过 0.06（只许尾座高）。已知：$A_1 = 202\text{mm}$，$A_2 = 46\text{mm}$，$A_3 = 156\text{mm}$。

建立如图6-16(a)所示尺寸链，封闭环 $A_0 = 0_0^{+0.06}$，A_1 为减环，A_2，A_3 为增环。

在用修配法计算装配尺寸链时应选择补偿环，尾座底板（A_2）形状简单、表面积小便于刮研修配，故选择 A_2 作为补偿环。

根据各组成环的加工方法确定其公差，这里取 $T_1 = T_3 = 0.1\text{mm}$，公差对称分布。$T_3 = 0.15\text{mm}$。

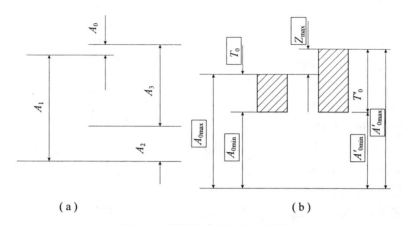

（a）　　　　　　　　　　　　　　（b）

图 6-16　修配法余量及尺寸链计

利用图 6-16（b）计算补偿环的最大修配量。T_0、A_{0max} 和 A_{0min} 分别表示设计要求的封闭环公差、最大极限尺寸和最小极限尺寸，T_0'、$A_{max\ 0}'$ 和 A_{0min}' 分别表示放大组成环公差后实际封闭环公差、最大极限尺寸和最小极限尺寸。要保证修配量足够和最小，应有：

$$A_{0min}' = A_{0min} \qquad 最大修配量\ Z_{max} = T_0' - T_0$$

由上述关系和尺寸链公式可计算出 $A_2 = 46^{+0.25}_{+0.10}$。在实际应用中，应考虑底板必须留有一定刮研量，上面计算的最小刮研量为零不符合装配要求，对本例可取最小刮研量 0.1mm 即为：$A_2 = 46^{+0.35}_{+0.20}$。

在机床制造中利用机床自身的刀具（或砂轮）来加工机床自身方法实际也是一种修配装配法。如立式车床车自己的工作台面，刨床刨自己的工作台面，平面磨床磨自己的电磁工作台，等等，都是自身加工修配法的例子。这种方法在机床制造中应用很广。

在汽车生产中，也有采用修配装配法的。如将主减速器中的主、被动圆锥齿轮进行直接选配后送去研磨，打上记号，然后成对送去装配。选配后的研磨，实质就是修配装配法的应用。又如柴油机中的精密偶件也是用分组选配再研磨来保证装配精度。其选配后的研磨实质也是修配装配法的应用。但总的说来，在大批大量生产中，修配装配法的应用不如前述三种装配方法多。

6.4　装配工艺规程的制订

制定装配工艺过程，并形成指导装配工作的工艺文件，是制订装配生产计划和技术准备工作的依据。在设计新厂和改建老厂时，则是设计装配车间（或分厂）的主要技术资料。

6.4.1　制定装配工艺过程的原则与所需原始资料

6.4.1.1　制定装配工艺过程的原则

产品的装配在保证产品质量、组织生产和实现生产计划等方面有其举足轻重的地位，因此在制定装配工艺过程时，应遵循如下的基本原则：

（1）保证装配质量。

产品的装配是整个产品制造过程最后一个环节，产品的质量最终由装配来保证。对于进入装配的零部件检验、清洗、去毛刺等准备工作，零部件连接、配合准确和施力大小，运动部分的接触和配合，有关部分间隙大小和调整等都是影响产品质量的重要因素。同时，汽车的设计质量和零件制造质量也都会在装配过程中反映出来。因此，要保证产品装配质量，应从产品分析开始，研究保证装配精度及质量的方法，严格地按一定规范进行装配；从而达到预定的质量要求。

(2)装配劳动量应尽量小。

装配工作，钳工劳动量很大，并且大量的人力和时间用在连接、配合、调整、运输吊装和经常性的检验上，必须采取各种技术和组织措施以减轻劳动强度，提高装配效率。

(3)装配周期尽量缩短。

装配周期长，使企业资金周转缓慢，同时，零件及部件积压，占据生产面积。应合理安排装配工序或作业计划，提高装配工作的机械化和自动化程度，尽量缩短装配周期。

(4)占用生产面积尽量小。

6.4.1.2　制定装配工艺过程所需的原始资料

制定装配工艺过程的依据即所需的原始资料为：

(1)产品的装配图及重要件的零件图。

(2)产品的技术条件及相关的标准。

(3)生产纲领。

(4)工厂或装配车间现有生产条件。

6.4.2　制定装配工艺过程的步骤与方法

制定装配工艺过程的步骤，大致分为如下四个阶段，即产品分析，装配工艺过程的确定，装配组织形式的确定和编写装配工艺文件。

6.4.2.1　产品分析

1. 分析产品图纸和装配时应满足的技术要求

通过产品图纸分析，熟悉各零部件的相互连接关系及装配位置，为进行装配单元的划分和确定装配基准打下基础，便于确定装配顺序。装配时的技术要求，包括几何参数和物理参数。间隙，配合性质、接触质量、相互位置和运动精度等为几何参数，转速、重量、平衡、密封性，振动和噪声等为物理参数。技术要求通过分析并在装配时予以满足，以保证产品质量标准。

2. 分析产品装配工艺性

产品装配工艺性分析包括两个方面，即尺寸分析和结构装配工艺性分析。通过尺寸分析，掌握有关零件的尺寸误差对装配精度的影响，根据具体情况确定装配方法，从而保证装配质量，下面重点分析结构装配工艺性问题。

产品的使用性能与寿命，装配过程的难易程度，以至于产品的成本，在很大程度上取决于其本身的结构，因此产品结构装配工艺性占有很重要的地位。从装配工艺对产品质量、生产率及经济性等方面的影响考虑，对产品结构装配工艺性提出如下的要求：

(1)结构标准化、通用化、系列化(三化)程度高，结构继承性好。

产品三化程度高、产品生产规模相应增大，有利于提高效率和质量；继承性好，工人对产品熟悉,生产准备工作减少,有利于保证质量和减少装配劳动量。

(2)能分解成若干独立的装配单元。

一个产品由若干个零件、合件、组件、部件组成。

零件——组成机器的基本元件,一般都是将零件装配成合件、组件或部件后进入总装,直接装入机器的零件不多。如发动机的缸体、缸盖、连杆、曲轴等零件。

合件——可以是若干个零件的永久连接(如焊接或铆接等),也可以是少数几个零件组合在一个基准件上。合件组合后,有的还需要加工,如连杆小头孔压入衬套后,还需要精镗孔。

组件——一个或几个合件和零件的组合。如发动机中的活塞连杆组件,就是由活塞、活塞环,活塞销和连杆组合而成。

部件——一个或几个组件、合件或零件的组合,组合后具有一定功能。如汽车、拖拉机装配中的发动机、变速箱等。

机器——即产品,由上述全部单元组合而成的整体。

产品能分解成独立的装配单元,即产品可由独立装配的部件总装而成。从装配单元系统图中可以看出,同一等级的装配单元在进入总装之前互不相关,故可实行平行作业,同时独立地进行装配。在总装配时,只选定一个零件或部件作为基础,首先进入总装,其余零件、部件相继装入,实行流水作业。这样,即可缩短装配周期,又便于制定装配作业计划和布置装配车间。此外,划分装配单元也便于制定各个单元的装配工艺过程和积累装配经验。

以汽车来为例,总装从基准件车架开始,分为驾驶室、发动机、变速器、前桥和后桥等总成。各总成及部件可以平行地进行装配作业,扩大装配作业面,容易实现流水作业。同时,各总成和部件能够组织专业化生产,预先经过调整,试验,检验合格后可达到比较完善状态。这时再送去总装配,更有利于保证装配质量。

(3)要有正确的装配基准。

装配过程实质是将零、部件按正确的位置连接、配合并紧固的过程。为此,就需要有装配基准,才能保证零、部件的相互位置正确,且使装配方便,利于提高生产率。如图6-17 所示为轴承座组件装配时所用的装配基准,它是两段外圆表面及一个端面,定位既准确又方便。

(4)要便于装配与拆卸。

装配方便既利于提高装配效率又易于保证装配质量。为便于装配,在同一方向上的几个相配合的装配基准面不应同时进入基础件,而应先后依次装入。如图 6-14 所示,轴承座 2 右端外圆柱面在进入壳体的配合孔 3mm 后,已具有导向性,此时开始装入左端外圆柱面,装配比较容易。同时,为避免在装配时刮伤配合表面,应使右端的配合圆柱面直径小于左端的配合圆柱面直径。

机器在装配过程中,有时需要对已装配好的部件进行拆卸、检查,然后再装上。而机器在使用过程中,需要修理、检查,也要进行拆卸。因此,在设计和审查装配工艺性的时候,应考虑零件装拆是否可能和方便。图 6-18 所示为轴承装至轴承座孔中的几种方案。图(a)在更换轴承时,外环很难拆下,改成图(b)结构后,拆卸很方便,也有的在壁上做出 2~4 个缺口,如图(c)所示,也便于拆卸。汽车后桥半轴凸缘盘上有两个工艺螺孔,是专门为拆卸半轴用的。

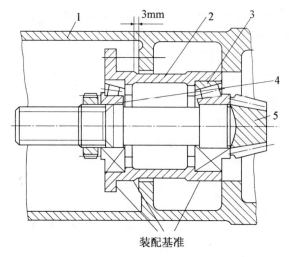

装配基准

1—壳体　2—轴承座　3—前轴承　4—后轴承　5—锥齿轮轴

图 6-17　轴承座组件装配基准

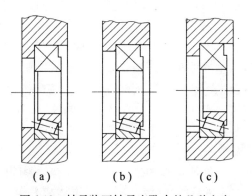

（a）　　　　　　（b）　　　　　　（c）

图 6-18　轴承装至轴承座孔中的几种方案

（5）尽量减少装配时的修配工作。

装配时的修配工作耗费时间长，不但影响装配过程的顺利进行，也不便于组织流水作业。此外，装配时进行机械加工修配，还会因切屑掉入机体内而影响产品质量。所以，在结构设计时，应使装配时的修配工作尽量少。

6.4.2.2　装配工艺过程的确定

1. 装配顺序的确定

装配工作通常都是由基准件开始，然后按次序将其他零件、合件、组件装上。因此，不论哪一级装配单元的装配，都要选定某一零件或比它低一级的装配单元。作为基准件，首先进入装配工作，然后根据具体结构情况和装配技术要求，考虑其他零件或装配单元装配的先后次序。装配顺序一般应遵从如下原则：即先下后上、先内后外、先难后易、先重大后轻小、先精密后一般。为合理地确定装配顺序，往往需要运用尺寸链的分析方法。

除了按上述原则确定装配顺序外，在装配过程中还要注意安排如下工作：

(1)进入装配前的准备工作　注意检验，防止不合格品进入装配；注意倒角、清除毛刺，防止装配表面擦伤；对零件进行清洗和干燥等。

(2)基础件的安放　注意安放水平及刚度，防止因受重力或紧固而变形影响装配精度和基准件的调平等工作。

(3)检验工作　某项装配工作完成后，要根据质量要求，安排必要的检验工作，这对于保证装配质量极为重要。例如要检验运动副的啮合间隙和接触情况，过盈连接、螺纹连接的准确性和牢固情况，密封件和密封部位的装配质量，杜绝泄漏，还要进行润滑系统、操纵系统等的有关检验。

2. 装配工艺方法及设备的确定

为完成装配工作，需要选择合适的装配工艺及相应的设备和工艺装备。装配工艺方法及设备等要根据产品结构特点，技术要求及工厂的具体条件来确定。在大批大量生产中，应按互换装配法进行装配，可以有少量、简单的调整，一般不应有修配工作。应采用专业化的高效的工艺装备。

3. 工时定额的确定

为计算装配周期和安排作业计划，对各个装配工作都要确定工时定额。工时定额可参照有关定额资料来确定。

6.4.2.3　装配组织形式的确定

装配组织形式的选择，主要取决于产品结构特点和生产批量。如汽车、拖拉机多为大批大量生产，多采用流水装配线。

6.4.2.4　编写装配工艺文件

1. 装配工艺流程图

在装配单元系统图的基础上，再结合装配工艺方法及装配顺序的确定，制定出装配工艺流程图，如图 6-19 所示。从图中可以看出该部件的构成及其装配过程。该部件装配是由基准件开始，画水平线自左向右到装配部件为止。进入部件装配的各个单元依次是，一个零件、一个组件，三个零件，一个合件、一个零件。在装配过程中有两个检验工序。上述一个组件的构成及装配过程也可从图上看出，从基准件开始，由一条向上的垂线引到装配组件为止，然后由组件再引垂线向上，与部件装配水平线衔接。进入该组件装配的，从基准件开始，还有一个合件、两个零件，在装配过程中有钻孔和攻丝的工作。至于两个合件的组成及装配过程，也可从图上清楚看到。

图中每一长方框中要填写装配单元的名称、代号和件数，格式如图右下方附图所示。装配工艺流程图既反映了装配单元的划分，又直观地表示出了装配工艺过程，对于确定装配工艺过程，指导装配工作，组织生产计划及控制装配进度，均提供了方便。在单件小批生产时，可直接利用装配工艺流程图来代替装配工艺过程卡片。

2. 装配工艺过程卡片

装配工艺过程卡片是最基本的装配工艺文件，它包括装配过程共需多少装配工序及装配顺序，每一工序所需用的设备。工艺装备及辅助材料、有关装配工艺参数、装配工时定额等。它在全部装配过程中起着指导的作用，是生产管理、工具管理、设备管理、材料管理、定额管理和质量管理的依据。

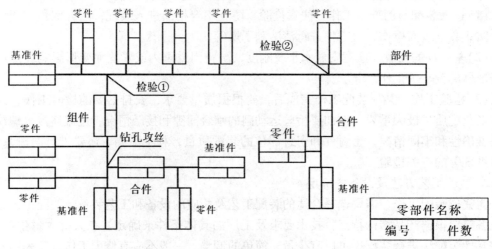

图 6-19　装配工艺流程图

3. 装配工序卡片

大批量的生产中，为适应强制流水装配线的特点，要以装配工艺过程卡片为依据，制定装配工序卡片。装配工序卡片更详细地规定了每个工序应完成的装配内容、具体的设备，工艺装备、工艺参数和工时定额等，确保均衡生产。

4. 工艺平面图

对于大量生产，有时还需要编制工艺平面图，工艺平面图包括厂房内各种工艺设备的布置，工位器具和投放零件的位置；是设备安装和零件投放的依据。

习题与思考题

1. 装配精度与相关零件的加工精度有何关系？试举例说明。

2. 装配精度有哪几类？它们之间有何关系？

3. 试说明确定装配尺寸链的方法、步骤和原则。

4. 试比较装配尺寸链和工艺尺寸链的异同。

5. 题图 6-1 所示为一齿轮箱间件简图，其中左端轴套的端面与轴肩应有装配间隙 A_0，试建立保证该轴向间隙的装配尺寸链。

6. 拖拉机提升器中液压滑阀基本尺寸为 $\phi 26$，配合间隙为 $0.002 \sim 0.008\text{mm}$，问该滑阀采用何种装配方法？两零件的尺寸及公差为多少？

7. 题图 6-2 所示双联齿轮泵，要求装配间隙 A_0 为 $0.05 \sim 0.15\text{mm}$，$A_1 = A_2 = 41\text{mm}$，$A_4 = 17\text{mm}$。$A_3 = 7\text{mm}$。

1) 采用完全互换装配法时，试计算各组成环尺寸及其极限偏差(选 A_1 为协调环)。

2) 采用固定调整装配法时，A_1、A_2、仍按上述精度制造，选 A_3 为调整环，并取 $A_3 = 0.02\text{mm}$，试计算垫片组数及其尺寸系列。

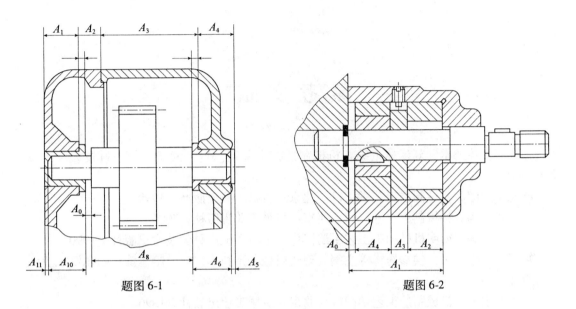

题图 6-1   题图 6-2

8. 题图 6-3 所示为车床溜板箱小齿轮与齿条啮合精度的装配尺寸链，装配要求小齿轮齿顶与齿条齿根的径向间隙为 0.10~0.17mm，现采用修配法装配，选取 A_2 为修配环，即修磨齿条的安装面。设 $A_1 = 53^{0}_{-0.1}$ mm，$A_2 = 28$ mm（$TA_2 = 0.1$ mm），$A_3 = 20^{0}_{-0.1}$ mm，$A_4 = (48 \pm 0.05)$ mm，$A_5 = 53^{0}_{-0.1}$ mm。试求修配环 A_2 的上、下偏差，并验算最大修配量。

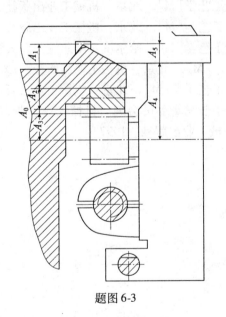

题图 6-3

可否选 A_4 为修配环（即修配溜板箱的结合面）为什么？

参 考 文 献

张福润，徐鸿本，刘延林主编．机械制造技术基础[M]．武汉：华中科技大学出版社，2000

赵元吉主编．机械制造工艺学[M]．北京：机械工业出版社，1999

任家隆主编．机械制造技术[M]．北京：机械工业出版社，2000

徐圣群主编．简明机械加工工艺手册[M]．上海：上海科学技术出版社，1990

姚智慧，张广玉，侯珍秀，等主编．现代机械制造技术[M]．哈尔滨：哈尔滨工业大学出版社，2000

王先逵主编．机械制造工艺学[M]．北京：机械工业出版社，1996

黄奇葵等主编．机械制造基础[M]．武汉：华中理工大学出版社，1993

哈尔滨工业大学，上海工业大学主编．机床夹具设计[M]．上海：上海科技出版社，1980.

龚定安等主编．机床夹具设计原理[M]．西安：陕西科学技术出版社，1981.

郑修本主编．机械制造工艺学[M]．北京：机械工业出版社，2002

宾鸿赞主编．机械制造工艺学[M]．北京：机械工业出版社，1992

王启平主编．机械制造工艺学[M]．哈尔滨：哈尔滨工业大学出版社，1995

李华主编．机械制造技术[M]．北京：机械工业出版社，1997

孟少农主编．机械加工工艺手册[M]．北京：机械工业出版社，1992

机械工程手册电机工程手册编辑委员会编．机械工程手册(第二版)机械制造工艺及设备卷(二)[M]．北京：机械工业出版社，1997